网络空间安全丛书

网络安全态势感知技术基础

Fundamentals of Cybersecurity Situational Awareness Technology

■ 马　骏 孙佳佳 张　琦 胡永进 郭渊博◎编著

人 民 邮 电 出 版 社
北　京

图书在版编目（CIP）数据

网络安全态势感知技术基础 / 马骏等编著. -- 北京 : 人民邮电出版社, 2025. -- (网络空间安全丛书).

ISBN 978-7-115-65864-7

Ⅰ. TP393.08

中国国家版本馆 CIP 数据核字第 2025XK4200 号

内 容 提 要

本书主要介绍网络安全态势感知的概念、思想、内涵、模型及典型技术体系，包括态势数据采集、态势数据处理、态势预警与态势评估、态势预测及态势可视化等各环节包含的主要技术和方法。网络安全态势感知是构建网络安全主动防御体系的主要技术手段，是国家各行业维护其自身所在网络空间安全的重要防御设施。由于网络安全态势感知涉及的知识、技术、方法复杂多样，并且态势感知理论仍处于发展阶段，本书通过梳理网络安全态势感知典型技术、方法，为其实现提供参考和指导。本书内容丰富、覆盖面广、体系完整，主要内容为作者在态势感知相关项目实践中得出的原创性科研成果，对开发、构建网络安全态势感知系统、平台及学习网络安全态势感知相关知识与技术有重要的指导意义。

本书主要面向从事网络空间安全、信息安全的安全运维人员和技术开发人员。本书也可供网络空间安全、信息安全及相关安全专业学生参考。

◆ 编　　著　马　骏　孙佳佳　张　琦　胡永进　郭渊博

责任编辑　贾子睿

责任印制　马振武

◆ 人民邮电出版社出版发行　　北京市丰台区成寿寺路 11 号

邮编　100164　　电子邮件　315@ptpress.com.cn

网址　https://www.ptpress.com.cn

固安县铭成印刷有限公司印刷

◆ 开本：700×1000　1/16

印张：14　　2025 年 7 月第 1 版

字数：274 千字　　2025 年 7 月河北第 1 次印刷

定价：139.80 元

读者服务热线：(010)53913866　印装质量热线：(010)81055316

反盗版热线：(010)81055315

前　言

在国家网络安全形势日趋严峻的今天，感知网络安全态势已成为我国网络空间安全最基本、最基础的工作。面对国家各行业全天候、全方位主动、持续的安全态势感知需求，本书以经典的态势感知思想为牵引，以网络空间主动防御体系构建为核心，逐条梳理态势感知涉及的技术、方法、工具，为国家各行业构建符合自身特点的网络安全态势感知系统、平台提供参考。

本书第 1 章网络安全态势感知技术体系由马骏、郭渊博编写，主要介绍网络安全态势感知的概念、作用和地位，通过介绍态势感知模型，引出态势感知的典型技术框架，为其后面介绍各类技术和方法起到提纲挈领的作用。第 2 章网络安全态势数据采集技术由胡永进编写，主要从被动采集和主动采集两个角度，围绕典型采集技术和方法进行探讨，为尽可能全维度获取态势数据提供可实施的技术和方法参考。第 3 章网络安全态势数据处理技术由马骏、孙佳佳编写，以态势数据的大数据分析处理为背景，重点介绍态势数据汇聚、态势数据预处理、态势数据格式转换、态势数据融合和态势数据存储各阶段典型的技术和方法，通过各阶段的实施，为态势评估和预测提供高质量数据支持。第 4 章网络安全态势预警与态势评估技术由孙佳佳、马骏编写，介绍态势预警的基本概念，并在此基础上提出态势评估的基本思想及典型态势评估方法，为不同维度和整体宏观维度评估目标系统和网络的安全性提供可参考的方法。第 5 章网络安全态势预测技术由孙佳佳、胡永进编写，从态势项目工程可实施的角度，介绍当前常用的态势预测方法，包括时间序列分析预测、神经网络预测等。第 6 章网络安全态势可视化技术由张琦、孙佳佳编写，从数据可视化的理论、工具、方法和发展趋势等方面，对网络安全态势多维度、多层次、多内容的可视化展示进行整体性介绍。第 7 章网络安全态势感知新技术由张琦、胡永进编写，根据态势感知的当前研究趋势和方向，对态势感知与热点技术、新技术的结合进行了探讨。另外，马骏、胡永进负责全书的核稿和整理等工作。

由于作者水平有限，书中遗漏和不妥之处在所难免，还望读者批评指正！

作者

2025 年 3 月

目　录

第 1 章　网络安全态势感知技术体系……1

1.1　网络安全形势与技术发展现状……1

1.1.1　网络安全形势……1

1.1.2　网络安全技术发展现状……2

1.2　网络安全态势感知概述……5

1.2.1　网络安全态势感知概念……5

1.2.2　网络安全态势感知与相关安全技术的异同……6

1.2.3　网络安全态势感知作用和地位……8

1.2.4　网络安全态势感知目标定位……9

1.3　网络安全态势感知模型……11

1.3.1　Endsley 态势感知模型……12

1.3.2　JDL 数据融合模型……12

1.3.3　Bass 功能模型……13

1.4　网络安全态势感知基本技术……14

1.4.1　通用网络安全态势感知系统架构……14

1.4.2　网络安全态势感知技术框架……17

参考文献……18

第 2 章　网络安全态势数据采集技术……20

2.1　态势数据采集概述……20

2.1.1　态势数据采集概念……20

2.1.2　态势数据采集类型……21

2.1.3　态势数据采集内容……22

2.1.4　典型态势数据采集方法……23

2.2 被动态势数据采集方法……23
2.2.1 基于日志的态势数据采集……23
2.2.2 基于 SNMP 的态势数据采集……27
2.2.3 基于网络流量的态势数据采集……33
2.2.4 基于 WMI 的态势数据采集……37
2.2.5 其他被动态势数据采集方法……40
2.3 主动态势数据采集方法……41
2.3.1 基于主动扫描的态势数据采集……41
2.3.2 基于网页爬取的态势数据采集……49
参考文献……50

第 3 章 网络安全态势数据处理技术……51

3.1 态势数据处理基本流程……51
3.2 态势数据汇聚……52
3.2.1 日志型态势数据的汇聚方法……52
3.2.2 流量型态势数据的汇聚方法……57
3.2.3 分布式态势数据的汇聚方法……59
3.3 态势数据预处理……66
3.3.1 数据预处理的主要内容……67
3.3.2 数据预处理的主要流程……68
3.4 态势数据格式转换与统一……74
3.4.1 数据格式转换……74
3.4.2 数据格式统一……76
3.5 态势数据融合……83
3.5.1 数据融合与态势感知……83
3.5.2 数据融合模型……84
3.5.3 态势数据融合的层次分类……86
3.5.4 数据融合相关方法……87
3.6 态势数据存储……90
3.6.1 分布式文件系统……90
3.6.2 分布式数据库……93
3.6.3 分布式协调系统……97
3.6.4 资源调度管理系统……99
3.6.5 MapReduce 面向存储的分布式计算框架……101
参考文献……106

第4章 网络安全态势预警与态势评估技术……108
4.1 态势预警基本概念……108
4.2 态势评估基本思想……109
4.2.1 风险评估……110
4.2.2 态势评估……112
4.2.3 态势评估与风险评估比较……113
4.3 态势评估基本流程……114
4.3.1 建立态势评估指标体系……114
4.3.2 选取态势评估模型与方法……126
4.4 典型态势评估方法……128
4.4.1 故障树分析……128
4.4.2 故障模式影响与危害分析……129
4.4.3 层次分析法……130
4.4.4 基于知识推理的融合评价方法……133
参考文献……136
第5章 网络安全态势预测技术……138
5.1 态势预测基本概念……138
5.2 预测评价指标……140
5.3 典型网络安全态势预测方法……141
5.3.1 时间序列分析预测……141
5.3.2 灰色系统理论预测……145
5.4 基于人工智能的网络安全态势预测方法……149
5.4.1 神经网络预测……149
5.4.2 支持向量机预测……151
5.5 面向典型攻击行为的网络安全态势预测……155
参考文献……156
第6章 网络安全态势可视化技术……158
6.1 数据可视化基本理论……158
6.1.1 数据可视化的基本概念……158
6.1.2 数据可视化的分类……160
6.1.3 数据可视化的设计流程……168
6.1.4 数据可视化的设计理念……171

6.1.5 数据可视化的设计原则 ······173
6.2 数据可视化工具 ······177
6.2.1 数据可视化编程语言 ······177
6.2.2 在线数据可视化工具 ······180
6.2.3 ECharts 快速入门 ······184
6.3 网络安全态势可视化 ······186
6.3.1 大数据与网络安全态势可视化 ······186
6.3.2 网络安全态势可视化分类 ······187
6.3.3 典型应用——以数字冰雹为例 ······189
6.4 数据可视化未来的发展方向 ······191
6.4.1 数据可视化技术的发展趋势 ······192
6.4.2 数据可视化工具的发展趋势 ······193
参考文献 ······194

第7章 网络安全态势感知新技术 ······195

7.1 态势感知与威胁情报 ······195
7.1.1 威胁情报概述 ······195
7.1.2 威胁情报的分类 ······196
7.1.3 威胁情报的行业标准和规范 ······198
7.1.4 威胁情报与态势感知的结合 ······200
7.2 态势感知与神经网络 ······201
7.2.1 神经网络概述 ······201
7.2.2 神经网络在态势预测中的应用 ······204
7.3 态势感知与区块链 ······206
7.3.1 区块链技术概述 ······206
7.3.2 区块链技术在态势数据存储中的应用 ······209
参考文献 ······214

第 1 章 网络安全态势感知技术体系

近年来，网络攻击事件不断增多，高级持续性威胁（APT）攻击成为常态，网络自动化攻击程度与攻击速度不断提高，入侵行为呈现大规模、协同、多阶段等态势，对网络安全防护提出极大的挑战。虽然防火墙、入侵检测、防病毒等安全技术发挥了重要作用，但在攻防双方的博弈中，防御方仍然处于"防不胜防""一点突破，全盘皆溃"的被动境地，迫切需要新的安全技术和防御方案。

网络安全态势感知应运而生。网络安全态势感知通过对安全相关信息的理解、认知、研判，掌握目标系统或网络所处安全状态，对目标系统或网络的安全运行规律、动向和未来的安全趋势进行预判，逐渐成为网络安全领域研究的新方向。本章将对网络安全态势感知的现状、思想、模型和技术等进行详细阐述。

1.1 网络安全形势与技术发展现状

1.1.1 网络安全形势

互联网及其技术的高速发展，为人们的学习、生活、消费、娱乐等各个方面提供极大便利的同时，也带来了各种各样安全问题，例如，Web 安全方面的跨站脚本攻击、跨域请求伪造、SQL 注入攻击、水坑攻击、DDoS 攻击等；系统安全方面的计算机病毒、恶意软件等。能否识别、感知、预测、抵御网络攻击是保证网络安全稳定运行的关键。

近年来，网络攻击者的攻击目标，不仅局限于针对普通网络用户的恶意攻击，例如窃取密码、恶意广告、非法牟利等，其攻击目标已经上升到诸如政府、大型企业、银行等具有国家和行业背景的网络环境。尽管网络安全管理人员在相应的网络中部署了大量的安全设备用来抵御各种各样的网络攻击，但是在 APT 攻击、0day 攻击等复杂、高级、综合性攻击面前仍存在被攻陷的风险，并且一旦攻击成功，将会造成巨大的损失。例如，2010 年的"Stuxnet 病毒"严重影响了伊朗核工业的发展；2015 年，因“BlackEnergy”和“KillDisk”等恶意软件入侵乌克兰的计算机系统，乌克兰居民断电长达数小时，严重影响其正常生活；2017 年，因美国国家安全局（National Security Agency，NSA）泄露的网络攻击武器库 Vault 7 包含的“永恒之蓝”攻击工具被网络攻击者恶意传播 WannaCry 勒索病毒，作为其非法牟利的手段，影响范围涉及俄罗斯、乌克兰、英国、中国等多个国家的政府、银行、机场等，其勒索病毒的多个变种至今仍是网络攻击力最强的攻击手段之一。

从当前互联网整体运行环境来看，网络安全形势呈现出以下特点。

1. 安全漏洞数量持续快速增长

安全漏洞是指信息系统违反既定安全策略，导致信息系统的机密性、完整性、可用性、抗否认性等安全属性受到不同程度影响的安全缺陷，包括设计漏洞、配置漏洞、实现漏洞等多种类型。网络协议、操作系统、应用软件本身高度复杂，以及用户使用水平参差不齐，导致网络及主机系统中不可避免地存在各种安全漏洞。漏洞的存在是产生各种安全威胁的主要根源，当前系统安全问题之所以呈愈演愈烈之势，其根本原因在于漏洞不能完全避免，并且呈现出数量越来越多、危害程度越来越严重的趋势。

2. 攻击节奏加快

开展网络攻击是一项复杂且综合性较强的技术，通常攻击者需要具备深厚的技术积累，然而，随着自动化攻击工具可以在暗网等地下网络中轻易获取，攻击技术的门槛大大降低。此外，密码破解、反编译、漏洞挖掘与渗透等黑客技术也在不断发展，这些情况使攻击者进行网络攻击的节奏明显加快，从漏洞的发现到漏洞的渗透，所需要的时间间隔越来越短，导致 0day 攻击、1day 攻击频繁出现。

3. 网络安全事件频发

由于安全漏洞存在的广泛性、大量攻击工具获得的便利性，以及非法获利的驱动性，网络上的攻击行为越来越多，网络安全事件的发生频率越来越高。随着数据经济安全、信息化安全保障逐渐被提升到国家安全的重要层面，可以预见，出于政治、经济、文化等方面的需要，网络空间对抗将成为各界关注的热点，如果无法及时将我国网络安全技术推向更高层面，那么可以预见，所遭受网络攻击的危害程度将会进一步加重。

1.1.2 网络安全技术发展现状

广义的网络安全（信息安全）由来已久，例如，用于战场信息保密的凯撒密码早在公元前 50 年就已经产生。随着计算机网络的发展，现代意义的网络安全（信息安全）则是从 20 世纪 40 年代开始发展起来的。网络安全（信息安全）的发展经历了 4 个典型的阶段。

第一阶段为通信保密阶段，主要时间段在 20 世纪 40 年代至 20 世纪 70 年代，该阶段的主要安全威胁是搭线窃听等，主要研究领域是密码学。该阶段具有标志性的成果包括 1949 年 Shannon 发表“Communication Theory of Secrecy Systems”，奠定了现代密码学的基础，将密码学从一种技巧上升为一种科学理论；1976 年 Diffie 与 Hellman 在“New Directions in Cryptography”中提出了公钥密码体制；1977 年美国国家标准局公布数据加密标准（DES），奠定了现代密码体制的基础。

第二阶段为计算机安全阶段，主要时间段在 20 世纪 70 年代至 20 世纪 80 年代，安全威胁扩展到非法访问、恶意代码、脆弱口令等。该阶段的安全防护技术研究以单机操作系统安全研究为主，主要研究如何增强操作系统自身安全性，确保计算机系统中硬件、软件及正在处理、存储、传输信息的机密性、完整性和可控性，该阶段具有标志性的成果包括经典的 Bell-LaPadula（BLP）安全模型、可信计算机系统评估准则（Trusted Computer System Evaluation Criteria，TCSEC）等。

第三阶段为信息安全阶段，主要时间段在 20 世纪 90 年代，该阶段的主要安全威胁扩展到网络入侵、病毒破坏、信息对抗攻击等。该阶段开始进行信息安全体系的研究，确保信息在存储、处理、传输过程中不被破坏，确保合法用户的服务和限制非授权用户的服务，以及必要的防御攻击的措施。防火墙、防病毒软件、漏洞扫描、入侵检测系统（IDS）、公钥基础设施（PKI）、虚拟专用网络（VPN）等安全产品此时得到了充分发展，通用准则（CC）也在这一阶段产生。

第四阶段为信息保障阶段，当前及今后的一段时期都将处于这个阶段。信息保障定义为保护信息及信息系统，确保其可用性、完整性、保密性、可认证性、抗否认性等特性。这包括在信息系统中融入保护、检测、响应功能，并提供信息系统的恢复功能。信息保障阶段强调信息系统整个生命周期的防御和恢复能力，除了要进行信息的安全保护，还应该重视提高系统的入侵检测能力、系统的事件响应能力以及系统遭到入侵后的快速恢复能力。这一阶段的安全防护措施强调对安全工具的整合与管理，安全策略、防护、检测、响应（P2DR）模型在这一阶段被提出，纵深安全防护体系就是基于该模型建立的。

在网络安全发展的不同阶段，催生了不同的新技术和安全产品。时至今日，大部分技术与产品仍然被广泛使用，下面对当前主流安全技术、产品及其存在的不足进行简要描述。

1. 防火墙技术及其不足

防火墙技术是静态防御技术的典型代表，通过在内网与外网的边界上建立相应的访问控制机制来实现对入站、出站网络数据流量的监测与控制。目前，防火墙技术已经从最初的简单数据包过滤发展到基于安全操作系统的状态监测。防火墙产品也是政企院校构建安全网络环境必选的安全产品之一。

防火墙的设计思想是在网络边界建立过滤机制，防范来自外网的攻击，其设计思想决定了防火墙对来自网络内部攻击的检测无能为力。此外，因防火墙本身存在一些安全漏洞，如 CVE-2021-41282、CVE-2022-30525，攻击者可利用漏洞绕过防火墙进入内网，导致防火墙功能失效。虽然借助大数据分析方法可增强防火墙的分析能力，但基于数据包过滤技术的防火墙并不具备真正的智能，其安全性仍取决于过滤规则的设置，并且容易造成性能瓶颈和单点故障等问题。基于代理技术的防火墙实现复杂、效率较低，对于新的网络服务需求往往不能及时有效地实现代理服务。

2. 防病毒软件及其不足

防病毒软件是网络安全防护产品中的主流，是网络服务端、用户终端必备的安全防护工具之一，从最初的防毒卡、简单特征码识别、广谱特征码识别，到现在的行为识别、基线检测技术，再到大数据、云引擎查杀，防病毒软件已经过几代的技术创新，能够对网络的终端节点安全起到基本的保护作用。

防病毒软件存在的最大问题是无法预防新型未知病毒，从新型病毒的发作到防毒软件厂商的病毒库更新，中间的时延已经足以导致网络陷入灾难。防病毒软件的防护效果直接取决于病毒库的完备性，从某种意义上来说，防病毒软件只能发现已知的病毒，无法真正识别未知病毒。

3. 入侵检测技术及其不足

入侵检测技术是动态防御技术的典型代表，是 P2DR 模型的核心。入侵检测经历了多个阶段的发展，从最初简单的字节匹配、基于协议分析的数据包检测，发展到基于智能分析的入侵检测。其产品也从最初的主机型入侵检测系统（HIDS）、网络型入侵检测系统（NIDS）发展到混合型入侵检测系统，功能从入侵检测告警向入侵检测防护转变，国内外都有一些成熟的产品，在安全软件领域占据较大份额。

虽然入侵检测类产品已得到普及，但其重复警报多、虚假警报量大、误报率高以及漏报频发等问题给安全运维人员带来不小的难题。在部署入侵检测系统后，安全运维人员为了减少系统漏报，往往配置冗余的匹配策略，导致即使是连接到 Internet 的一个小型网络，每天都会产生近万条告警信息，而其中 90%以上可能是误报或无关信息，这些数量巨大且质量不高的告警信息使安全运维人员陷入告警风暴中而无法处理真正的安全问题，无法发挥入侵检测系统的作用。

4. 安全风险评估技术及其不足

在安全风险评估技术方面，常见的实现方式是通过端口扫描、操作系统辨识和漏洞扫描技术，在攻击者利用漏洞进行攻击之前，发现、查找网络中的脆弱点，进而指标化分析、评估可能存在的安全风险并执行相应的防护措施。但是安全风险评估技术通常只是在受到攻击之前静态地检测已公布的漏洞和缺陷，并不能有效应对 0day 攻击。

从以上分析可以看出，尽管当前网络环境中已经部署了防火墙、入侵检测系统、防病毒软件等主流的安全工具，并且通过工具之间的联动试图有效抵御攻击，但网络安全形势仍然严峻。

1.2　网络安全态势感知概述

1.2.1　网络安全态势感知概念

态势感知（Situation Awareness，SA）是在提升飞行员空战能力的人因工程学研究过程中被提出的，是为提升空战能力、分析空战环境信息、快速判断当前及未来形势，以做出正确反应而进行的研究探索。

1995 年，Endsley[1]提出经典态势感知的定义，态势感知是指在一定时空条件下，对环境因素的获取、理解和对未来的预测，态势感知包括 3 个层面，即认知、理解和预测，这 3 个层面与观察、判断、决策和行动（OODA）模型有着紧密的关联。其后，研究人员对态势感知的理解大多都建立在该经典概念之上。

1999 年，Bass[2]提出网络态势感知的概念，网络态势感知是指在大规模网络环境中，对能够引起网络态势变化的安全要素进行获取、理解、显示，以及预测其最近的发展趋势。

2006 年，美国国家科学技术委员会（NSTC）围绕企业安全定义网络态势感知，网络态势感知是指在一定的时间和空间范围内，对企业的安全态势及其威胁环境的感知。理解这两者的含义以及这意味着的风险，并对它们未来的状态进行预测。

2009 年，Tadda 等[3]把网络（安全）态势感知的过程归纳为 3 个阶段，即态势识别、态势理解和态势预测，并至少包括以下几个方面的内容：态势认知、攻击影响评估、态势跟踪、对手趋势和意图分析、态势因果关系与取证分析、态势信息质量评估、态势预测。

通过不同阶段研究人员给出的相关概念，可以看到，人们对网络态势感知的理解已逐步从抽象概念向如何具体实现转变。在理解典型态势感知概念基础上，结合网络安全防护的本质，态势感知在网络安全防护领域的概念如下。

网络安全态势是指由各种网络设备运行状况、网络行为以及用户行为等因素所构成的整个网络当前状态和变化趋势。进一步对网络安全态势感知进行解读，具体如下。

- 态：目标系统或网络所处的安全状态；
- 势：目标系统或网络的安全运行规律、动向，未来的安全趋势；
- 感：利用各类传感器，通过各种途径采集与安全相关的信息；

- 知：理解、认知、研判与安全相关的信息，将信息变成知识和智慧。

综上，网络安全态势感知是一个动态的过程，既包括与安全相关的信息从获取到分析、呈现、反馈的决策过程，又包括态势从数据到信息再到知识和情报（洞察）的升华过程。

网络安全态势感知是指利用各类传感器尽可能多地通过各种途径采集与安全相关的信息，通过对这些信息的理解、认知、研判，将信息变成知识和智慧的过程。通过网络安全态势感知，能够掌握目标系统或网络所处的安全状态，并能够对目标系统或网络的安全运行规律、动向和未来的安全趋势进行预判。

1.2.2 网络安全态势感知与相关安全技术的异同

1. 网络安全态势感知系统与入侵检测系统

（1）系统功能性差异

入侵检测系统（IDS）[4]通过实时监测信息流检测网络中存在的攻击，进而实现保护特定主机和信息资源的目的。IDS 从细节上关注网络安全，对网络中每次独立的攻击都进行记录和告警。其本质上是防御再次发生已知攻击。而网络安全态势感知系统实时提供当前网络安全态势状况，并在对实时获取的数据进行分析的基础上，发现潜在威胁和未知攻击，为保障网络服务的正常运行提供辅助决策。

（2）系统检测效率不同

IDS 检测攻击的误报（False Positive）和漏报（False Negative）极大地降低了网络用户对其信任的程度，而且基于标记（Signature）的 IDS 无法检测出未知攻击和潜在的恶意网络行为。网络安全态势感知系统能够融合多维度的分析检测，而且检测精确度高，能够提供动态的网络安全态势显示，为分析网络攻击行为提供辅助决策。

（3）数据处理规模不同

对于 IDS 而言，实时检测网络中的攻击行为已经成为一个难点问题，丢包、漏包现象的普遍存在，大大降低了 IDS 在大规模网络中应用的可用性。与之不同的是，网络安全态势感知系统充分利用各类传感器，从不同位置、角度采集数据，通过数据融合提高了数据源的完备性，简化了系统的计算复杂度，提高了系统并行处理能力。

（4）数据来源不同

IDS 通过自身的代理或将传感器安装在网络中的不同节点以获取网络数据，然后进行融合、关联分析，进而发现网络中的攻击行为，其数据来源较为单一，仍可视为同源数据。而网络安全态势感知系统的数据来源则是混合型，IDS 以及病毒检测、防火墙等工具采集的数据均可作为网络安全态势感知系统的数据源。

网络安全态势感知系统融合这些不同格式的数据信息，进行态势分析和可视化展示。

2. 网络安全态势感知系统与安全运营中心

安全运营中心（Security Operation Center，SOC）[5]是集中管理安全问题的重要平台，SOC 作为一个复杂的实时响应系统，是人员、流程和技术的有机结合体。SOC 强调进行业务连续性管理和业务风险管理，包括利用数据融合、复杂事件处理技术进行业务影响评估和业务安全风险评估。SOC 可以协助管理人员进行事件分析、风险分析、预警管理和应急响应处理。

网络安全态势感知系统与 SOC 都要求采集网络中发生的各种安全事件和告警，都要求进行集中的展示，都与安全事件处理流程相关联。但是，网络安全态势感知系统与 SOC 也存在诸多区别。

（1）数据来源范围不同

SOC 的数据来源为 IDS、病毒检测、防火墙等各类安防设备的日志，以及网络流量，而网络安全态势感知系统的数据来源在此基础上还包括系统、应用、人员等操作、运行产生的日志，以及威胁情报数据。网络安全态势感知系统获取的数据类型比 SOC 范围更广，在已部署 SOC 的网络环境中，网络安全态势感知系统可将 SOC 作为可靠的安全类数据源。

（2）服务对象不同

SOC 的服务对象为行业内的安全管理人员，专业要求高。SOC 通过监控和分析网络、服务器、终端、数据库、应用、网站和其他的系统，寻找可能存在的安全事件或者异常活动，并实时向安全管理人员发送专业的审计、告警信息。对于 SOC 反馈的安全信息，需要安全管理人员具备较全面和专业的安全知识才能够对防护目标进行有效判断，确保潜在的安全事件能够被正确识别、分析、防护、调查取证和报告。而网络安全态势感知系统则是为行业或领域内用户提供辅助决策支持，通过态势分析、评估、预测得出的结论，结合防护目标特征，为安全管理人员提供可参考的依据。网络安全态势感知系统的使用对象往往是行业或领域内的决策人员，而非专业的安全管理人员。因此，相较于专业性更强的 SOC，网络安全态势感知系统的应用领域和范围更广，更易被服务对象所接受。

3. 网络安全态势感知与威胁情报

威胁情报（Threat Intelligence，TI）[6]是一种基于证据的知识，包括情境、机制、指标、影响和实际可行的建议。威胁情报描述了现存的，或者是即将出现的针对资产的威胁或危险，并可以用于通知主体针对相关威胁或危险采取某种响应。

从功能上来讲，TI 侧重于通过沙箱、蜜罐、深度包检测（DPI）等技术发现威胁，形成公共知识。网络安全态势感知是一项综合性的分析技术，可作为

TI 发现威胁的一种安全分析工具。而网络安全态势感知在针对防护目标进行态势数据采集时，可将 TI 作为一类数据源，用于检测、预测可能存在的威胁和攻击。

从服务对象上来讲，TI 侧重于通过某一领域或行业的威胁发现，形成公共知识后，为其他领域或行业提供参考依据；网络安全态势感知则是针对防护目标所在领域或行业的特点，本地化地进行态势分析和预测，试图发现潜在的安全威胁或未知攻击。

可以说 TI 和网络安全态势感知是安全研究的两个方向，两者相辅相成，均是近年来安全研究的热点。

1.2.3 网络安全态势感知作用和地位

1. 网络安全态势感知是网络安全技术发展的需要

在网络安全技术研究中，由于已有防御手段的单维性，难以应对复杂的网络环境和不断涌现的新的安全问题，因此，对网络安全态势感知的研究已成为当前网络安全技术的热点之一。

通过对网络安全态势感知概念内涵的理解，网络安全态势感知对防护目标的安全起着非常重要的作用，主要体现在以下几个方面。

（1）从获取安全相关数据阶段开始，网络安全态势感知是尽可能多地获取各类态势数据，其数据来源丰富，几乎涵盖所有影响网络安全的安全要素，比只考虑单一安全要素更全面。

（2）网络安全态势感知过程包括要素获取、理解和态势预测，这一循环迭代的动态过程并非相关安全要素的简单汇总和叠加，而是以一系列理论和模型作为支撑，探寻安全要素内在联系，根据安全防护目标，分析预测网络安全状况。

（3）网络安全态势感知结果丰富实用，网络安全态势感知从多层次、多角度、多粒度分析网络的安全状况，包括网络的威胁评估、脆弱性评估、安全事件评估和整体安全状况的评估，并以图、表等形式展现给用户，同时提供相应的加固方案。

（4）网络安全态势感知能对网络安全状况的发展趋势进行预测，有预见性地指导决策人员及时采取措施，预防重大安全事件的发生。

（5）网络安全态势感知适用范围广、适用性强，能够对各个行业和各种规模的网络提供决策支持。

2. 感知网络安全态势已成为我国网络空间安全最基本、最基础的工作

为提高国家网络安全保障能力，2015 年 1 月，公安部发布了《关于加快推进网络与信息安全信息通报机制建设的通知》，要求建立网络与信息安全信息通报机制，开展网络与信息安全信息通报预警工作。2015 年 7 月，公安部发布了《关于

组织开展网络安全态势感知与通报预警平台建设工作的通知》，明确要求各省、自治区、直辖市公安机关相关部门根据本地实际情况，加快开展本地网络安全态势感知与通报预警平台建设。

2016 年 4 月 19 日，习近平总书记在网络安全和信息化工作座谈会上发表重要讲话，提出要树立正确的网络安全观，加快构建关键信息基础设施安全保障体系，全天候全方位感知网络安全态势，增强网络安全防御能力和威慑能力。

2016 年 12 月 27 日，国务院印发《"十三五"国家信息化规划》（以下简称《规划》）。《规划》指出，全天候全方位感知网络安全态势。加强网络安全态势感知、监测预警和应急处置能力建设。建立统一高效的网络安全风险报告机制、情报共享机制、研判处置机制，准确把握网络安全风险发生的规律、动向、趋势。

2016 年 12 月 30 日，工业和信息化部、国家发展和改革委员会联合制定《信息产业发展指南》，提出要建设基于骨干网的网络安全威胁监测处置平台，形成网络安全威胁监测、态势感知、应急处置、追踪溯源等能力。

2017 年 2 月 17 日，习近平总书记在国家安全工作座谈会上指出，要筑牢网络安全防线，提高网络安全保障水平，强化关键信息基础设施防护，加大核心技术研发力度和市场化引导，加强网络安全预警监测，确保大数据安全，实现全天候全方位感知和有效防护。

随着《中华人民共和国网络安全法》和《国家网络空间安全战略》的出台，态势感知已被提升到国家网络空间安全战略高度的地位，感知网络安全态势是最基本、最基础的工作。国家网络空间安全政策、安全防护指导思想上对态势感知的重视，使众多行业、大型安全企业开始倡导、建设和应用网络安全态势感知系统，以应对日益严峻的网络空间安全挑战。

1.2.4　网络安全态势感知目标定位

1. 网络空间安全的被动防御与主动防御

被动防御是指为降低恶意行为出现的概率以及尽量减少恶意行为引发的损害而采取的措施，而非主动采取行动。例如，系统内部的安全审计工具（如防火墙或杀毒软件）扫描或监测出计算机系统中存在的病毒文件，将其永久删除。修复系统漏洞也是被动防御。被动防御是传统网络安全防御的主要措施。常用的被动防护技术包括防火墙技术、入侵检测技术、恶意代码扫描技术、网络监控技术等。

主动防御是指在入侵行为造成伤害或恶劣影响之前，能够及时精准预警，实时构建弹性防御体系，避免、转移或降低系统面临的风险。主动防御通过对目标系统或网络的实时监控，快速捕获网络、用户行为并加以分析，发现并阻断可疑行为，从而达到防患于未然的目的。常用的主动防御技术包括数据加密、访问控制、权限设置、漏洞扫描技术、蜜罐技术、审计追踪技术、入侵防护技术、防火墙与入侵检测联动技术等。

主动防御和被动防御的区别在于，主动防御的目的是提前防范威胁，将潜在的威胁感知、识别、阻断，防患于未然；被动防御则是在目标系统或网络被入侵之后被迫采取的安全防护措施，亡羊补牢。

随着网络空间对抗的不断加剧，日益增加、日趋严重的网络攻击行为给防护方带来越来越大的压力，采用传统被动防御技术构建的防御体系，在面对APT、0day 等攻击时，往往处于捉襟见肘、被动挨打的局面。而利用主动防御技术构建的防御体系，在面对大规模网络攻击行为时，尤其是面对未知攻击、潜在威胁时，其实时监控、精准分析、提前阻断的防御手段，能够真正做到有效防御。

2. 网络安全态势感知目标

尽管访问控制、漏洞扫描等相关主动防御技术能够在一定程度上减小攻击造成的影响，并降低攻击成功率，但是，以上列举的各类主动防御技术在目标系统或网络的防御过程中，单维度的检测、监控、阻断行为缺乏有机的统一和协调，仍存在被敌手攻陷的风险。

网络安全态势感知因其具有数据获取实时性、分析多维高效性、预测有效精准性等特质，使其能够将现有被动、主动防御技术在统一的协调、调度下发挥出 1+1>2 的防御效果。因此，网络安全态势感知的目标是构建全时、全维的主动防御体系。网络安全态势感知将作为构建网络空间安全主动防御体系中最基础、最重要的工作。

这里的全时是指对目标系统或网络持续地监测和感知，全维是指从资产感知、运行感知、漏洞感知、威胁感知、攻击感知、网络感知和风险感知 7 个维度全面感知网络安全态势。下面，对这 7 个维度的感知进行简要解释。

（1）资产感知

资产感知是网络安全态势感知的基础，界定了目标系统或网络的范围和内容，为其他几个维度的感知提供了依据。例如，要知道目标系统或网络中都有哪些设备，责任人是谁，用了什么操作系统，安装了哪些软件和应用，用到了哪些组件，打了哪些补丁等。资产感知可被认为是对目标系统或网络在一定时间段内的静态感知。

（2）运行感知

运行感知是指全面掌握目标系统或网络的运行状况，包括基础设施的运行状况、网络的运行状况、主机和设备的运行状况、应用和业务的运行状况、数据的存储和流转状况等。运行状况既包括可用性和性能、业务连续性，还包括运行规律。例如，某个业务系统被访问的时间分布、协议分布、访问来源分布、访问量分布等。相较于资产感知，运行感知可被认为是对目标系统或网络的动态感知，是网络安全态势感知大数据产生的基础。

（3）漏洞感知

漏洞感知是指掌握目标系统或网络存在的漏洞情况。通过漏洞感知，评估当前目标的暴露面，并结合防护措施，分析可能的攻击面和攻击路径，协助安全管理人员提前布防，及时堵住安全漏洞，降低安全风险。漏洞感知可作为资产感知的一部分，也可作为单独的感知层次。

（4）威胁感知

威胁感知是从攻击者的视角分析当前目标系统或网络可能遭受的潜在威胁。例如，通过安全检测工具、安全评估工具发现目标系统或网络是否存在肉机、跳板机，可能存在哪些被利用的风险，可能遭受哪些攻击和入侵，以及造成危害的严重等级等。威胁感知并非感知真正受到的攻击，而是分析评估目标系统或网络可能受到的攻击。

（5）攻击感知

攻击感知是持续不断地收集目标系统或网络中的攻防对抗数据，是真实受到攻击状态下的数据获取。一方面能够为实时展现当前网络中的攻防对抗态势提供数据支持；另一方面可与历史攻击数据或威胁情报数据进行综合分析，为安全管理人员有效应对当前攻击提供有价值的数据情报。

（6）网络感知

网络感知是对目标系统或网络的结构、拓扑变化、关键节点流量进行实时掌握，为分析潜在的网络攻击行为提供数据支持。例如，非法主机接入、核心路由失效等引起的网络结构变化，以及核心交换机流量异常等，这些可能正是潜在的攻击行为所致，需要着重分析。

（7）风险感知

风险感知是综合前 6 种感知的信息，进行数据融合，从抽象的角度来评估当前目标系统或网络的整体安全风险。例如，建立目标系统或网络的安全风险指标体系。风险感知是为安全管理人员提供精炼、抽象的态势数据，便于安全管理人员通过相应工具进行安全分析。

1.3　网络安全态势感知模型

在对网络安全态势感知概念及其内涵有一定理解的基础上，对网络安全态势感知模型的研究是确定接下来网络安全态势感知技术路线的关键。网络安全态势感知模型是网络安全态势感知中的一个研究重点。目前，在研究人员已提出的大量网络安全态势感知模型中，最具影响力的模型包括 Endsley 态势感知模型[7]、美国实验室理事联合会（JDL）数据融合模型[8]和 Bass 功能模型[9]，其他网络安全态势感知模型大多是在以上 3 类模型基础上进行的扩展。

1.3.1 Endsley 态势感知模型

Endsley 态势感知模型最早应用于航空领域，在引入网络安全领域后，逐渐成为研究态势感知的经典模型。

Endsley 态势感知模型将态势感知过程分为三级。第一级为态势要素提取，即对影响网络安全运行状况的各种因素进行提取，这是态势感知中最基础的环节。第二级为态势理解，即通过对提取到的态势要素信息进行整合、关联等操作以及做出评估决策。态势理解是在态势要素提取的基础上进行的，这是态势感知中最重要的环节。第三级为态势预测，即预测网络安全未来态势的变化状况及发展趋势，这是 Endsley 态势感知模型区别于其他模型的关键环节。

Endsley 态势感知模型框架如图 1-1 所示，可以看出，态势感知、决策、行动和环境或系统状态构成一个环，根据环境或系统状态进行态势感知，然后根据态势感知的结果做出决策和行动，最后该行动又会反过来影响环境或系统状态，通过如此不断反馈来改善环境或系统状态。

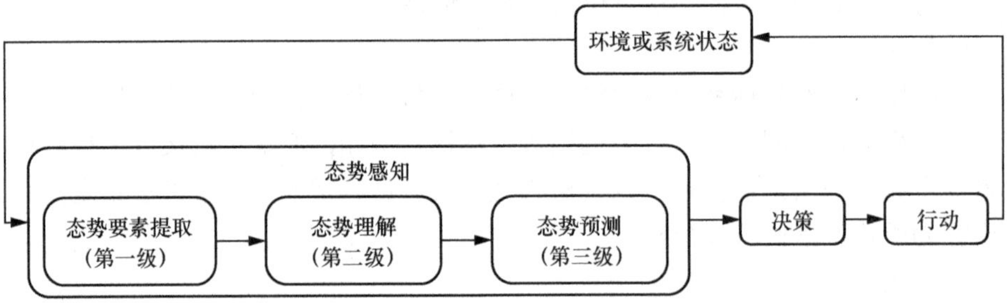

图 1-1 Endsley 态势感知模型框架

1.3.2 JDL 数据融合模型

由于态势感知和数据融合（Data Fusion）在定义和功能上有很多相同之处。部分研究人员将 JDL 数据融合模型也作为一类态势感知模型。基于数据融合的态势感知模型有很多，如 JDL 数据融合模型、OODA 模型等。当前，使用最为广泛的是 JDL 数据融合模型，框架如图 1-2 所示[10]。

从图 1-2 中可以看出，JDL 数据融合模型将态势感知分成了以下 5 个处理级别。

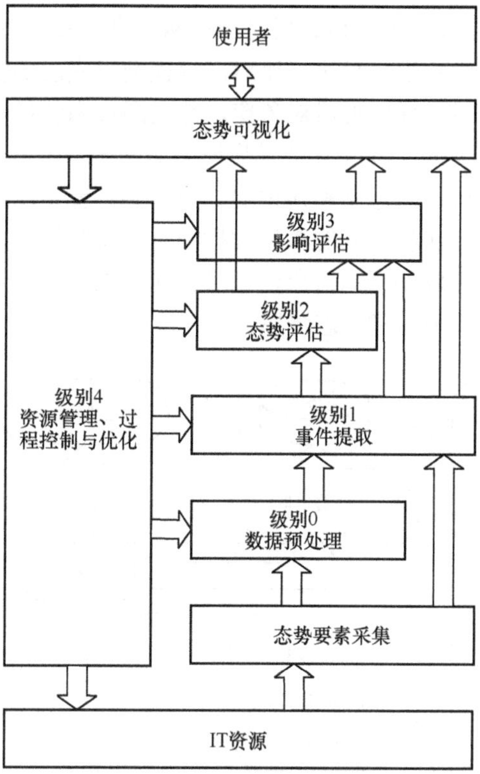

图 1-2　JDL 数据融合模型框架

级别 0，数据预处理：海量非结构化数据、结构化数据和敏捷数据可选的预处理级别，通过态势要素采集，获得必要的数据；然后通过数据光滑、合并、聚集等技术进行数据预处理，得到能够用于后续处理的数据。

级别 1，事件提取：在大规模网络环境中，从海量的数据中提取态势要素并生成事件。

级别 2，态势评估：根据级别 1 提取得到的事件，通过态势评估方法，如加权、聚类、贝叶斯网络等，评估得到当前网络态势。

级别 3，影响评估：根据级别 1 提取得到的事件及级别 2 评估得到的当前网络态势，通过态势预测方法，如时间序列、神经网络等，预测得到网络态势的未来变化。

级别 4，资源管理、过程控制与优化：根据事件提取、态势评估和影响评估结果，实现对网络资源的优化配置与调整。

1.3.3　Bass 功能模型

Bass[9]在 Endsley 态势感知模型的基础上提出了从空间上进行异构传感器管

理的功能模型，模型中采用大量传感器对异构网络进行安全态势基础数据的采集，并对数据进行提取，对知识信息进行比对。该模型以底层的安全事件收集为出发点，通过数据提取和对象提取形成对象库，然后通过态势评估和态势提取形成态势库，并做出相应的决策。Bass 功能模型框架如图 1-3 所示，可以看出，该模型将态势感知分为数据层、信息层和知识层。数据层主要是使用传感器或嗅探器进行数据收集工作，然后在收集到的海量数据中进行特征提取，提取有用的数据和对象。信息层是根据提取得到的对象建立对象库。知识层是根据对象库完成态势提取和态势评估工作，最后建立态势库。

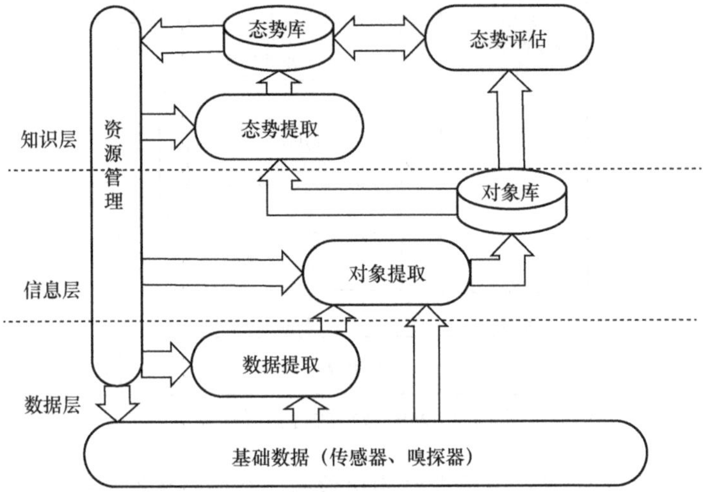

图 1-3　Bass 功能模型框架

Endsley、JDL 和 Bass 3 个经典模型的提出，为网络安全态势感知的发展提供了理论依据，也为网络安全态势感知在技术层面的落地实现提供了参考。

1.4　网络安全态势感知基本技术

在认识到网络安全态势感知的重要性及其在主动防御中发挥的关键作用后，研究人员通过对典型网络安全态势感知模型进行深入理解和研究，提出多种基于网络安全态势感知系统或平台的技术框架，并针对目标系统或网络的防御需求，为其构建主动防御体系。

1.4.1　通用网络安全态势感知系统架构

网络安全态势感知系统架构 1 如图 1-4 所示，网络安全态势感知系统分为 4 层，分别是特征提取层、安全评估层、态势感知层、态势预警层。特征提取层主要基于成熟的数据采集技术从海量数据中提取态势数据。安全评估层针对从漏洞扫描、安全审计、入侵检测系统、防火墙等获得的安全数据，采用相应的评估模型，对网络的脆弱性和受到的威胁进行评估。安全评估层将评估信息反馈到态势感知层，态势感知层通过识别信息中的安全事件，确定它们之间的关联关系，并依据所受到威胁的严重程度生成相应的安全态势图来反映整个网络的安全态势。态势预警层依据历史网络安全态势数据和当前网络安全态势数据预测未来网络安全态势，使决策人员能够据此掌握当前网络安全发展趋势，为下达合理安全响应和处置策略提供依据。

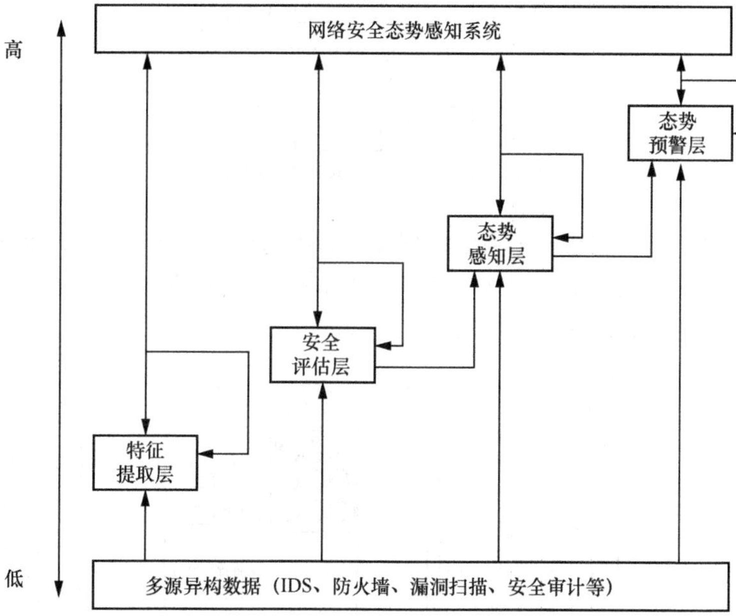

图 1-4 网络安全态势感知系统架构 1

网络安全态势感知系统架构 2 如图 1-5 所示，网络安全态势感知系统分为 6 层，分别是数据采集层、数据处理层、数据存储层、数据分析层、监测预警层、数据展示层。数据采集层主要关注采集什么数据，通过什么方式采集；数据处理层主要关注如何处理采集到的数据，如何将采集到的数据进行有效融合；数据存储层主要关注如何存储以及存储数据的类型；数据分析层主要关注系统应具备何种数据分析能力，从而进行安全事件辨别、定级、关联分析等；监测预警层主要关注监测内容和预警方式，包括通过预警进行主动防御；数据展示层主要关注如何进行安全态势展示、统计分析和安全告警等。此外，该类系统架构还设计了系统资源管理模块用于对整个网络安全态势感知系统进行运维管理；通过数据服务接口，规范各层之间以及与外部系统的数据交互标准。

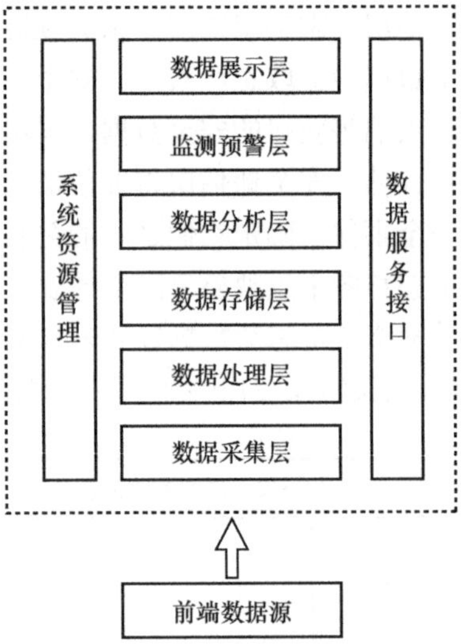

图 1-5　网络安全态势感知系统架构 2

此外，网络安全态势感知系统根据安全防御的重点不同，其功能系统架构也有所差别。面向数据分析的网络安全态势感知系统如图 1-6 所示，面向目标系统监控的网络安全态势感知系统如图 1-7 所示。

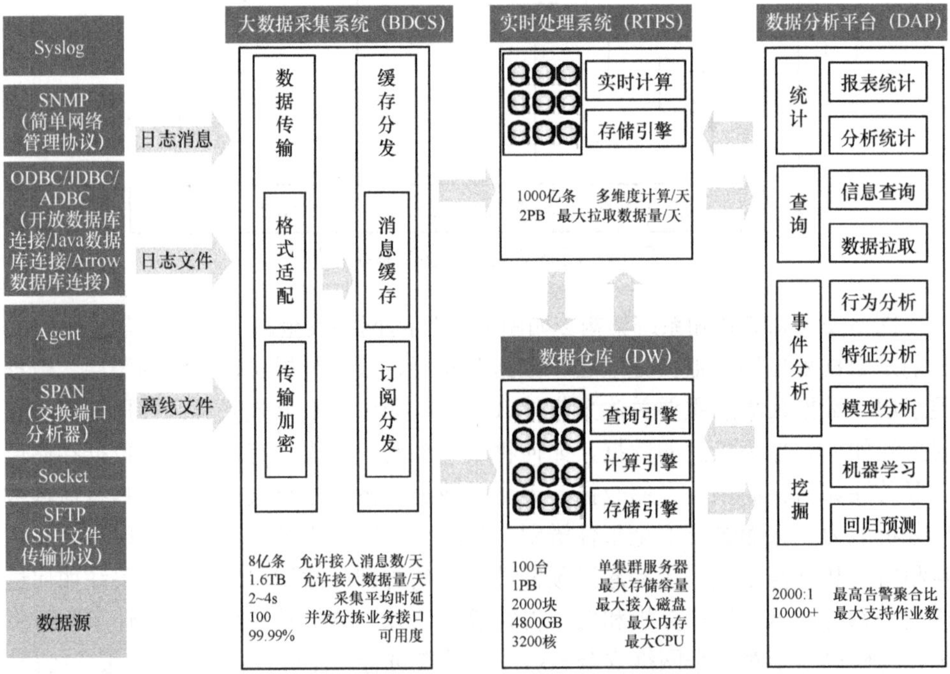

图 1-6　面向数据分析的网络安全态势感知系统

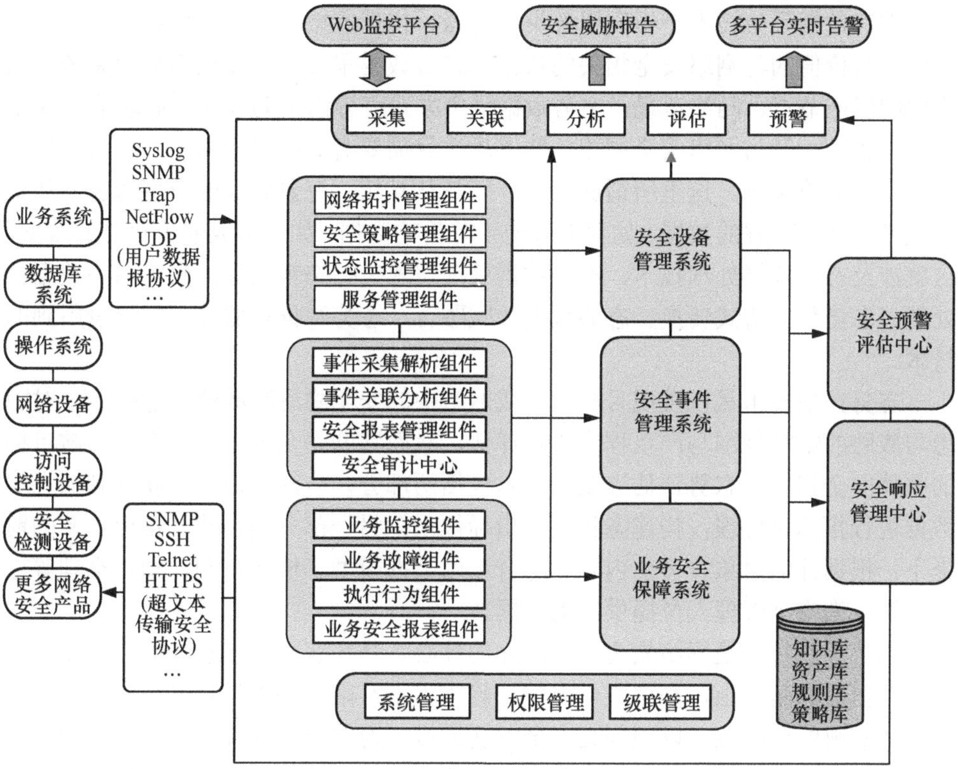

图 1-7　面向日标系统监控的网络安全态势感知系统

1.4.2　网络安全态势感知技术框架

网络安全态势感知并不能通过单个技术实现，其技术体系至少应满足态势数据获取、态势理解和态势预测 3 个典型的阶段。而每个阶段又需要综合不同的技术才能满足态势数据获取的全面性、态势理解的多样性，以及态势预测的准确性。因此，研究者们将网络安全态势感知作为一项复杂的技术体系进行研究，并称网络安全态势感知是系统之上的系统、技术之上的技术。综合网络安全态势感知的概念、模型、系统架构的理解，网络安全态势感知技术框架如图 1-8 所示。

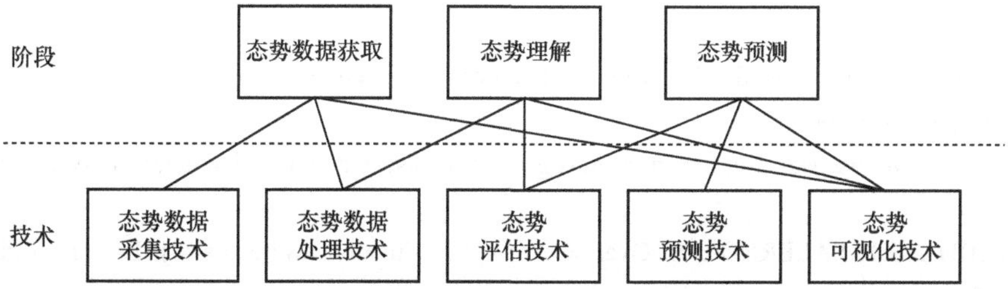

图 1-8　网络安全态势感知技术框架

态势数据采集技术是指利用各类传感器、代理或接口通过多种途径获取可理解的、有价值的与网络安全相关的数据。态势数据采集的对象包括目标系统或网络中的资产节点、网络流量。态势数据采集方式可分为主动采集、被动采集等。

采集到大量与网络安全的相关数据后，就需要对数据进行加工，进而进行态势理解、态势预测。这里所谓的加工，即是从异构、海量数据的角度考虑，如何形成高质量可理解的数据、如何形成便于分析的数据、如何形成便于存储的数据，这就涉及态势数据处理技术。态势数据处理技术包括态势数据汇聚、态势数据预处理、态势数据格式转换、态势数据关联融合、态势数据存储等不同阶段用到的技术。

态势评估技术是在发现目标系统或网络中的安全隐患和威胁的基础上，对隐患与威胁的影响范围与严重程度进行评估，从而帮助安全管理人员掌握当前目标的整体安全状况。态势评估涉及的技术包括两部分，一部分是针对获取到的态势数据进行指标化处理，构建态势感知指标体系；另一部分是在建立指标体系的前提下，根据评估对象、评估内容，综合运用数据模型、模式识别、知识推理等进行计算，为安全管理人员提供决策依据。

态势预测技术是网络安全态势感知的核心，是在获取当前态势信息及掌握历史态势信息的基础上，利用数学方法计算接下来有限时间内目标系统或网络遭受攻击和威胁的可能性，以预判其安全发展趋势，为安全管理人员提供参考。

态势可视化技术是将目标系统或网络的攻击、威胁、风险、运维等态势，从宏观到微观进行直观的、可交互的展示，便于安全管理人员对整体态势进行把控。态势可视化基于数据可视化技术，利用人类视觉对模型和结构的获取能力，将抽象的目标系统或网络各种类型的与安全相关的数据以图形的方式展现，帮助安全管理人员分析网络安全态势，识别异常、攻击，预测网络安全发展趋势。

综上，构建一个典型的网络安全态势感知系统，需要在态势数据采集、态势数据处理、态势评估、态势预测和态势可视化 5 个环节掌握一些基本的技术和方法。接下来将分别对各个环节涉及的技术和方法展开进一步的讨论。

参考文献

[1] ENDSLEY M R. Toward a theory of situation awareness in dynamic systems[J]. Human Factors, 1995, 37(1): 32-64.

[2] BASS T. Multisensor data fusion for next generation distributed intrusion detection systems[EB]. 1999.

[3] TADDA G P, SALERNO J S. Overview of cyber situation awareness[M]. Boston: Springer, 2009.

[4] LIAO H J, RICHARD LIN C H, LIN Y C, et al. Intrusion detection system: a comprehensive review[J]. Journal of Network and Computer Applications, 2013, 36(1): 16-24.
[5] VIELBERTH M. Security operations center (SOC)[M]. Heidelberg: Springer, 2021.
[6] MCMILLAN R. Definition: threat intelligence[EB]. 2013.
[7] ENDSLEY M R. Situation awareness misconceptions and misunderstandings[J]. Journal of Cognitive Engineering and Decision Making, 2015, 9(1): 4-32.
[8] KESSLER O. Functional description of the data fusion process[R]. Naval Air Development Center, 1991.
[9] BASS T. Intrusion detection systems and multisensor data fusion[J]. Communications of the ACM, 2000, 43(4): 99-105.
[10] BLASCH E, PLANO S. JDL Level 5 fusion model 'user refinement' issues and applications in group Tracking[EB]. 2002.

第 2 章 网络安全态势数据采集技术

本章介绍了网络安全态势感知中数据采集的基本概念、重要性及其分类，探讨了如何通过各种传感器和工具，从不同层面和渠道获取关键的与网络安全相关的数据，并分析了数据采集的多种类型，包括静态与动态数据、网络节点数据和通信流量数据。此外，还讨论了被动采集技术，如基于日志、简单网络管理协议（SNMP）、网络流量分析和 Windows 管理规范（WMI）的方法，以及主动采集技术，包括主动扫描和网页爬取。通过对多项技术进行实例讲解，旨在为读者提供网络安全态势数据采集的全面视角和实用指导。

2.1 态势数据采集概述

实现目标系统或网络安全防御的前提是能够对其开展行之有效的安全分析，而进行安全分析离不开对目标系统或网络所处环境安全相关数据的采集。态势数据采集的全面性、实时性，以及从海量数据中分析抽取出影响安全态势的关键信息，是网络安全态势感知的基础。

2.1.1 态势数据采集概念

数据采集，又称数据获取，是指利用传感器通过不同的方式从宿主及其所处环境获取具有一定意义的数据。这里所讲的传感器包括探针、代理、客户端、应用程序接口（API）等。

态势数据采集[1]的概念来源于数据采集，是指围绕目标系统或网络，利用各类传感器，通过多种途径获取可理解的、有价值的与网络安全相关的数据，能实时监控和采集网络、服务、系统软件以及各种应用的状态数据，发现网络攻击行为或其他安全异常，支持大规模网络的安全态势感知。

态势数据采集通过综合多种技术，从目标资产、系统、网络，以及硬件、服务、软件、应用各个层次，收集与网络安全相关的数据，其目的是为态势数据处理提供素材，为态势评估和预测打下数据基础。如果采集不到有价值的数据，就无法进一步分析可能存在的网络安全问题；如果采集到的数据不够全面，则可能存在短板，网络安全相关数据的缺失，导致网络安全分析困难，甚至误导安全管理人员做出错误的决策。只有全面获取态势数据，才能为有效的防御提供保证。

态势数据采集的意义即在于，围绕防御目标，尽可能多地采集各个方面的态势数据，为其后的评估、预测提供数据支持。

2.1.2　态势数据采集类型

1. 按采集数据的属性分类

待采集的数据可分为静态数据和动态数据。静态数据是指在系统运行过程中主要作为控制或参考用的数据，在较长的时间内不会变化。如设备 ID 等。动态数据是指所有在系统运行过程中发生变化的数据以及在系统运行过程中输入、输出的数据。如 CPU 温度、网络流量等。

态势数据可以被认为是静态数据和动态数据的组合。态势数据表示如图 2-1 所示，其中，Resource ID 和 Name 对应的数据为静态数据，而 Volume 对应的数据则是动态数据，随时间的变化而变化，每次采集到的数据不同。

```
+------------------------------------+---------+------+-------------+-----+-------------------+
| Resource ID                         | Name     | Type   | Volume           | Unit | Timestamp |
+------------------------------------+---------+------+-------------+-----+-------------------+
| 631507ed-598c-4e6d-8582-9fd7490e7805 | cpu_util | gauge | 22.5263157895 | % | 2015-03-29T13:22:10 |
```

图 2-1　态势数据表示

2. 按采集数据的来源分类

尽管受保护的目标系统或网络可能存在网络规模大、系统功能复杂等特点，然而，待采集的态势数据主要是网络（资产）节点数据、节点与节点之间的通信流量数据。

（1）网络（资产）节点数据

网络（资产）节点数据通过代理、API 等方式从节点各个层次获取与网络安全相关的数据，进而采用泛日志数据类型进行记录。日志，通常是指记录系统操作事件的文件或文件集合，可分为事件日志和消息日志。在网络安全态势感知范畴，网络（资产）节点包含的软/硬件部分，可按照不同层次运用适当的采集方法进行态势数据采集，采集的数据通过泛日志数据类型，这种相对统一的方式进行记录，为其后的态势数据处理提供便利。

（2）节点与节点之间的通信流量数据

节点与节点之间的通信流量数据[2]是指目标系统在网络中产生的数据，或从专用网络设备获取的数据。流量数据可分为原始网络流量数据和会话级网络流量数据。原始网络流量数据采用二进制形式表示，无法直接读取和应用，需要通过解析工具和技术，把网络流量数据变成更加容易读取的数据信息，该过程被称为解码分析，用于还原识别流量中的协议、业务，以及提取流量中的原始文件等；会话级网络流量数据是指通过提供网络流量的会话级视图，记录流经设置网络观测点的所有具有相同五元组（源 IP 地址、目的 IP 地址、传输层协议、源端口和目的端口）或七元组（源 IP 地址、目的 IP 地址、传输层协议、源端口、目的端口、服务类型以及接口索引）的分组事务信息。

3. 按采集数据的方式分类

态势数据按采集数据的方式可分为被动采集和主动采集。被动采集是指通过在宿主环境中部署探针、代理、API 等方式获取与网络安全相关的数据。主动采集是指通过嗅探、爬取等方式，从宿主系统获取与网络安全相关的数据。

2.1.3 态势数据采集内容

态势数据采集是网络安全态势感知的基础，态势数据采集是否全面、准确直接决定着网络安全态势评估、预测的结果。围绕目标系统或网络进行网络安全态势感知，从态势数据采集的角度考虑，需要采集的数据源包含但不限于以下内容。

（1）资产信息，包括资产名称、资产等级、资产归属、资产 IP 地址、资产类型等。

（2）网络流量数据，包括网络流量五元组、域名系统（DNS）、超文本传送协议（HTTP）、服务器信息块（SMB）协议、简单邮件传送协议（SMTP）、互联网控制报文协议（ICMP）、地址解析协议（ARP）、路由信息协议（RIP）、远程过程调用（RPC）协议、文件传送协议（FTP）、互联网信息访问协议（IMAP）、SNMP、Telnet 协议、邮局协议第 3 版（POP3）、WebMail、网络文件系统（NFS）等，还包括异常流量、违规流量等。

（3）日志数据，包括业务日志、操作日志、登录日志、系统日志、告警日志、安全日志等；产生日志数据的设备类型包括安全设备、网络设备、操作系统、数据库管理系统、应用系统等。

（4）运行状态数据，包括各类网络设备、安全设备、服务器等资产的在线情况，CPU、内存、网络的使用情况，还包括进程及持续运行时间、CPU 温度、风扇转速等。

（5）脆弱性数据，包括存在漏洞的资产名称、IP 地址/域名、漏洞名称、漏洞编号、影响的操作系统和应用版本、漏洞详细描述、漏洞危害级别、漏洞修补建议，以及资产的脆弱性配置信息，包括脆弱性名称、类型、关联资产、危害程度等，还包括弱口令、开放异常的端口等。

（6）安全事件数据，包括网络安全事件、主机安全事件、软件程序安全事件和 Web 安全事件产生的数据。其中，网络安全事件产生的数据[3]包括分布式拒绝服务（DDoS）攻击、后门攻击、漏洞攻击、网络扫描窃听、干扰事件等产生的数据；主机安全事件产生的数据包括暴力破解、端口扫描、漏扫扫描与利用、Bash 主动外联、异常主机行为、异常进程、异常账号事件等产生的数据；软件程序安全事件产生的数据包括计算机病毒、蠕虫、特洛伊木马、僵尸网络、混合攻击程序、网页内嵌恶意代码事件等产生的数据；Web 安全事件产生的数据包括 Web 漏洞扫描、WebShell 行为、网站 JavaScript 挂马、网页篡改、域名劫持、恶意文件传播、不良信息传播、业务逻辑漏洞利用事件等产生的数据。

（7）威胁情报数据，包括攻击者特征、攻击工具特征、攻击目的、攻击方式、行为特点、影响范围等，以及公共漏洞发布平台的漏洞信息，如国家信息安全漏洞共享平台（CNVD）、国家信息安全漏洞库（CNNVD）等。

2.1.4 典型态势数据采集方法

对于不同类型、不同来源的态势数据，可采用的采集方法也是不尽相同的，如果想尽可能全面地采集态势数据，就需要掌握尽可能多的态势数据采集方法。下面，按照采集方式分类，将常用态势数据采集方法分为被动态势数据采集方法和主动态势数据采集方法两类，分别进行讨论。

2.2 被动态势数据采集方法

被动采集，也称交互式采集，是指通过在宿主设备或系统中部署探针、代理、API 等方式，获取与安全相关的态势数据，并传输到服务端。典型的被动态势数据采集方法主要包括基于日志的态势数据采集、基于 SNMP 的态势数据采集、基于网络流量的态势数据采集和基于 WMI 的态势数据采集。

2.2.1 基于日志的态势数据采集

日志（Log）[4]的概念是指系统所指定对象的某些操作和其操作结果按时间顺序的集合。日志文件的存在方式大多数是文本形式，由对应事件产生的时间和对操作内容的相关描述构成，这些都是系统对一些需要关注的操作所作的记录。日志文件的存在即是记录系统的事件，而每条日志都是系统按照时间的顺序记录的，最后组成一个日志文件。可以说，每个日志文件都是由多条日志记录组成的，而每条日志记录又是对一个系统操作行为的描述。系统的日志文件中记录着很多对计算机管理员有帮助的信息，理论上，只要采用合理的日志管理和审计机制，就可以筛选出任何与安全事件相关的入侵行为，成为安全分析的重要证据来源。

系统日志记录的是发生在系统平台上的所有事件信息，包括用户的操作行为和系统的运行状态，日志的功能体现在很多方面，可以用于资源监控，借助对系统日志的有效分析，了解系统中各种资源的占有状况。一旦出现资源占用方面的异常和硬件上的存取错误，可以依据日志文件的分析结果找出优化配置方案，使系统处在最佳状态，实现更加高效地运行；用于用户审计，用户在系统环境上的所有操作都会被记录到日志文件中，形成对用户操作行为的有效监控，避免资源占用的异常或者执行非授权的行为；用于评估损失，帮助调查人员确定不安全行为的影响范围，并对其造成的损失进行评估；可以帮助系统恢复，系统一旦遭到入侵甚至破坏，取证人员能够以日志文件为依据，准确掌握系统的状态信息，并寻找日志所传递的参数和数据，快速地实现系统的恢复，将损失降到最低；也可以作为电子证据，日志文件就是对系统日常行为的记录，是取证人员还原入侵路线、行为的重要依据。

日志采集是计算机获取日志信息所采用方法的总称，对日志采集方式和日志采集格式并没有统一的要求，基于 Syslog 的日志采集是当前服务类资产节点较为常用，通用性也较强的数据采集方式。

1. Syslog 功能

Syslog[5]，即系统日志或系统记录，是一种用来在 TCP/IP 的网络中转发系统日志信息的标准。2001 年，Syslog 协议遵循 RFC 3164 标准，已经在网络设备上广泛应用。

在各种网络设备中，包括服务器、路由器和交换机等，Syslog 都有着很好的应用效果，可以记录设备产生的各种事件和行为，系统管理员能够随时查看这些日志，了解系统资源的使用情况和系统的运行状况。

Syslog 的功能分为两类：本地化功能和网络化功能。

本地化功能是记录并管理系统产生的日志，能够采集并记录的日志类型包括系统内核日志、服务日志、程序日志，以及用户自定义日志。用户可根据安全态势分析关注的侧重点，通过 Syslog 提供的自定义日志功能，完成指定态势数据的日志。Syslog 的本地化功能是态势数据采集阶段的主要技术手段。

网络化功能是指 Syslog 的存储转发功能，Syslog 自身既可作为客户端程序（本地化功能），也可作为服务端程序，用于实现态势数据从 Syslog 客户端网络传输至 Syslog 服务端。Syslog 的网络化功能主要用于态势数据处理阶段。

完整的 Syslog 包含产生日志的程序模块（Facility）、严重性（Severity 或 Level）、时间、主机名或 IP 地址、进程名、进程 ID 和正文（Msg）。日志数据能够按 Facility

和 Severity 的组合来决定需要记录什么样的日志消息，记录到什么地方，以及是否需要发送到一个接收 Syslog 的服务器等。由于 Syslog 简单而灵活的特性，Syslog 广泛应用于服务器、路由器和交换机等任何需要记录和发送日志的场景。

2. Syslog 工作原理

Syslog 被广泛应用于 Unix/Linux 系统。在系统运行过程中，内核和应用程序等设备会要求把错误、告警和其他提示信息记录下来，这样日志文件中就会生成相应的记录。而这些信息有利于取证人员掌握系统的运行状态，所以日志文件是很重要的存在。

Syslog 的工作原理如图 2-2 所示。

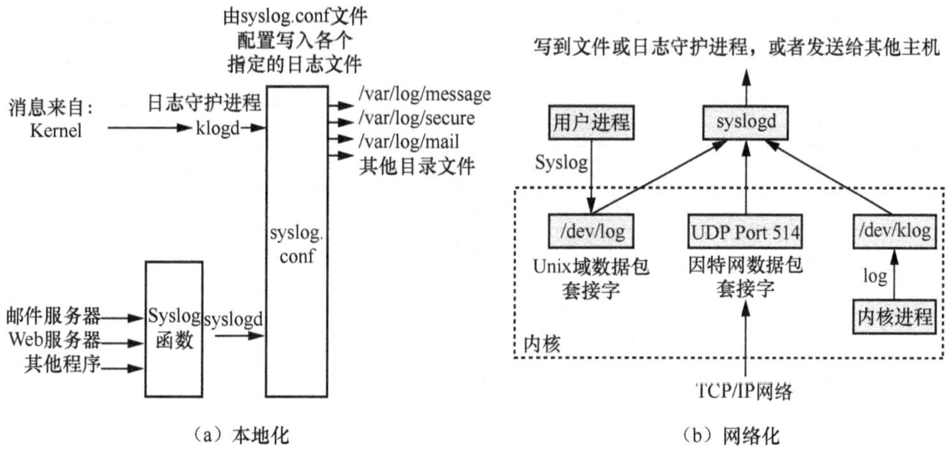

图 2-2　Syslog 的工作原理

可以看到，Syslog 由两个重要的部分组成：syslogd 和 syslog.conf。syslogd 作为系统守护进程，通过监控 UDP 514 端口，接收系统各种类型的服务和程序生成的日志数据。syslog.conf 通过配置指定的服务和程序，及其优先级和输出位置，将接收到的数据分别存储到被设定的文件中。

syslog.conf 是日志采集的核心，通过该配置文件能够决定由谁生成日志、生成日志的安全等级，以及日志存储等问题。而完成该过程的关键则是“选择器”和“动作”的设置，如图 2-3 所示。“选择器”是由“设备”和“优先级”构成，中间用点号连接。“动作”是指对生成日志的处理方式，包括存入本地指定文件、转发到另一台运行 Syslog 服务的服务器和显示在标准输出终端 3 种。

“设备”是产生日志的源头，即由谁产生日志。Syslog 支持的设备名及说明如表 2-1 所示。

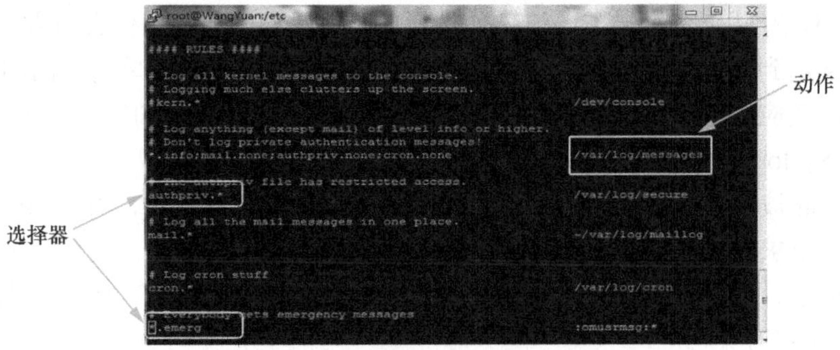

图 2-3　syslog.conf 中的“选择器”和“动作”

表 2-1　Syslog 支持的设备名及说明

设备名	说明
auth	认证系统，即询问用户名和口令
cron	系统执行定时任务时发出的信息
daemon	某些系统的守护程序的 Syslog，如由 ftpd 产生的 log
kern	内核的 Syslog 信息
lpr	打印机的 Syslog 信息
mail	邮件系统的 Syslog 信息
mark	定时发送消息的时标程序
news	新闻系统的 Syslog 信息
user	本地用户应用程序的 Syslog 信息
local0～local7	本地类型的 Syslog 信息，由用户定义
*	代表以上各种设备

“优先级”则代表产生日志信息的重要性。用户可根据实际情况定义不同日志类型的优先级，以确保与安全相关的日志能够优先得到处理。Syslog 设置的日志优先级及说明如表 2-2 所示。

表 2-2　Syslog 设置的日志优先级及说明

优先级	说明
emerg	紧急，处于恐慌状态，通常应广播到所有用户
alert	警告，当前状态必须立即进行纠正，如系统数据库崩溃
crit	关键状态的告警，如硬件故障
err	一般错误
warning	告警
notice	注意，非错误状态的报告，但应特别处理
info	通报信息

续表

优先级	说明
debug	调试程序时的信息
none	通常调试程序使用，指示带有 none 级别的信息无须送出，如*.debug; mail.none 表示除邮件信息外其他设备的调试信息

Syslog 采取的“动作”具体可支持 5 种方式，Syslog 能够执行的动作及说明如表 2-3 所示。

表 2-3 Syslog 能够执行的动作及说明

文件名	写入某个文件（列出绝对路径）
@主机名	转发给另外一台主机的 syslogd
@IP 地址	同上，只是用 IP 地址标识而已
/dev/console	发送到标准控制台上
*	发送到所有用户的终端上
|程序	通过管道转发给某个程序

在理解 Syslog 的“设备”“优先级”“动作”“选择器”的基本含义后，下面看两个示例。

示例 1：在 syslog.conf 中添加“kern.emerg/dev/console”。

其含义是表示“设备”是内核的进程一旦发生“优先级”是紧急的状况时，立刻做出把信息输出到标准控制台上的“动作”。

示例 2：在 syslog.conf 中添加“local3.*/var/log/helloworld.log”。

其含义是表示“设备”是用户自己定义的 local3 对应进程，无论发生任何“优先级”的事件，立刻将产生的信息写入本机/var/log/绝对路径下的 helloworld.log 的“动作”。

需要注意的是，在修改完 syslog.conf 后，需要重启服务，配置项才会生效。

以上的两个示例，一个是内核进程产生的态势数据直接输出到终端显示；另一个是用户自定义程序产生的态势数据保存在本地指定文件。

2.2.2 基于 SNMP 的态势数据采集

SNMP[6]是检查和管理网络资产常用的协议之一。SNMP 通过“请求—应答”模式轮询各个网络节点，也可以通过代理模式，将 SNMP 信息推送到指定汇聚节点上。SNMP 通常由一个管理端和若干个安装 SNMP 代理的被管理端组成，被管理端通过 SNMP 向管理端发送数据。利用 SNMP 的网络管理功能，可以有效地收集和监控支持 SNMP 的网络资产的态势数据。

SNMP 系统主要由 3 个部分组成，分别是管理信息结构（Structure of

Management Information，SMI）、管理信息库（Management Information Base，MIB）和管理协议（即 SNMP）。

SMI 定义了 SNMP 框架所用信息的组织和标识，为 MIB 定义管理对象及使用管理对象提供模板。

MIB 定义了可以通过 SNMP 进行访问的管理对象的集合，把网络资源当成对象，每一个对象实际上就是一个被管理的特征变量，这些变量构成的集合就是 MIB。MIB 负责存储对象的管理参数，作为管理工作站与代理之间的接口，允许管理工作站通过查询 MIB 中多值对来监控网络设备。同时，管理工作站也可以通过修改 MIB 对象的值来对网络设备进行控制。每个 MIB 应包括系统与设备的状态信息、运行的数据统计和配置参数等。

SNMP 是应用层协议，定义了网络管理者如何对代理进程的 MIB 对象进行读写操作。SNMP 结构如图 2-4 所示。

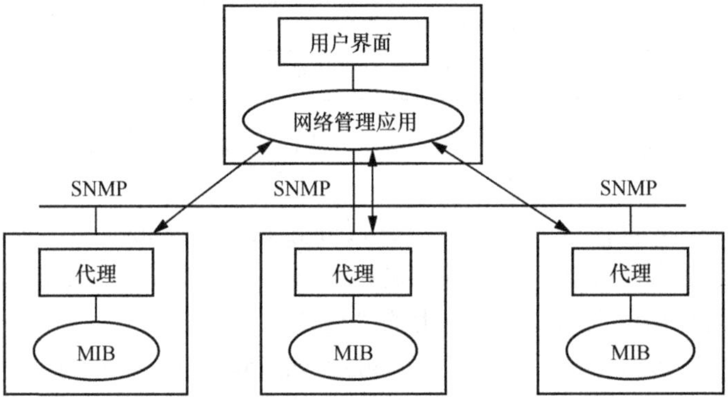

图 2-4 SNMP 结构

1. SMI 和 MIB

SMI 是描述管理信息的标准，说明了定义和构造 MIB 的总体框架，以及数据类型的表示和命名方法。MIB 给出了一个网络中所有可能的被管理对象集合的数据结构。

2. 对象标识和 MIB 结构

对象标识（Object Identifier，OID）是一种数据类型，指明一种“授权”命名的对象。“授权”是表明这些标识不是随便分配的，而是由权威机构进行管理和分配的。

OID 是一个整数序列，以点（“.”）分隔，这些整数构成一个树型结构，对象标识从树的顶部开始（顶部没有标识，用 root 表示）。

MIB 中对象标识的树型结构如图 2-5 所示。所有的 MIB 变量都是从 1.3.6.1.2.1 这个标识开始的。树上的每个节点与一个文件名绑定，便于用户理解。在实际应用中，管理进程和代理进程进行数据报交互时，MIB 变量名是以对象标识来标识的。

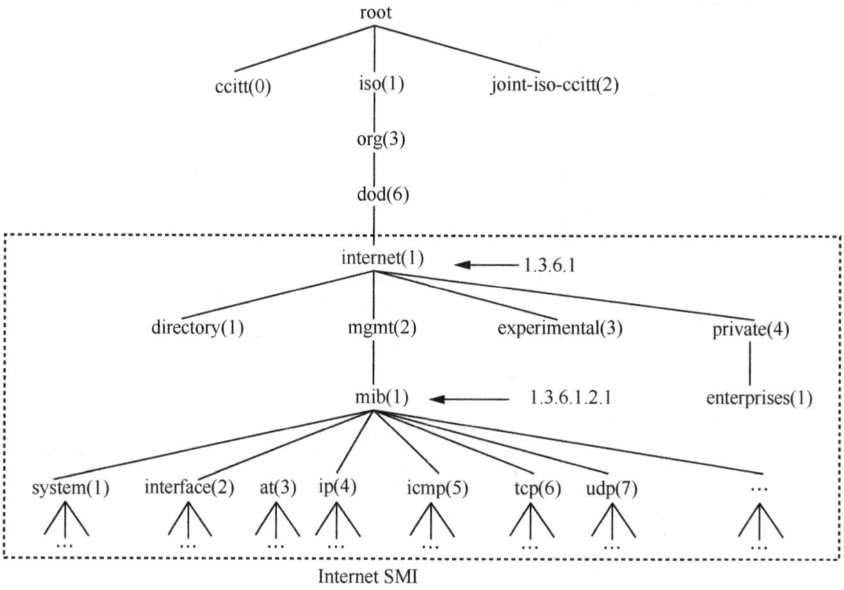

图 2-5　MIB 中对象标识的树型结构

mib(1)节点下面的部分对应的是 MIB 子树。MIB 类别及包含的相关信息如表 2-4 所示。

表 2-4　MIB 类别及包含的相关信息

MIB 类别	包含的相关信息
system	被管理对象（如主机、路由器等设备）的总体信息
interface	各个网络接口的相关信息
at	地址转换（如 ARP 映射）的相关信息
ip	IP 的实现和运行相关信息
icmp	ICMP 的实现和运行相关信息
tcp	TCP 的实现和运行相关信息
udp	UDP 的实现和运行相关信息
ospf	OSPF（开放最短路径优先）协议的实现和运行相关信息
bgp	BGP（边界网关协议）的实现和运行相关信息
rmon	远程网络监控的实现和运行相关信息
rip-2	RIP-2 的实现和运行相关信息
dns	域名系统的实现和运行相关信息

每个类别对应多个 MIB 变量，每个 MIB 变量由系统指定其含义，作为采集到相应数据的解释，用户通过访问 MIB 变量对应值，实现相应数据的采集。部分 MIB 变量及含义如表 2-5 所示。

表 2-5　部分 MIB 变量及含义

信息类别	MIB 变量	含义	访问
system	sysDescr	系统的文字描述，包括系统中硬件类型、操作系统以及网络软件的名称和版本	只读
	sysObjectID	对象标识符	只读
	sysUpTime	从系统网管部分启动以来运行的时间（以 0.01s 为单位）	只读
	sysContect	被管节点的联系人的文本标识，以及如何联系此人的信息	读写
	sysName	被管节点的管理分配名称，按照惯例这是节点的完全限定域名	只读
	sysLocation	被管节点的物理位置（如 1710 室）	读写
	sysService	指示此节点主要提供的服务集的值	只读
interface	ifNumber	系统中存在的网络接口数量（无论其当前状态如何）	只读
	ifTable	接口列表，数量由 ifNumber 决定	不可访问
at	atTable	地址转换表，包含“物理”地址等效性的 Network-Address	不可访问
ip	ipForwarding	指示该节点是否作为 IP 网关转发 IP 数据报	读写
	ipDefaultTTL	传输层协议提供的 TTL 值；若未提供，则插入数据报 IP 报头的生存时间字段中的默认值	只读
	ipInReceives	接口接收到的数据报总数，包括错误数据报	只读
	ipInHdrErrors	因各种报头错误而丢弃的数据报总数，包括错误的校验和、版本号不匹配、其他格式错误、TTL 超时、处理其 IP 选项时发现的错误等	只读
	ipInAddrErrors	在接收到的 IP 数据报中，报文头字段包含无效目的地址的数据报总数。该计数包括无效地址（如 0.0.0.0）和不支持的分类地址（如 E 类地址）。对于非 IP 网关的实体，由于不能转发数据报，该计数包括因目的地址非本地地址而丢弃的报文	只读
	ipForwDatagrams	途经该实体且需该实体转发的 IP 数据报的数量。对于非 IP 网关的实体，该计数只包括有源路由选项的报文，且源路由选项处理是成功的	只读
	ipInUnknownProtos	成功接收目的地址为本地的 IP 数据报后，因含有未知或不支持的协议而丢弃的报文的数量	只读
	ipInDiscards	因缺乏缓冲空间或其他与报文自身无关的条件而丢弃的报文的数量	只读
	ipInDelivers	成功发送到 IP 用户协议（包括 ICMP）的已输入的数据报总数	只读

3. MIB 对象访问控制

MIB 对象用访问控制信息来定义这个对象所能完成的操作类型。SNMP 为 MIB 对象定义以下访问控制信息。

（1）不可访问：不可访问对象通常作为容器或结构描述存在（如表格的整体属性），其值不能通过 SNMP 直接读写，而是由 SNMP 管理者来手工操作，例如，对数据结构表的操作，一个对象描述了表格的形状和大小，但并没有精确指出每一行或每一列的作用。

（2）通报访问：通报访问对象只有在网络管理器或其他代理进行通告时才有效，直接查询该对象是不被允许的。

（3）只读：只读对象不能由网络管理系统改变，但通过 get 或 trap 操作可以读取。为什么要禁止对 MIB 对象信息的改变？原因很明显：这些 MIB 对象信息在产品的生存期内是不能被改变的。例如，MIB 对象的 sysDescr，表示系统的文字描述，包含代理的厂商信息。如果 SNMP 管理者改变了这个信息，则该设备将与其生产厂商分离，从而使代理标识该设备变得很困难；同时，也将影响基于软件的网络目录清单机制的精确性；还有一个原因是要确保性能信息或其他统计数据正确，只读特性避免了无意删改。

（4）读写访问：当一个特定的对象为了完成一些特殊的计划或者必须用一种特殊方式来配置时，改变它的值就需要读写访问。例如，当检测到路由器的某个接口发生大量的错误时，网络管理系统必须将该接口的操作状态置为 0，从而断掉这一物理连接，直到错误问题被解决。

（5）读一创建：读一创建对象允许的访问权限与只读和读写访问对象相同，读一创建权限用于自由创建的对象。这些对象可以包括表格行实例，或者称为概念行实例。

4. SNMP 操作及包结构

SNMP 是一个无连接协议，通过 SNMP 管理器与代理间交互信息完成请求和响应。管理进程和代理进程之间的交互信息，在 SNMP v1 版本中定义了 get-request、get-next-request、set-request、get-response 和 trap 5 种报文操作，前三种操作是由管理进程向代理进程发出的，后两种操作是代理进程发给管理进程的，为简化起见，前三种操作通常称为 get、get-next 和 set 操作。前四种操作是简单的请求一应答方式（管理进程发出请求，代理进程进行应答）。SNMP 基本操作如图 2-6 所示。

（1）get-request：从代理进程处获得一个或多个参数值，通过这种操作可以得到预先已知对象名的信息。

（2）get-next-request：从代理进程处提取一个或多个参数的下一个参数值。

（3）set-request：设置代理进程的一个或多个参数值。

（4）get-response：返回的一个或多个参数值。这个操作是由代理进程发出的，是前面三种操作的响应操作。

（5）trap：代理进程主动发出的报文，通知管理进程有某些事情发生，trap 的产生表示有重大事件或状态要通知管理器。

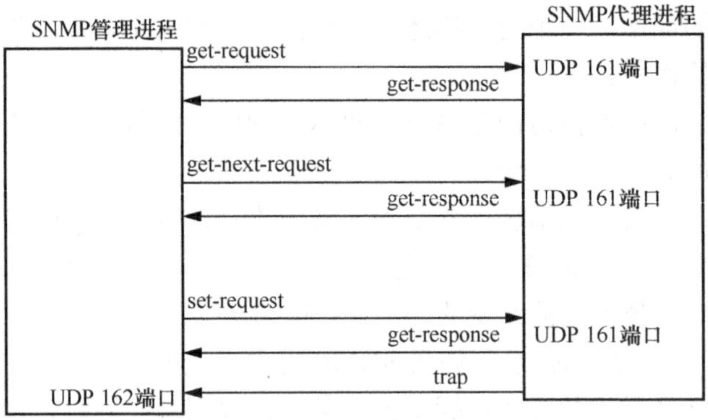

图 2-6　SNMP 基本操作

SNMP 采用无连接的 UDP 作为其传输层协议，由于收发端口不重复使用，所以 SNMP 可以作为管理进程和代理进程同时使用。SNMP 封装成 UDP 数据报的 5 种操作报文格式如图 2-7 所示。由于 SNMP 报文的编码采用基本编码规则（BER）编码，报文的长度取决于变量的类型和值。

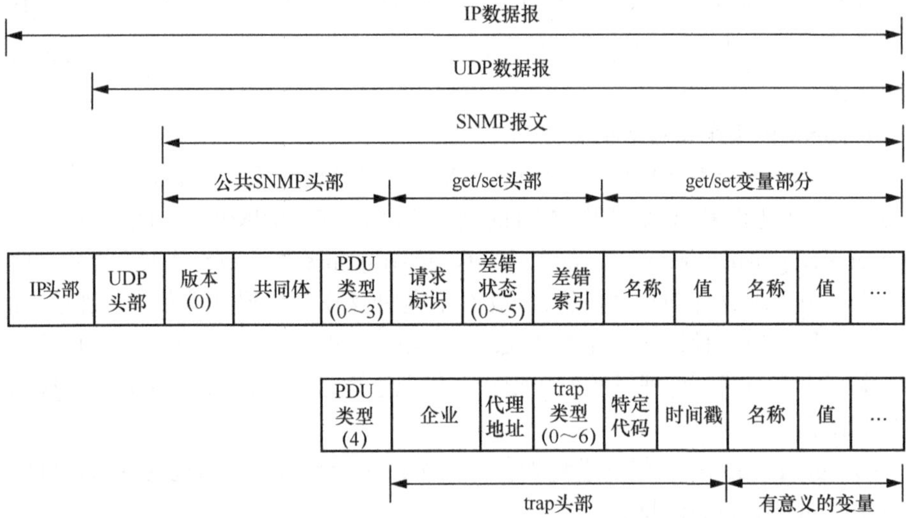

图 2-7　SNMP 报文格式

对于 get、get-next 和 set 操作，请求标识由管理进程设置，然后由代理进程在 get-response 中返回，用来使 SNMP 管理器匹配请求和响应，同时有助于检测在不可靠网络中出现的重复信息。

对于 trap 操作（协议数据单元（PDU）类型是 4），SNMP 报文格式有所变化。其中，主要包括以下内容。企业，包括发送代理 MIB 对象的 sysObjectID，这个 sysObjectID 包含代理的制造商的信息，如 sysObjectID=1.3.6.1.4.1.2011.2.23.23，对应华为 S2403H 设备；代理地址，表示发送 trap 代理的 IP 地址；trap 类型，表示由预定义的 trap 值对应的 trap 类型；时间戳，表示从设备最后一次初始化到产生 trap 之间的时间，以 10μs 为单位。

在 SNMP v2 中，除了上述 5 种基本操作，增加了 get-bulk-request、inform-request 操作，具体如下。

（1）get-bulk-request：一次从代理处获得大量对象值，可以提高效率。

（2）inform-request：由一个 SNMP v2 管理器向另一个 SNMP v2 管理器发送网络管理信息（如告警、拓扑变更等），支持分布式网络管理架构。

在掌握 SNMP 的基本工作原理及操作机制后，通过 SNMP 提供的 MIB，利用常用的基本操作即可针对目标系统或网络中的资产，获取与安全相关的态势数据。例如，针对华为交换机的态势数据采集。

（1）hwEntityCpuUsage = 1.3.6.1.4.1.2011.5.25.31.1.1.1.1.5// CPU 使用率（与物理编号和名称对应）；

（2）hwCpuCostRate = 1.3.6.1.4.1.2011.6.1.1.1.2//5s 内所有 CPU 使用率；

（3）hwEntityMemUsage = 1.3.6.1.4.1.2011.5.25.31.1.1.1.1.7//内存使用率（与物理编号和名称对应）。

2.2.3　基于网络流量的态势数据采集

网络流量[7]能够反映一段时间内网络状态、网络协议特征、用户行为状态以及它们之间的关联，所以基于网络流量的态势感知能够通过不同方式获取网络流量相关的态势数据，为安全管理人员掌握整体网络安全态势提供流量数据支持。

1. 基于 Libpcap 的网络流量采集

数据包捕获函数库（Library of Packet Capture，Libpcap）是一个被广泛应用的系统抓包库，Unix/Linux 系统下的网络数据包捕获系统建立在 Libpcap 之上，利用 Libpcap 提供的接口函数可以捕获流经指定网络接口的数据包。

Libpcap 与系统无关，采用分组捕获机制，用于访问数据链路层。使用 Libpcap 编写的程序可自由地跨平台使用，同时也是一个独立于系统接口的用户级抓包库，为底层网络监听提供了可移植框架。

Libpcap 的数据捕获和过滤基于伯克利包过滤器（Berkeley Packet Fliter，BPF）

模型。由于监听程序必须以用户态进程工作，而数据包的复制必须跨越内核/用户保护界限，这就需要用到数据包过滤器的内核代理程序。BPF 过滤使用了基于寄存器的预过滤机制，使缓存机制整体效率得到大幅提高。

BPF 模型及其接口如图 2-8 所示。BPF 的核心是过滤器，可对数据包进行过滤，并且只将用户需要的数据提交给用户程序。每个 BPF 都有一个缓冲器，如果过滤器判断接收某个包，BPF 就将它复制到相应的缓冲器中暂存起来，等收集到足够的数据后再一起提交给用户程序，提高了效率。

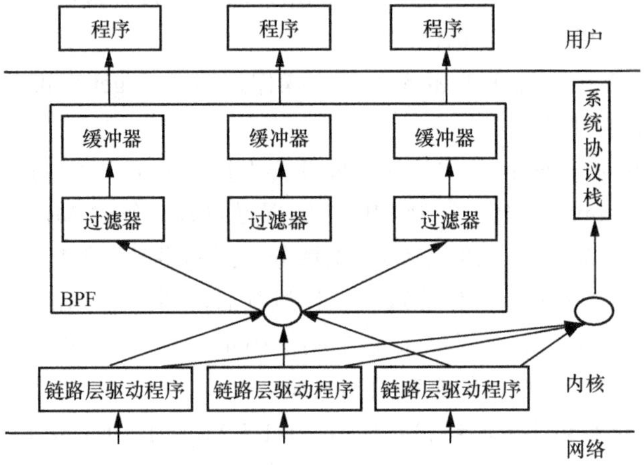

图 2-8　BPF 模型及其接口

BPF 包括网络分流器和包过滤防火墙。网络分流器从网络设备驱动程序中搜集数据，复制并转发到监听程序，包过滤防火墙决定是否接收该数据包和复制数据包的哪些部分。BPF 的过滤功能是通过虚拟机执行过滤程序实现的，主要由累加器、索引寄存器、数据存储器和隐含的程序计数器组成。过滤程序采用 BPF 语法规则，可由用户定义，决定是否接收数据包和需要接收多少数据。每一条规则执行一组操作，具体操作可以分为指令装载、指令存储、执行算术指令、执行跳转指令、执行返回指令等。

过滤过程是当一个数据包到达网络接口时，链路层驱动程序将其提交到系统协议栈。如果 BPF 正在接口监听，驱动程序将首先调用 BPF。BPF 将数据包发送给过滤器，过滤器对数据包进行过滤，并经过缓冲器将数据包提交给用户程序。然后链路层驱动程序重新取得控制权，将数据包提交给上层的系统协议栈处理。

2. 基于 WinPcap 的网络流量采集

WinPcap 是 Libpcap 的 Windows 版本。WinPcap 是由 BPF 派生而来的分组捕获库，可在 Windows 系统平台上实现对底层网络数据包的截取过滤。WinPcap 独立于网络协议，可分析处理所有网络接口接收到的数据。基于 WinPcap 标准抓包接口设计的网络嗅探工具可实现 Windows 系统平台下的网络流量数据获取。WinPcap 集成在 Windows 系统的设备驱动程序，可从网络适配器捕获或者发送原始数据包，同时能够过滤并存储数据包。

WinPcap 包括一个内核级的网络数据包过滤器（NPF）、一个底层的动态链接库（packet.dll）和一个高层的独立于系统的库（wpcap.dll），其基本组成如图 2-9 所示。

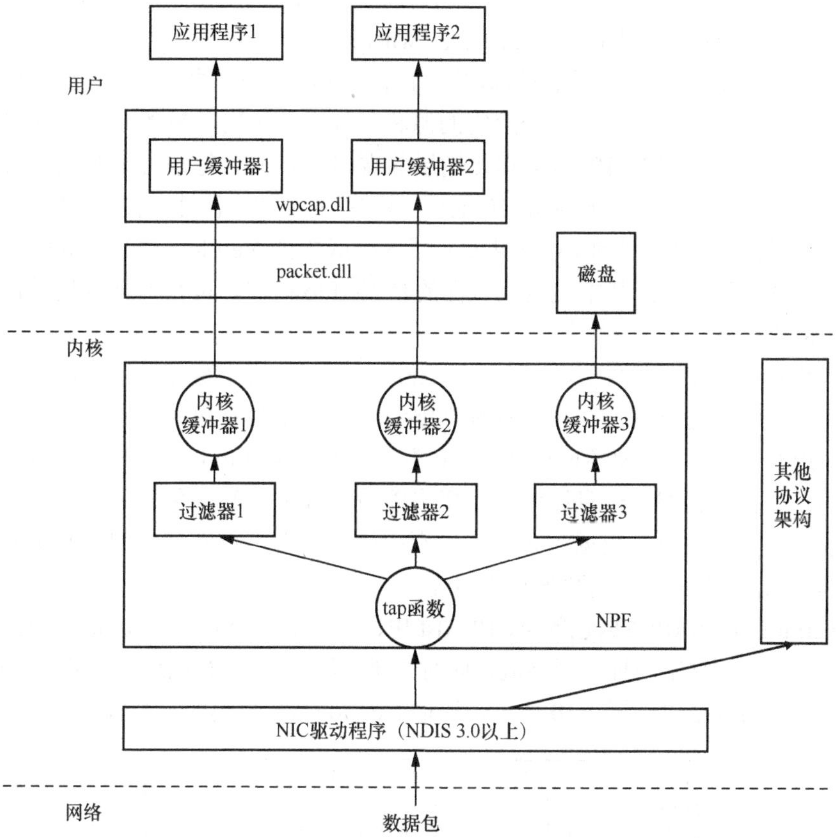

图 2-9　WinPcap 基本组成

NPF 是架构的核心，其主要功能是过滤数据包，在数据包上附加时间戳、数据包长度等信息，为用户提供数据包截获、包转储（Dump）、包注入、网络监测等功能。packet.dll 在 Win32 平台上提供与 NPF 的一个通用接口，基于 packet.dll 的应用程序可以在没有重新编译的情况下适配不同的 Win32 平台。此外，packet.dll 还可以用来获取网络适配器名称、动态驱动器加载以及获取主机掩码和以太网冲突次数等。wpcap.dll 通过调用 packet.dll 提供的函数生成包括过滤器生成等一系列可以被用户调用的高级函数，还有诸如数据包统计及发送功能。

整个网络数据包捕获架构的基础是网络驱动器接口规范（Network Driver Interface Specification，NDIS），主要功能是为各种应用协议与网络适配器之间提供一套接口函数。tap 函数就是通过调用这些接口函数实现其数据采集功能的。

3. 基于 NetFlow 技术的网络流量采集

NetFlow 是 Cisco 发布的用于分析网络数据的技术，它既是一种交换技术，又是一种流量分析技术。NetFlow 使网络管理员通过获取 IP 流信息，解答谁（who）、何时（when）、什么（what）、何去何从（where）、IP 流量为多少（how）的问题。NetFlow 提供的网络监测功能可以收集进出网络边界的 IP 数据包的数量及信息。

NetFlow 流被定义为在一个给定的源和目标之间单向传输的一组数据包。源和目标均通过网络层的 IP 地址和传输层的端口来定义。每条流记录包括日期、时间、持续时间、协议、源/目的 IP 地址、源/目的端口、源/目的自治域、数据包个数和流量值等信息。目前 Cisco 共发布了 5 个版本的 NetFlow 协议（NetFlow V1、V5、V7、V8 和 V9），其中最具代表性的是 NetFlow V5，可在数据接收时设置具体的流格式。

NetFlow 的核心有两个，一个是 NetFlow 缓存，用于缓存流信息记录；另一个是数据流的传输机制。当设备处理网络流的第一个数据包时，建立包含该流信息的 NetFlow 缓存。当收到一个新的 IP 数据包时，NetFlow 会将其七元组信息与 NetFlow 缓存中的相应信息比对，如果未能找到匹配该数据包的七元组属性的数据流条目，则新建一个数据流条目；否则同样的数据不再匹配访问控制策略，以 UDP 报文的形式在同一条数据流中传输。

NetFlow 使用 IP 数据包的 src IP、dst IP、src Port、dst Port、protocol、tos（type of service）等关键字段标记网络流，同时记录从给定的源 IP 地址到目的 IP 地址之间一系列单向数据包。图 2-10 所示是遵循 NetFlow V5 收集的一个数据流样本。

index:	0xc1a21	start time:	11:29:22 2019-6-9
router:	192.168.254.2	end time:	11:29:25 2019-6-9
src IP	192.168.231.55	protocol:	6
dst IP:	202.112.43.18	tos:	0x0
input ifIndex:	8	src AS:	0
output ifIndex:	55	dst AS:	321
src port:	12043	src masklen:	20
dst port:	80	dst masklen:	0
pkts:	6	TCP flags:	0x1b
bytes:	680	engine type:	1
IP nexthop:	202.112.43.20	engine id:	0

图 2-10　NetFlow V5 数据流样本

在一个开启了 NetFlow 功能的路由器中，流经该路由器的流都会存入 NetFlow

缓存，并定期将缓存到一定程度的流按 UDP 格式传输到采集器。采集器将 NetFlow 数据汇聚到 NetFlow 服务器，然后进行诸如服务管理、网络监控、网络计费、安全分析等数据分析过程。

一个完整的 NetFlow 系统通常包括探测器、采集器、分析系统 3 个部分，如图 2-11 所示。探测器用来监听网络数据，采集器用来收集探测器传来的数据，分析系统将从采集器收集到的数据用于网络规划、流量统计、安全分析。

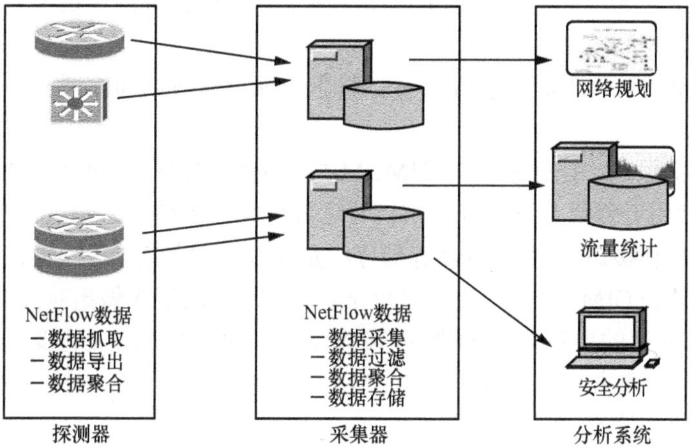

图 2-11　NetFlow 系统组成

2.2.4　基于 WMI 的态势数据采集

WMI[8]是 Windows 系统中管理数据和操作的基础模块。通过 WMI 脚本或应用程序可以实现对本地/远程计算机上资源的管理。例如，通过编程可获取 CPU 序列号和硬盘序列号等信息。WMI 提供了一组统一的接口，用于通过操作系统、网络和企业环境对本地/远程计算机进行管理。应用程序和脚本语言使用这一组统一的接口完成任务，而不是直接通过 Windows API。

1. WMI 主要功能

WMI 可提供以下 3 类管理功能。

（1）数据收集：通过获取不同来源（操作系统、性能计数器、事件日志、注册表、硬件、驱动程序和目录服务）的系统信息，针对资产管理进行分析与总结，以便创建性能基准，进而开展可用性分析或安全方面的跟踪。

（2）系统配置：通过集中化的方式来修改系统信息，包括操作进程、服务和软件组件，进行系统维护或升级，以及执行作业等。

（3）事件管理：被监控系统组件的属性一旦发生改变，可通过实时或定时方式自己发起告警或事件通知。

2. WMI 体系结构

WMI 体系结构由多个部件组成，包括管理应用程序、公共信息模型（CIM）存储库、公共信息模型对象管理器（CIMOM）和提供程序等。

（1）管理应用程序：即 WMI 使用者，是开发人员和管理人员用于访问和操作系统管理信息的应用程序或 Windows 服务。

（2）CIM 存储库：定义 WMI 托管环境和每个通过 WMI 公开的可托管资源的类存储，包括命名空间信息、提供程序注册信息、托管资源类定义和永久事件订阅等 WMI 操作数据。

（3）CIMOM：CIM 的管理工具，用于处理管理数据和管理应用程序的静态和动态资源。

（4）提供程序：托管系统与 CIMOM 之间的代理程序，通过各种串行通信接口向 WMI 使用者提供数据（处理来自管理应用程序的请求），并生成事件通知，或将管理信息和接口映射到 CIM 存储库中定义和存储的对象类。提供程序生成的数据可以存储在 CIM 存储库，也可以对来自 CIMOM 的请求做出响应时进行传递。由于 CIM 存储库的更新对系统性能影响较大，因此，CIMOM 将变化较小、相对稳定的托管资源数据（静态）存储在 CIM 存储库，将经常变化的托管资源数据（动态）交由提供程序直接动态响应。

WMI 基本工作流程如图 2-12 所示。当收到 WMI 使用者发出的管理信息请求时，CIMOM 对该请求进行计算处理，找到具有该信息的 CIM 存储库或提供程序，然后将数据返回给 WMI 使用者。具体步骤如下。

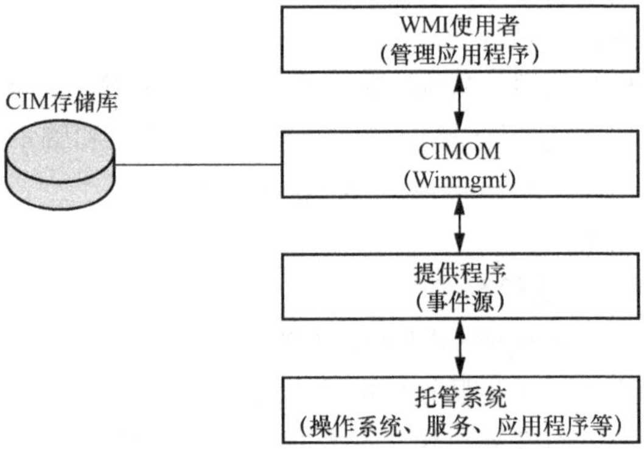

图 2-12　WMI 基本工作流程

步骤 1　管理应用程序发送请求给 CIMOM。

步骤 2　CIMOM 确定被请求的数据是静态还是动态的。如果数据是静态的，CIMOM 直接从 CIM 存储库中提取数据。如果数据是动态的，那么 CIMOM 将请求提交给提供程序。

步骤 3　提供程序根据请求提取托管系统的特定托管对象数据，并将其返回 CIMOM。

在 WMI 基本工作流程中，CIMOM 是结构的中心部件，控制着 WMI 整个工作流程。这样，管理应用程序不需要关心数据的来源，而 CIM 存储库和提供程序只需要根据 CIMOM 请求提供静态或动态数据，而无须关心数据的最终目的地。

CIM 存储库存储了 WMI 结构的静态部件，包括类、实例和它们的属性，划分为多个命名空间，每个命名空间包含一个或多个类的组。CIM 存储库结构如图 2-13 所示。

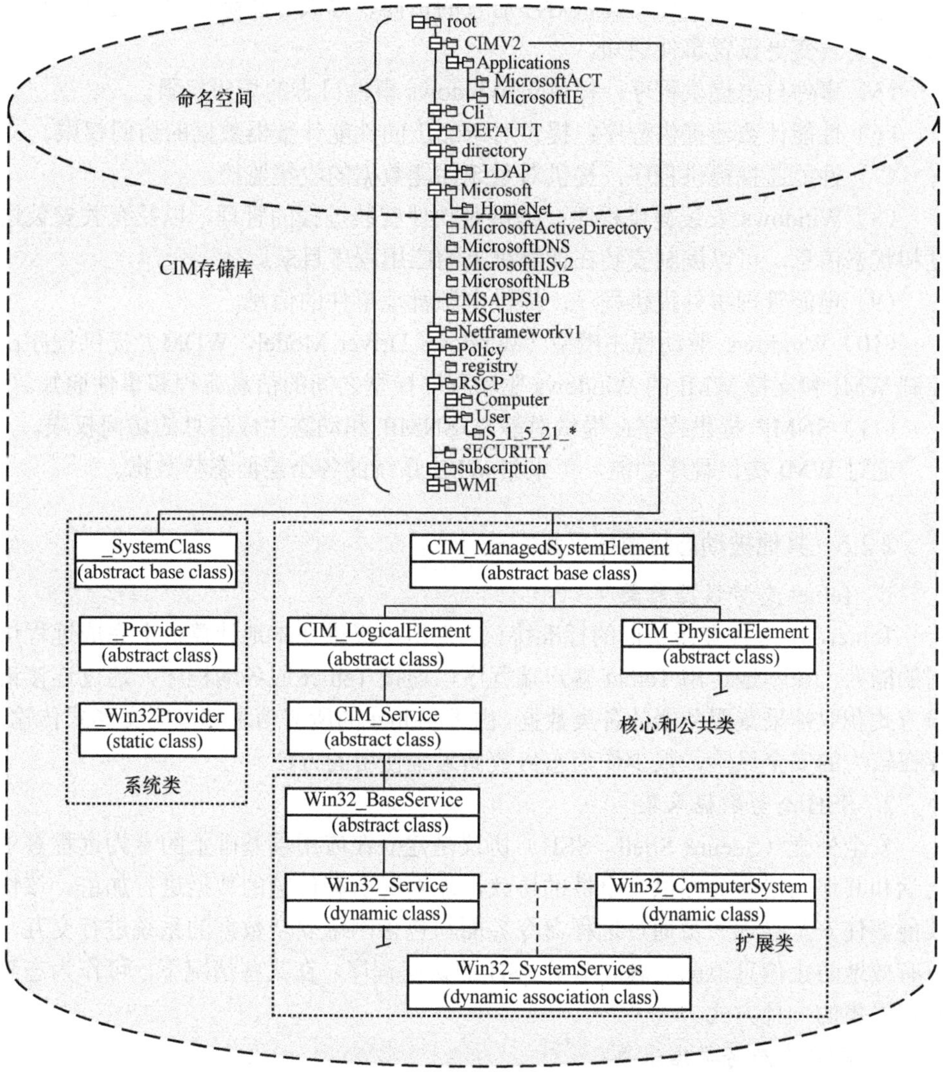

图 2-13　CIM 存储库结构

按照功能划分，WMI 提供程序包括数据获取和提供数据两大功能。微软 WMI 核心部件和微软 WMI 软件开发工具中包括了多个提供程序。

（1）Win32 提供程序：用于处理 Win32 系统特征，为开发人员提供常用的 Win32 类库，包括硬件类、操作系统类、进程管理类等。

（2）安全提供程序：用于访问安全设置，包括审计和访问权限，仅限于处理共享文件夹和 NTFS 文件或文件夹权限。

（3）目录服务提供程序：提供对 Windows 活动目录的读写访问权限，没有在 CIM 存储库中存储静态类和实例信息，而是在需要时动态地从活动目录中获取。

（4）注册表提供程序：提供对注册表的访问、修改和删除权限。同时，也可以对注册表变更设置事件通知。

（5）事件日志提供程序：提供对 Windows 事件日志的访问权限。

（6）性能计数器提供程序：提供对未加工的性能计数器数据的访问权限。

（7）性能监视提供程序：提供对系统性能数据的收集监控。

（8）Windows 安装提供程序：提供对软件安装过程的管理，以及有关安装进度和状态信息，可以编制安装在计算机上的应用程序目录。

（9）电源管理事件提供程序：提供电源管理事件的信息。

（10）Windows 驱动程序模型（Windows Driver Model，WDM）提供程序：控制 WMI 和支持 WMI 的 Windows 驱动程序模型之间的信息流程和事件通知。

（11）SNMP 提供程序：提供对静态 SNMP 和动态生成信息的访问权限。

通过 WMI 提供程序功能，可采集 WMI 系统的各个层面态势数据。

2.2.5 其他被动态势数据采集方法

1. Telnet 态势数据采集

Telnet，即远程登录访问的标准协议，为用户提供在本地计算机上完成远程访问的能力。在本地运用 Telnet 客户端程序，连接 Telnet 服务端程序，通过连接请求方式获取被采集服务器的各类数据。由于 Telnet 的所有信息都以明文形式传输，存在较大的安全风险，很少作为态势数据采集使用的方法。

2. SSH 态势数据采集

安全外壳（Secure Shell，SSH）协议是建立在应用层基础上的专为远程登录会话和其他网络服务提供安全性的协议，能够对所有传输的数据进行加密。该协议能够使安全管理人员通过远程命令界面与包含网络安全数据的系统进行交互，可有效地防止信息泄露问题。基于 SSH 的访问程序，在某些情况下，可作为态势数据采集的一种方式。

3. FTP 类态势数据采集

通过客户端向服务端请求访问方式，获取服务端共享的数据。

4. 数据库接口类态势数据采集

Java 数据库连接（JDBC）是一种用于执行 SQL 语句的 API，可以为多种关系型数据库提供统一访问。JDBC 通过发送 SQL 语句的方式获取数据库中指定数据，减少用户编程代码量。JDBC 通过与被访问数据库建立连接、发送 SQL 语句并处理结果 3 个步骤，实现对数据库的快速访问与操作。

开放数据库连接[9]（ODBC）是微软公司开放服务结构中的一个组成部分，功能与 JDBC 类似。ODBC 的 API 也能利用 SQL 来完成大部分任务，实现对数据库的访问和操作。由于 ODBC 的使用难度比 JDBC 高，所以应用没有 JDBC 那么广泛。

以上两种数据库访问方法，可作为数据库接口类态势数据采集的基本方法，为安全管理人员尽可能全面地获取与安全相关的数据提供必要的手段。

2.3　主动态势数据采集方法

主动采集[10]是指通过嗅探、爬取等方式，从目标系统或网络获取与安全相关的数据。与被动采集不同的是，当目标系统或网络环境中的数据无法通过下探针、安装代理等方式采集时，仅通过网络连接和嗅探方式尽可能多地获取态势数据。虽然从获取态势数据的丰富程度上来说不及被动采集方法，但由于其网络行为通常与正常访问类似，因此，对目标系统或网络环境的性能影响相较于被动采集而言要小很多。

2.3.1　基于主动扫描的态势数据采集

主动扫描主要通过远程扫描网络关键要素，发现网络中的重要资产，寻找资产存在的脆弱点，使安全管理人员能够基于目标系统或网络的安全设置和运行的应用服务掌握存在的安全漏洞。主动扫描可作为资产感知、漏洞感知等不同维度态势数据采集的主要手段。

主动扫描主要包括主机存活性扫描、端口扫描、操作系统及服务识别、漏洞扫描等。

1. 主机存活性扫描技术

主机存活性扫描是指通过嗅探方式获取目标网络中资产的存活状态。在大规模、分布式网络环境下，主机存活性扫描可快速发现目标网络中的资产，为进一步识别资产态势奠定基础。

主机存活性扫描是主动数据采集的初级阶段，其目的是确定在目标网络上的主机是否可达。主机存活性扫描通常包括 ICMP 扫描、ICMP 广播、非回显 ICMP、UDP 扫描、TCP 扫描等。

（1）ICMP 扫描

ICMP 扫描是最基本的扫描技术，如常用的 Ping 命令就是使用 ICMP 实现的。其实现的主要思路是向目标主机发送ICMP回显请求，当主机收到ICMP回显请求后，会根据情况向请求者发送 ICMP 回显应答报文，请求者收到目标主机的 ICMP 回显应答，可据此判断目标主机目前处于存活状态，否则，就可以初步判断主机不在线。

（2）ICMP 广播

ICMP 广播是利用 ICMP 的回显请求和回显应答两种报文，将 ICMP 回显请求报文的目标地址设定为广播地址或网络地址，探测广播域或整个网络范围内的主机。与 ICMP 扫描相比，其优点是轮询网络中的主机更为方便，但也存在明显的不足，该方式适用于 Unix、Linux 系统，Windows 系统默认会忽略对广播地址的 ICMP 回显请求。此外，ICMP 广播可能会引发网络拥塞，在特定环境下存在拒绝服务（DoS）的风险。

（3）非回显 ICMP

非回显 ICMP 是在目标主机阻塞 ICMP 回显请求报文时使用，可通过类型为 13 的 ICMP 报文（时间戳请求）和类型为 17 的 ICMP 报文（地址掩码请求）等类型的 ICMP 报文探测目标主机是否存活。其中，类型为 13 的 ICMP 报文允许本系统向另一个系统查询当前的时间，类型为 17 的 ICMP 报文用于无盘系统在引导过程中获取自己的子网掩码。

（4）UDP 扫描

UDP 扫描是基于无连接数据报协议，通过判断 UDP 报文来探测目标主机是否存活的一种方法。UDP 遵循 RFC 768 标准，通过向目标主机的指定端口发送 UDP 报文，如果返回的是 ICMP 端口不可达的错误消息，就表明目标主机处于存活状态但相应的 UDP 端口是关闭的；如果没有收到任何响应，或收到了 UDP 报文的应答，就表明目标主机可能不在线或者目标主机的相应 UDP 端口是打开的。

（5）TCP 扫描

TCP 扫描是一种基于面向连接的、可靠的字节流服务的探测目标主机是否存活的方法。

基于 TCP 的三次握手机制，如果向目标主机发送一个 SYN 数据包，则无论是收到一个 SYN/ACK 数据包，还是一个 RST 数据包，都表明目标主机处于存活状态。同样，也可以向目标主机发送一个 ACK 数据包，按照 RFC 793 的规定，如果收到一个 RST 数据包，则可判断目标主机存活。

上述 5 种扫描方法各有优缺点。通常在主机扫描过程中会同时使用上述方法，以增大发现资产的概率。

2. 端口扫描技术

端口扫描技术是一种通过端口扫描检测目标网络或系统主机端口开放情况

的扫描技术。采用端口扫描技术，能探测到所维护服务器的服务软件版本、开放的服务、各种 TCP/IP 端口的分配以及这些服务及软件呈现在 Internet 上的安全漏洞。端口扫描技术的主要优势在于通过端口开放情况、服务软件版本信息等能够缩小安全监管范围，使攻击者可能的入侵行为处于被监控的状态。目前，比较常用的端口扫描技术主要有完全连接扫描、TCP SYN 扫描、TCP FIN 扫描以及 UDP 扫描等。

（1）完全连接扫描

完全连接扫描是实现 TCP 端口扫描的基础，现有的完全连接扫描有 TCP connect 扫描和 TCP 反向 indent 扫描等。TCP connect 扫描主机通过 TCP/IP 的三次握手与目标主机的指定端口建立一次完整的连接。连接由系统调用 connect 开始。如果端口开放，则连接建立成功；否则，若返回−1 则表示端口关闭。连接建立成功后响应扫描主机的 SYN/ACK 连接请求，这一响应表明目标端口处于监听（打开）的状态。如果目标端口处于关闭状态，则目标主机会向扫描主机发送 RST 的响应。ident 协议允许查看通过 TCP 连接的任何进程的拥有者的用户名，即使这个连接不是由这个进程开始的（RFC 1413）。例如，扫描者可以连接到 http 端口，然后用 ident 协议来发现服务器是否正在以 root 权限运行。这种方法只能在和目标端口建立了一个完整的 TCP 连接后才能看到。

从图 2-14（a）可以看出，实施完全连接扫描过程如下。

步骤 1　客户端向服务端发送 SYN 数据包；

步骤 2　服务端返回 SYN/ACK 数据包；

步骤 3　客户端收到 SYN/ACK 数据包后，向服务端返回 ACK 数据包。由此可知，客户端和服务端的 TCP 连接建立要经过客户端与服务端间的三次数据包传递。

如图 2-14（b）所示，服务端没有开放端口时，服务端返回的数据包是 RST/ACK，这样就表示客户端和服务端的 TCP 连接失败。

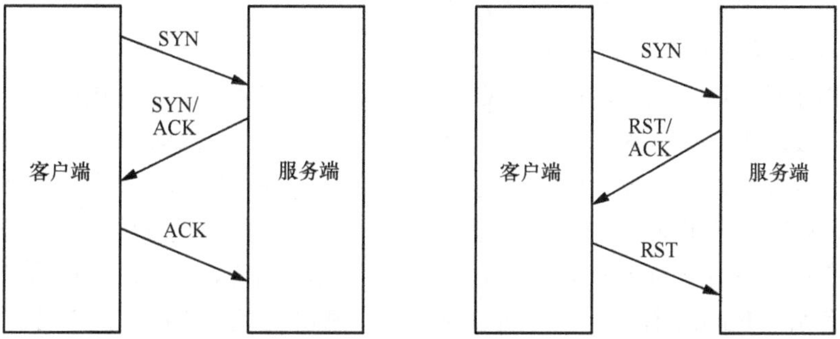

（a）连接成功　　（b）连接失败

图 2-14　完全连接扫描

（2）TCP SYN 扫描

TCP SYN 扫描是半连接扫描的一种，主要是指端口扫描没有完成一个完整的TCP 连接，在扫描主机和目标主机的某一指定端口建立连接时只完成了前两次握手，在第三步时，扫描主机中断了本次连接，使连接没有完全建立起来。

由于 TCP SYN 扫描尚未完成，TCP 连接建立需要三次握手，在服务端可能不会留下相应的扫描日志，相较于完全连接扫描而言要隐蔽些。这种扫描方式的特点是需要扫描工具自行构造并发送 SYN 数据包。

（3）TCP FIN 扫描

当防火墙和数据包过滤系统监视并限制了可以接收 SYN 数据包的端口，TCP SYN 扫描可能无法正确进行。此时，通过 FIN 数据包可以完成端口探测。

TCP 报文结构中，FIN 字段表示客户端已无数据需要传输，希望释放连接。TCP FIN 扫描的基本思想是通过向目标主机端口发送 FIN 数据包，根据目标主机的回复来判断端口是否开放。当端口打开时，目标主机将忽略对 FIN 的响应；当端口关闭时，目标主机将用 RST 来响应 FIN。

（4）UDP 扫描

UDP 扫描是指向一个未开放的 UDP 端口发送数据时，其主机就会返回一个ICMP 端口不可达（ICMP_PORT_UNREACHABLE）的错误，因此，大多数 UDP 端口扫描的方法就是向各个被扫描的 UDP 端口发送零字节的 UDP 数据包，如果收到一个 ICMP 端口不可达的回应，则认为这个端口是关闭的，对于没有回应的端口则认为是开放的。

UDP 扫描原理如下。首先向目标主机的 UDP 端口发送 UDP 数据包；目标主机在接收到 UDP 数据包后，如果端口绑定有服务，则将这个数据包递交给服务进程处理；如果端口上没有服务，则系统会向发出 UDP 数据包的主机发送 ICMP 数据包以报告端口不可达。当扫描主机和目标主机之间的网络上 ICMP 数据包因防火墙设置或者在路由上出现被禁止的情况，此方法将不再适用。因此，在开始扫描前，应该先判断 ICMP 数据包是否被禁止。

3. 操作系统及服务识别技术

操作系统及服务识别，即判断操作系统的类型及其版本，识别操作系统运行的服务类型及版本。操作系统的探测是网络安全扫描的一个重要组成部分。安全漏洞与其运行的操作系统及服务直接相关，并且个别操作系统版本还具有一些特有的安全漏洞，只有在精确地探测操作系统类型的基础上，才能更充分地挖掘系统的漏洞和缺陷所在，进而更为准确地对目标主机实施评估。目前，常用的操作系统探测方法主要有系统 Banner 探测、端口辨识系统、TCP/IP 协议栈指纹探测 3 种。

（1）系统 Banner 探测

系统 Banner 探测是一种基础的操作系统识别方法，通过系统 Banner 信息可以推断操作系统类型。这种方法依赖于收集和分析二进制文件。由于不同的操作系统运行的服务具有独特性，如 HTTP、FTP、SMTP 等，这些服务的 Banner 可能会泄露系统的“身份”信息。

（2）端口辨识系统

端口辨识系统是探测目标主机所运行的操作系统的一种简单方法，主要思路如下。首先，检查目标主机开放的端口号；其次，将这些端口与不同操作系统的通用服务进行最佳匹配，从而可以基本判断出目标主机所运行的操作系统。例如，开放 111 端口的系统通常是 Unix，而开放 137、138、139、445 端口的系统通常是 Windows。

（3）TCP/IP 协议栈指纹探测

TCP/IP 协议栈指纹探测是通过探测并仔细分析 TCP/IP 协议栈指纹的细微差异，辨识出远程目标主机操作系统的方法。由于每个操作系统都有自己独特的 IP 协议栈，表现出来的即是不同的操作系统厂商在 TCP/IP 协议栈具体实现的细微差别。在实际应用中，常用的协议栈指纹探测技术主要包括 ICMP 响应分析、TCP 响应分析、被动特征探测、TCP 重传时延分析等。

4. 漏洞扫描技术

漏洞是系统安全漏洞（系统脆弱性）的简称，指的是计算机系统在硬件、软件、协议的设计和实现过程中或系统的安全策略存在的缺陷或不足，未授权用户可以利用漏洞获得对系统或者资源的额外权限，获取原本不能获取的信息，从而破坏信息的安全性[11]。

漏洞的检测与发现在保障计算机系统安全方面至关重要，只有发现漏洞，才能做到“有的放矢”。及时发现系统的安全漏洞，并修补漏洞，才能构筑坚固的安全长城，才能避免因安全漏洞而引起重要文件被窃等重大的安全问题。

漏洞扫描主要是从攻击者的角度，采取模仿入侵攻击的方式来评估系统和网络的安全性。漏洞扫描按照判别目标主机是否存在漏洞可分为知识匹配和模拟攻击两种。

（1）知识匹配

漏洞与系统环境密切相关，特定的系统环境具有特定的安全漏洞。漏洞检测通过知识匹配的方法实施，即基于系统安全漏洞和攻击案例的分析，结合实际安全配置的经验，构建一个标准化的系统漏洞库，并制定相应的匹配规则，通过扫描目标主机并收集相关信息，然后将其与漏洞库中的信息进行对比，如果发现匹配项，则认为该目标主机存在相应的安全漏洞，否则没有相应的安全漏洞。

由此可见，检验和识别目标主机上的信息是进行知识匹配的前提。通过采用端口扫描确定目标主机的开放端口、操作系统探测确定目标主机的操作系统类型等方法识别目标主机的信息。知识匹配的方法进行漏洞检测是非入侵性的，对目标主机不会造成损害，然而，这种方法可能由于信息识别的精确度及在运行时漏洞上下文的不确定性造成检测结果的可靠性较低。

（2）模拟攻击

模拟攻击是一种常用的漏洞检测方法，其基本操作过程就是模拟黑客的攻击，对目标主机实施如测试弱口令等攻击性的安全漏洞扫描。

如果采用该方法模拟攻击成功，则说明目标主机存在类似的安全漏洞。与采用知识匹配方法进行的漏洞检测相比，模拟攻击能够实实在在地证明某个漏洞有无被利用，具有准确率高的优点，但也存在因攻击性较强，易造成对存在漏洞的系统破坏的可能性。通常，可运用的模拟攻击方法主要有缓冲区溢出攻击、拒绝服务攻击、口令攻击等。

缓冲区溢出（Buffer Overflow）攻击是利用缓冲区溢出漏洞所进行的攻击行动，是一种非常普遍和常用的模拟攻击方法。通过缓冲区溢出攻击，可以使远程攻击者有机会获得目标系统的部分或者全部控制权。

拒绝服务（Denial of Service，DoS）攻击是指攻击者想办法让目标主机停止提供服务，是黑客常用的攻击手段之一。这种攻击行动的主要思路是使服务器中存在大量要求回复的信息，消耗系统资源或网络带宽，导致系统或网络不堪重负，以至于瘫痪而停止提供正常的网络服务。攻击者进行 DoS 攻击，实际上是让服务器实现两种效果。一是填满服务器的缓冲区，阻止其接收新的请求；二是使用 IP 地址欺骗，迫使服务器中断与合法用户的连接影响合法用户的正常访问。

口令攻击也是漏洞扫描中模拟攻击的一种，主要是指把破译用户的口令作为攻击的开始。只要攻击者能猜测或者确定用户的口令，就能获得系统或网络的访问权，并能访问到用户能访问的任何资源。但是因为原理差异较大，如果攻击最终成功的话，可以直接得到登录目标主机的用户名和口令。口令攻击的方法主要包括通过网络非法监听、字典穷举法、利用系统管理员的失误等。

5. Nmap 扫描工具

Nmap 扫描工具是主机存活性扫描、端口扫描、操作系统及服务识别和漏洞扫描 4 类主动扫描方法的集成。

Nmap（Network Mapper）用于列举网络主机清单、管理服务升级调度、监控主机或服务运行状况。其核心功能是检测目标主机是否在线、端口开放情况、侦测运行的服务类型及版本信息、侦测操作系统与设备类型。配合 Vulscan 模块，可实现漏洞扫描功能。

Nmap 功能组成如图 2-15 所示，通过 Nmap 命令与数十种参数的组合，可实现主机发现、端口扫描、服务版本侦测、操作系统侦测等功能，同时通过防火墙/

入侵检测规避模块，防止探测包被阻断，通过 Nmap 脚本引擎模块实现系统指纹、漏洞发现等功能扩展。

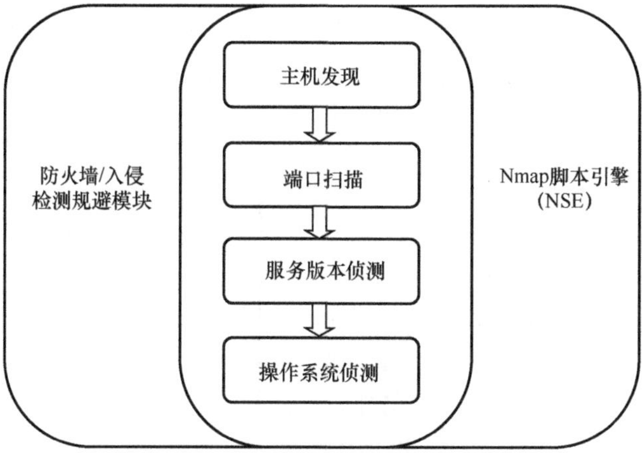

图 2-15　Nmap 功能组成

下面列举典型 Nmap 应用实例。

（1）Nmap 主机发现

以探测 www.[redacted].com 的主机为例，使用命令 nmap -sn -PE -PS -PU53 www.[redacted].com，执行结果如图 2-16 所示。

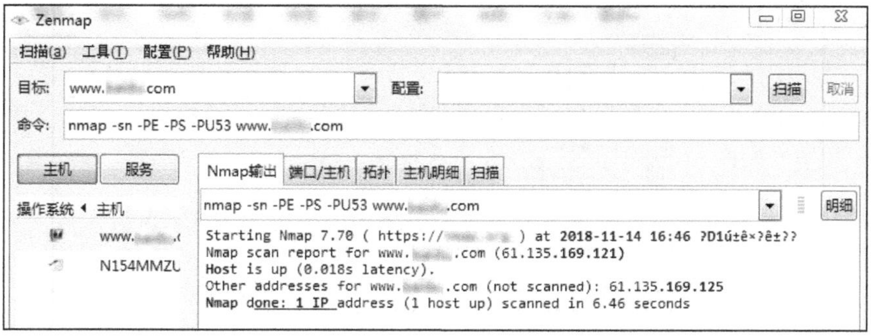

图 2-16　Nmap 主机发现

（2）Nmap 端口扫描

以扫描局域网内 192.168.1.225 开放端口为例，使用命令 nmap -sS -sU -T4 --top-ports 300 192.168.1.225，执行结果如图 2-17 所示。

（3）Nmap 漏洞扫描

以扫描局域网内 192.168.126.131 漏洞为例，使用命令 nmap -sV -p - --version-all --script vuln 192.168.126.131，执行结果如图 2-18 所示。

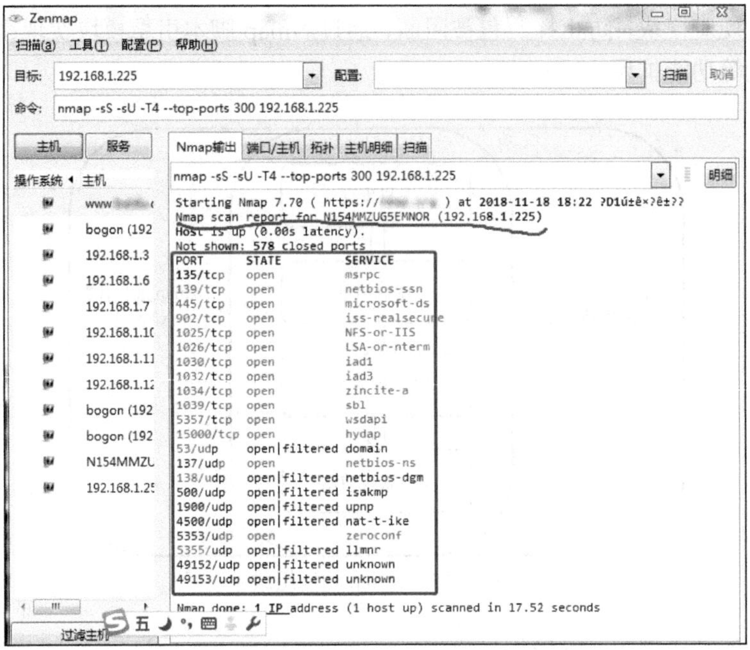

图 2-17　Nmap 端口扫描

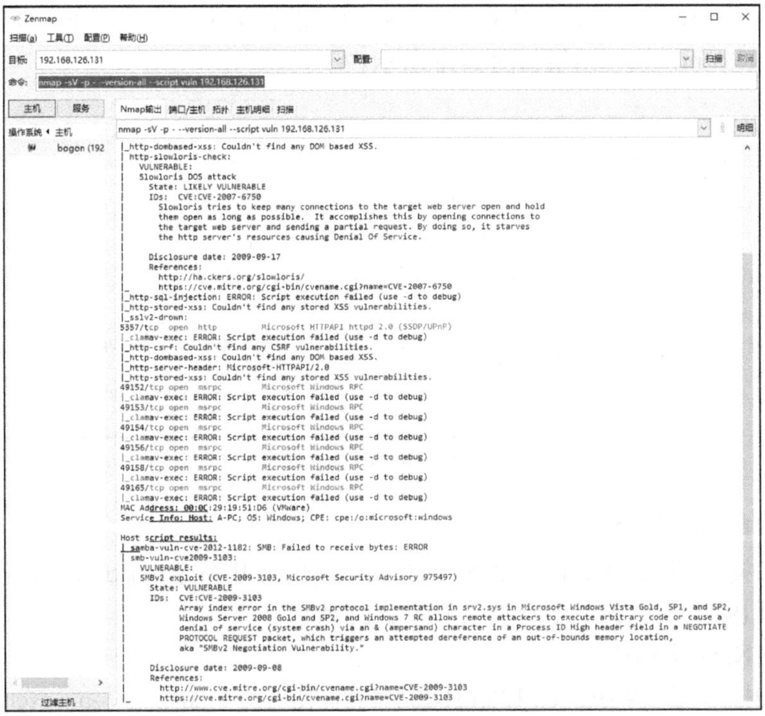

图 2-18　Nmap 漏洞扫描

Nmap 功能的丰富性、灵活性、轻量化，以及便于使用的特点，使其成为网络嗅探的“瑞士军刀”。Nmap 与不同参数的结合即可实现多种网络探测功能。限于篇幅，以上实例用到的参数在此不一一解释。

2.3.2　基于网页爬取的态势数据采集

网页爬取[12]也称网页数据提取，是指从指定网站收集与安全相关的数据。网页爬取分为网络爬行、信息抓取两个阶段。网络爬行是指通过预设好的关键字在指定网页或网站搜寻指定信息，并返回其发现结果；信息抓取是指将发现的相关信息提取出来，并汇聚到服务端。

1. 网络爬虫技术

通常网页爬取利用网络爬虫技术进行实现。网络爬虫按照实现技术可分为通用网络爬虫、聚焦网络爬虫、增量式网络爬虫和深层网络爬虫。

通用网络爬虫从一组初始 URL 开始运作，抓取这些网页，并在此过程中持续提取新的 URL 加入待抓取队列，循环执行这一过程直到满足预设的终止条件。

聚焦网络爬虫的工作流程较为复杂，需要根据一定的网页分析算法过滤与主题无关的链接，保留有用的链接并将其放入待抓取的 URL 队列。然后，根据一定的搜索策略从队列中选择下一步要抓取网页的 URL，并重复上述过程，直到达到预设的终止条件时停止。另外，所有被爬虫抓取的网页将会被系统存储，进行一定的分析、过滤，并建立索引，以便之后的查询和检索；对于聚焦网络爬虫来说，这一过程所得到的分析结果还可能对以后的抓取过程给出反馈和指导。

增量式网络爬虫是指对已下载网页采取增量式更新，只爬行新产生的或者已经发生变化网页的爬虫，从而保证所爬行的页面获取到新的内容。增量式爬虫只会在需要的时候爬行新产生或发生更新的页面，并不重新下载没有发生变化的页面，从而有效减少数据下载量，减少时间和空间上的耗费。

深层网络爬虫通过区分表层网页和深层网页，通过提交特定关键词的方式，抓取深层网页下与安全相关的数据。所谓的表层网页，指的是不需要提交表单，使用静态的链接就能够到达的静态页面；而深层网页则隐藏在表单后面，不能通过静态链接直接获取，是需要提交一定的关键词后才能获取到的页面，深层网络爬虫最重要的部分即表单填写部分。

2. 通用网页数据爬取过程

通用网页数据爬取主要分为以下 4 个步骤。

（1）需求分析。围绕从网页获取与安全相关的数据这一主动采集态势数据的需求，了解所爬取主题的网址、内容分布，所获取语料的字段、图集等内容。

（2）技术选择。网页爬取技术可通过 Python、Java、C++、C#等不同的编程语言实现，主要涉及的技术包括 urllib 库、正则表达式、Selenium、Beautiful Soup、Scrapy 等。

（3）网页爬取。在选取合适的编程语言和获取支持库后，需要分析网页的文档对象模型（DOM）树结构，通过 XPath 技术定位网页所爬取内容的节点，再爬取数据。同时，还需要考虑部分网站涉及页面跳转、登录验证等。

（4）爬取数据存储。根据爬取网页数据量的大小，可利用 SQL 数据库、纯文本格式的文件、CSV/XLS 文件等方式对数据进行本地化存储，或结合数据汇聚方法，将从不同网络节点爬取到的数据进行集中存储。

网页爬取技术作为大数据分析和舆情监控的关键工具，已经达到了较高的成熟度，并在多个领域得到了广泛应用。在网络安全态势感知领域，该技术能够专门针对网页内容中涉及安全态势的数据进行高效提取。网页爬取技术不仅丰富了主动扫描数据采集的方法，还为全面掌握目标系统或网络的安全态势提供了强有力的技术支持。通过这种方式，可以确保网络安全态势感知系统的数据分析更为全面和深入。

参考文献

[1] 赖积保. 网络安全态势感知系统关键技术研究[D]. 哈尔滨: 哈尔滨工程大学, 2007.

[2] LI B D, SPRINGER J, BEBIS G, et al. A survey of network flow applications[J]. Journal of Network and Computer Applications, 2013, 36(2): 567-581.

[3] MARIN G A. Network security basics[J]. IEEE Security & Privacy, 2005, 3(6): 68-72.

[4] ZHOU D H, YAN Z, FU Y L, et al. A survey on network data collection[J]. Journal of Network and Computer Applications, 2018, 116: 9-23.

[5] GERHARDS R. The syslog protocol[J]. RFC, 2009, 5424: 1-38.

[6] STALLINGS W. SNMP and SNMPv2: the infrastructure for network management[J]. IEEE Communications Magazine, 1998, 36(3): 37-43.

[7] 赵勇. 基于 NetFlow 和 SNMP 的网络流态势融合分析方法研究[D]. 哈尔滨: 哈尔滨工程大学, 2012.

[8] LAVY M M, MEGGITT A J. Windows management instrumentation[M]. [S.l.]: Sams Publishing, 2001.

[9] GEIGER K. Inside ODBC[M]. Microsoft Press, 1995.

[10] BOU-HARB E, DEBBABI M, ASSI C. Cyber scanning: a comprehensive survey[J]. IEEE Communications Surveys & Tutorials, 2014, 16(3): 1496-1519.

[11] WANG B, LIU L, LI F, et al. Research on web application security vulnerability scanning technology[C]//Proceedings of the 2019 IEEE 4th Advanced Information Technology, Electronic and Automation Control Conference (IAEAC). Piscataway: IEEE Press, 2019: 1524-1528.

[12] OLSTON C, NAJORK M. Web crawling[J]. Foundations and Trends in Information Retrieval, 2010, 4(3): 175-246.

第 3 章 网络安全态势数据处理技术

现代网络生成的数据量庞大且多样，包括日志数据、流量数据、用户行为数据等。处理和分析这些数据成为一项巨大的挑战。有效的数据处理和分析可以提供实时的态势感知，帮助安全管理人员做出及时决策。

本章主要介绍网络安全态势数据处理基本流程、态势数据汇聚、态势数据预处理、态势数据格式转换与统一、态势数据融合和态势数据存储。

3.1 态势数据处理基本流程

通过第 2 章介绍的态势数据采集可以看到，无论是主动采集还是被动采集，一个态势感知系统采集到的数据不外乎来自设备、网络、系统、服务、应用等。为了进行有效的分析，发现可能存在的安全威胁和潜在安全风险，需要将采集的不同节点、不同层次的各类态势数据进行汇聚，将各类异构数据进行统一收集，汇聚到一起的态势数据由于其多样性、复杂性、数据缺失或不完整，理解起来较为困难，因此，还需要对汇聚的态势数据进行预处理，尽可能保证数据的一致性、完整性。通常，预处理之后还需要进行态势数据的统一格式转换，使待分析的态势数据形成相对统一的格式，也为其后的态势数据关联融合和存储提供便利。态势数据的融合环节是面向诸如资产态势、网络态势等不同维度态势感知，进行态势评估、预测所必须经过的阶段。只有面向分析目标将收集到的各方面数据进行关联融合，才能从不同维度出发进行态势评估和预测，进而提供全面的分析依据。态势数据存储是针对态势分析需求和态势数据缓存需求，将持续不断地收集处理后的数据进行大数据化存储。

因此，整体态势数据处理的基本流程包括汇聚、预处理、格式转换与统一、融合、存储 5 个阶段，如图 3-1 所示。由于态势感知过程的动态性，以上处理是一个循环迭代的过程。

图 3-1 态势数据处理基本流程

3.2 态势数据汇聚

态势数据采集环节获取到的态势数据，无论是被动方式获取还是主动方式获取，获取得到的态势数据均可按照以下 3 类进行划分。

（1）日志型态势数据，例如入侵检测系统的告警日志、通过设置探针采集到的服务器进程状态、业务系统的违规操作数据等，大多数态势数据都可归为日志型态势数据。

（2）流量型态势数据，主要包括通过网络设备获取到的全流量数据包和流量数据轮廓（如 NetFlow 流量）。

（3）分布式态势数据，利用消息处理机制，保证高效、可靠的态势数据传输。

不同类型的态势数据由于其占用存储空间大小、传输实时性方面的需求不同，需要针对其特点采用不同的态势数据汇聚方法。

3.2.1 日志型态势数据的汇聚方法

1. 基于 Syslog 协议的态势数据汇聚方法

日志型态势数据从采集端汇聚到服务端最基本的方法是通过 Syslog 协议进行传输。

Syslog 是 Unix 系统中应用非常广泛的协议，它提供了一种传递方式，允许一个设备通过网络把事件信息传递给事件信息接收者（也称为日志服务器）。Syslog 不仅可以作为态势数据采集的基本方式记录系统及重要服务的事件，还可使用 UDP 或 TCP 作为传输协议，通过 514 端口完成 Syslog 客户端向 Syslog 服务端的日志数据传输。Syslog 协议依据两个重要文件完成日志型态势数据的汇聚：syslogd 和 syslog.conf。syslogd 作为守护进程，负责记录日志信息和接收远端日志；syslog.conf 作为配置文件，除了提供标准的系统日志记录模板，还允许用户自定义日志记录的形式和传输途径。通常，syslogd 启动时读取配置文件 /etc/syslog.conf，将 Syslog 客户端采集到的日志型态势数据发送到安装了 Syslog 系统的日志服务器，Syslog 日志服务器自动完成日志型态势数据的接收并写入指定文件的工作。日志型态势数据汇聚示意如图 3-2 所示。

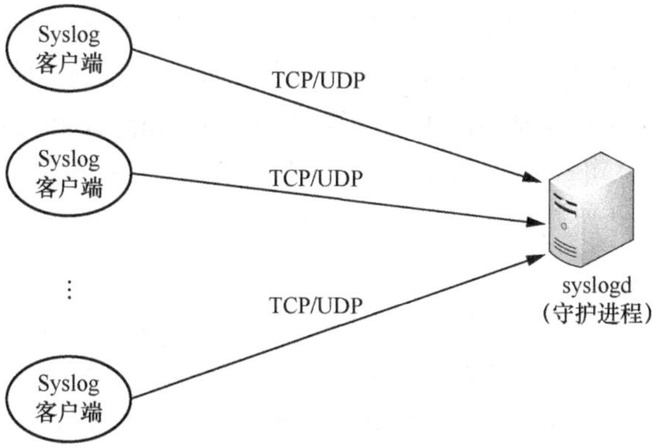

图 3-2　日志型态势数据汇聚示意

为了完成态势数据的自动传输，Syslog 客户端需要进行如下配置。

（1）打开 Syslog 的配置文件。例如，vim/etc/rsyslog.conf。

（2）添加配置命令。例如，*.*@@192.168.1.221:514，表示将本地采集到的任何日志型态势数据发送到 192.168.1.221 的 514 端口，该 IP 地址对应日志服务器的网络地址。需要注意的是，这里的“@@”表示采用 TCP 可靠连接模式进行网络传输，如果修改为“@”，则表示采用 UDP 无连接模式进行传输。

（3）重启 Syslog 客户端服务程序。例如，service syslogd restart。

对于 Syslog 服务端，仅需要启动 Syslog 服务程序，并打开 514 端口即可。

2. 基于 Logstash 的态势数据汇聚方法

Logstash[1]是一个基于 JRuby 语言开发的开源的日志收集框架，在管理日志数据中相当于管道（Pipeline）的作用，对日志数据进行收集、处理和转发。它可以从多个数据源收集不同类型的日志，将非结构化数据转化为结构化数据，还可以将处理后的数据输出到指定的目的地。

在安全态势感知系统中，Logstash 常与各类开源组件共同使用，构成日志型态势数据汇聚处理平台，为安全运维人员提供直观的、实时的日志管理服务。如图 3-3 所示，在态势数据汇聚过程中，Logstash 将扮演不同的角色。

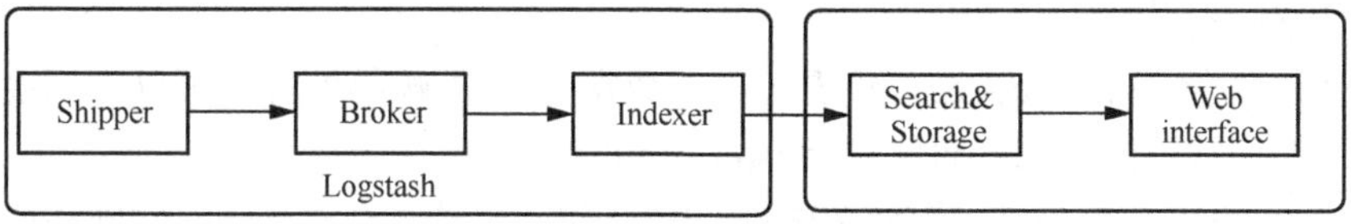

图 3-3　Logstash 角色划分

其中，Shipper 是日志采集者，负责监控本地日志文件的变化，读取日志文件的增量，经过过滤和预处理，然后将日志发送给 Broker。Broker 是日志汇聚者，用来连接多个 Shipper 和多个 Indexer，收集 Shipper 的日志，经处理后发送给 Indexer。

Indexer是日志存储者，将从Broker接收的日志写入文件系统。通过以上3个角色处理后的态势数据可根据需要与其他系统对接，用于态势数据的存储、展示和访问。

对于Logstash中的Broker，由于需要连接多个Shipper和Indexer，用于中转传输的数据，因此，可以把它当作一个日志的缓存器。为了保证日志缓存存储的高效性、中转的实时性及传输的可靠性，Logstash官方推荐使用Redis来替代Logstash的Broker。

无论Logstash处于哪个角色，其工作原理都是使用管道方式进行日志的收集处理和输出。Logstash通过插件的方式支持日志数据的获取、处理和传输。为了适应不同类型日志数据的处理，Logstash中包含上百个插件能够提供丰富的功能，可以根据不同的应用场景进行定制组合，实现日志数据的高效处理。Logstash日志数据处理流程如图3-4所示，由以下4个部分构成。

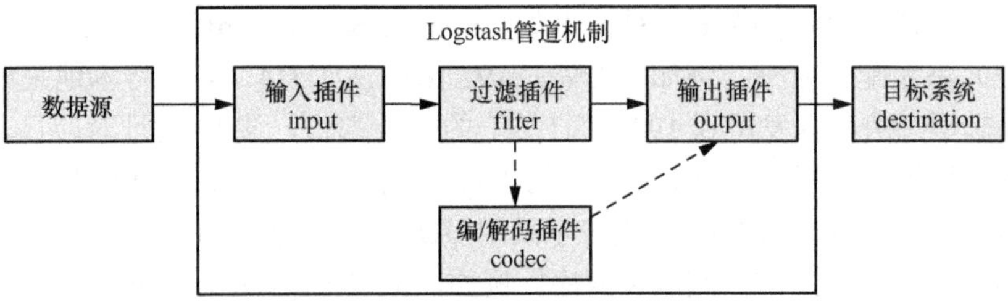

图3-4　Logstash日志数据处理流程

（1）输入插件input：负责收集不同来源、不同类型的日志数据。常见的input插件包括file、syslog、tcp、beats、kafka等，如果想要对多种类型的日志数据进行收集，需要配置多个input插件。

（2）过滤插件filter：负责对日志数据进行结构化处理、字段提取等操作。常见的filter插件包括grok、geoip、date、mutate等，如果有特殊需求，可以对其进行详细配置。

（3）输出插件output：负责将处理后的日志数据输出到指定目的地。常见的output插件包括file、elasticsearch、mail等，如果有多种类型的日志数据，可以创建索引方便查看。

（4）编/解码插件codec：负责对日志数据进行编/解码处理，可以大幅度提高工作效率。常见的codec插件包括json、multiline等。

其中，input和output作为必选项，filter作为可选项，与codec共同构成一个完整的Logstash配置文件。Logstash通过启用预先设置的配置文件完成日志数据的整个处理过程。

下面通过一个示例来理解基于Logstash进行日志型态势数据汇聚的过程。该示例针对Nginx日志进行获取和汇聚，主要分为两个阶段：Shipper阶段和Indexer

阶段，Broker 阶段利用 Redis 作为缓存。

（1）Shipper 阶段：配置 nginx_shipper.conf 文件

```
input {
    file {
        type => "nginx_log"
        path => ["/var/log/nginx/nginx_*_log.*"]
        ignore_older => 87400
    }

    file {
        type => "nginx_err"
        path => ["/var/log/nginx/nginx_err0*_log.*"]
        ignore_older => 87400
    }
}
filter {
    grok {
        match => {
            "message" => "%{IPORHOST:clientip} \[%{HTTPDATE:time}\]
\"%{WORD:verb} %{URIPATHPARAM:request} HTTP/%{NUMBER:httpversion}\" %
{NUMBER:http_status_code} %{NUMBER:bytes} \"(?<http_referer>\S+)\" \"
(?<http_user_agent>\S+)\" \"(?<http_x_forwarded_for>\S+)\""
        }
    }
}
output {
    if [type] == "nginx_log" {
        redis {
            host => "192.168.1.32"
            data_type => "list"
            key => "nginx:redis"
            port=> "6379"
            password => "1111111"
        }
    }
    else if [type] == "nginx_err"{
        redis {
            host => "192.168.1.32"
            data_type => "list"
            key => "err_nginx:redis"
            port=>"6379"
            password => "1111111"
```

```
        }
    }
}
```

（2）Indexer 阶段:配置 nginx_indexer.conf 文件

```
input {

        redis {
                host => "192.168.1.32"
                data_type => "list"
                key => "nginx:redis"
                password => "1111111"
                port => "6379"
        }
        redis {
                host => "192.168.1.32"
                data_type => "list"
                key => "err_nginx:redis"
                password => "1111111"
                port => "6379"
        }
}
output {
        if [type] == "nginx_log" {
            elasticsearch {
                hosts => "192.168.1.66:9200"
                index => "logstash-nginx-%{+YYYY.MM.dd}"
            }
            stdout {
                codec => rubydebug
            }
        }
        else if [type] == "err_nginx_access" {
            elasticsearch {
                hosts => "192.168.1.66:9200"
                index => "logstash-err-nginx-%{+YYYY.MM.dd}"
            }
                stdout {
                        codec => rubydebug
                }
        }
}
```

完成配置后，启动 Logstash 即可实现对 Nginx 日志进行实时增量的汇聚。这里需要注意启动 Logstash 顺序：先启动 Indexer 配置项，再启动 Shipper 配置项。

3.2.2　流量型态势数据的汇聚方法

1. 全流量态势数据汇聚方法

全流量态势数据由于数据量大、实时性强，采用软件方式实现态势数据的汇聚可能出现因处理不及时而造成数据丢包的情况，为其后的安全分析带来困难。因此，全流量态势数据汇聚通常采用硬件的方式，利用交换机指定物理端口实现其他交换机端口或数据流的镜像，然后将镜像后的流量通过物理连接的方式转发给指定的服务器。

端口镜像（Port Mirroring）指的是在交换机或路由器上，将一个或多个源端口的数据流量转发到某一个指定端口来实现对网络的监听，指定端口称为“镜像端口”或“目的端口”，在不严重影响源端口正常吞吐量的情况下，可以通过镜像端口对网络的流量进行监控分析。

利用端口镜像功能可实现全流量态势数据的汇聚，如图 3-5 所示。

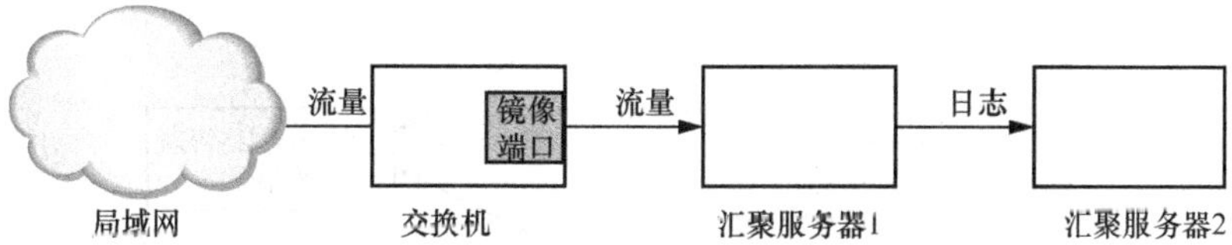

图 3-5　全流量态势数据汇聚示意

用户根据分析需要，将指定端口流量或交换机全部流量通过镜像端口转发到汇聚服务器 1，汇聚服务器 1 可以作为原始流量存储设备，对一段时间内接收到的全流量态势数据进行缓存；也可以作为流量分析设备，对接收到的原始流量进行初步的分析，并将分析结果作为事件以日志的方式发送到汇聚服务器 2。汇聚服务器 1 到汇聚服务器 2 之间的态势数据传输采用日志型态势数据汇聚方法。

在全流量态势数据汇聚场景下，对于态势感知系统而言，汇聚服务器 1 和汇聚服务器 2 起到对不同态势数据的汇聚作用，两者缺一不可。汇聚服务器 1 的流量态势数据可为安全分析提供原始数据，汇聚服务器 2 的日志型态势数据为高效的安全分析提供支持。

2. NetFlow 类态势数据汇聚方法

作为网络流量的轮廓，NetFlow 能够以比全流量更轻量级的方式提供安全态势分析所需要的数据。NetFlow 的主要功能之一就是对网络流量进行安全分析，通过对网络流量的采集、存储，以及对异常流量的分析，发现存在的安全威胁。

由于 cflowd（Juniper 支持的协议）、sFlow（NEC、HP 等支持的协议）、NetStream（华为支持的协议）等与 NetFlow 技术原理相近，从态势感知角度加以归类，将 NetFlow、cflowd、sFlow 和 NetStream 协议统称为 NetFlow 类协议，采集的态势数据统称为 NetFlow 类态势数据。

NetFlow 类协议的工作原理是利用标准的交换模式处理数据流的第一个 IP 数据包，生成 NetFlow 缓存，之后同样的数据基于缓存信息在同一个数据流中进行传输，不再匹配相关的访问控制等策略，NetFlow 缓存同时包含了之后数据流的统计信息。NetFlow 有以下两个核心的组件。

（1）NetFlow 的缓存机制，存储 IP 流信息。

（2）NetFlow 的数据传输机制，将数据发送到网络管理采集器。

利用 NetFlow 的缓存机制和 NetFlow 的数据传输机制，能够完成 NetFlow 类态势数据的汇聚工作。NetFlow 类态势数据汇聚示意如图 3-6 所示。

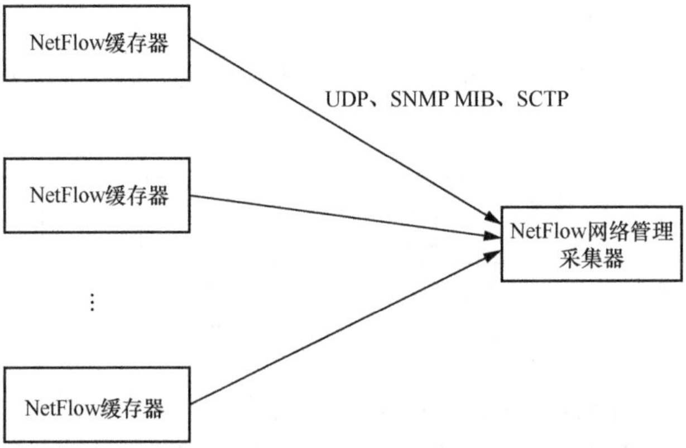

图 3-6　NetFlow 类态势数据汇聚示意

其中，NetFlow 缓存器作为态势数据的采集端，完成网络数据流的采集工作，NetFlow 网络管理采集器作为态势数据的汇聚端，接收采集端发送的网络流量。汇聚过程可采用 UDP、SNMP MIB 和 SCTP 3 种方式。

（1）UDP：简单、高效，数据传输的可靠性得不到保证。

（2）SNMP MIB：管理服务器通过 SNMP 访问网络设备 NetFlow MIB 中存储的数据流 Top *N* 统计结果。该方式为请求—响应模式，而非 UDP 的推送方式，效率较低。

（3）SCTP：支持拥塞识别、重传和排队机制，确保 NetFlow 流记录正确推送到上层管理服务器。

以上 3 种方式中，SCTP 能够保证高效、可靠地传输态势数据，因此，在实际态势数据汇聚中，建议采用 SCTP 进行态势数据的汇聚工作。

3.2.3　分布式态势数据的汇聚方法

随着防御体系的不断增大，为了更全面地对目标系统或网络安全进行态势感知，通过主动或被动采集态势数据的规模也会随之增长，这就使传统从采集到汇聚的态势数据汇聚架构面临因采集汇聚的数据量增大、数据处理不及时造成的数据丢失或通信拥塞。因此，面对复杂场景下的网络空间安全问题，在态势数据汇聚方面，借鉴大数据处理思想，利用消息处理机制，提供态势数据的分布式汇聚，保证态势数据传输的高效、可靠。态势数据汇聚模型如图 3-7 所示，态势数据汇聚过程由传统汇聚向分布式汇聚转变。

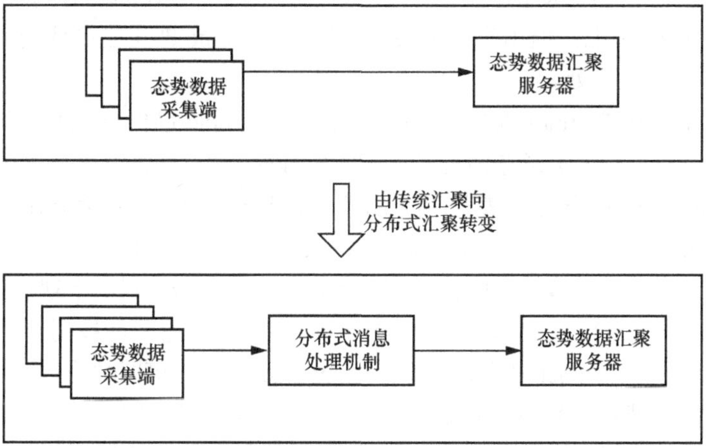

图 3-7　态势数据汇聚模型

分布式消息处理指的是由多类消息生产者、消费者、消息队列构成的并行执行的消息分发、接收过程。通过消息发布/订阅模式，将消息生产者发布的消息放置到消息队列中，由订阅消息的消费者获取。消息的生产和消费可通过主题的方式进行订阅。

通过分布式消息处理机制，态势感知系统中的海量采集端和态势数据汇聚服务器之间可实现弱关联、低耦合，利用消息队列实现消息的缓存和分布式并发处理，满足大规模态势数据汇聚的需要。

典型的分布式消息处理机制包括 Kafka、RabbitMQ、ActiveMQ、RocketMQ 等。这里主要通过介绍 Kafka 的技术原理，对分布式消息处理机制进行阐述。

1. 基于 Kafka 的态势数据分布式汇聚方法

Kafka[2]是一种分布式的、基于发布/订阅的消息系统，是由 Apache 软件基金会开发的一个开源流处理平台。Kafka 通过维护一个分布式消息队列，使其具有高性能、持久化、多副本备份、横向扩展能力。

Kafka 具有如下特性。

（1）通过 $O(1)$的磁盘数据结构可以提供消息的持久化，即使 TB 级的消息存储也能够保持长时间的稳定性能。

（2）吞吐量高，即使是非常普通的硬件，Kafka 也可以每秒处理数百万条消息。

（3）支持通过 Kafka 服务器和消费机集群来分区消息。

（4）支持 Hadoop 并行数据加载。

理解 Kafka 运行机制，首先需要掌握以下术语。

（1）Broker：Kafka 集群包含一个或多个服务器，这些服务器被称为 Broker。

（2）Topic：每条发布到 Kafka 集群的消息都有一个类别，这个类别被称为 Topic。物理上不同 Topic 的消息分开存储，逻辑上一个 Topic 的消息虽然保存在一个或多个 Broker 上，但用户只需要指定消息的 Topic 即可生产或消费数据而不必关心数据存储在何处。

（3）Partition：Partition 是物理上的概念，每个 Topic 包含一个或多个 Partition。

（4）Producer：负责发布消息到 Kafka Broker。

（5）Consumer：消息消费者，向 Kafka Broker 读取消息的客户端。

（6）Consumer Group：每个 Consumer 属于一个特定的 Consumer Group（可为每个 Consumer 指定 Group Name，若不指定 Group Name 则属于默认的 Group）。使用 Consumer High Level API 时，同一个 Topic 的一条消息只能被同一个 Consumer Group 内的一个 Consumer 消费，但多个 Consumer Group 可同时消费这一消息。

Kafka 保存消息时根据 Topic 进行归类，消息发送者即为生产者（Producer），消息接收者即为消费者（Consumer）。此外 Kafka 集群由多个 Kafka 实例组成，每个实例为 Broker。Kafka 工作原理如图 3-8 所示。

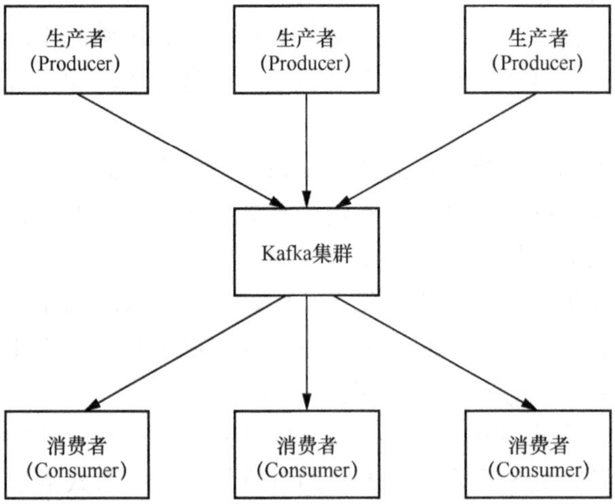

图 3-8　Kafka 工作原理

Kafka 的消息队列机制由 Topic 实现。一个 Topic 可以被认为是一类消息，每个 Topic 将被分成多个 Partition，每个 Partition 在存储层面是 append log 文件。任何 Producer 发布到此 Partition 的消息都会被直接追加到 log 文件的尾部，形成先进先出的消息队列，每条消息在文件中的位置称为 offset（偏移量），作为消息索引的唯一标记。Kafka 不允许随机读取形成队列中的消息，必须按先后顺序写入。同样，任何 Consumer 也需要根据 offset 依次读取队列消息。需要注意的是，Kafka 提供消息缓存机制，即使 Consumer“取走”消息，该消息也不会被删除，需按照指定策略定时删除，以便回收磁盘空间。

通过 Kafka 的工作运行机制，进一步总结得出以下结论。由于 Kafka 可以同时维护多个 Topic，并且允许多个 Producer 按 Topic 发布消息到队列，允许多个 Consumer 读取订阅的消息，因此，可大大提高消息读写效率和可靠性。Kafka 良好的并发性及海量数据的传输能力，使 Kafka 非常适合日志型态势数据分布式汇聚场景，各采集端以 Producer 角色可将获取到的态势数据以日志形式批量、异步方式发送到 Kafka 集群，而非占用本地大量存储空间，极大地提高了采集端的性能；Kafka 的 Consumer 可按需使用数据存储服务、日志汇聚服务等不同类型的服务有针对性地完成不同类型态势数据的汇聚工作。

下面通过一个示例来演示将日志型态势数据通过 Kafka 集群进行汇聚，如图 3-9 所示。

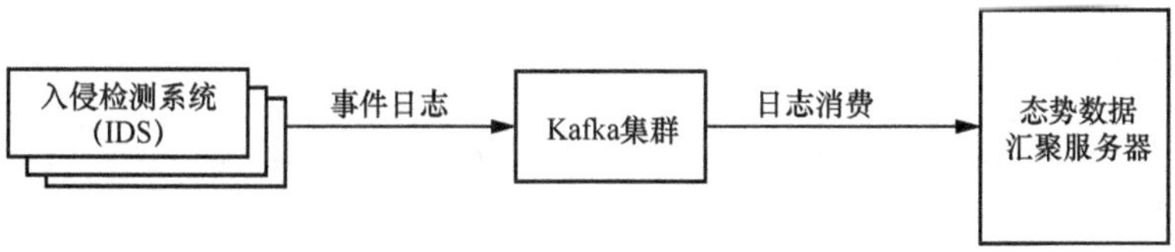

图 3-9　利用 Kafka 实现态势数据汇聚示意

假设需要将分布式部署的多个 IDS 的告警日志进行汇聚分析。多个 IDS 部署在防御体系中的不同位置，并且产生的告警日志数量、大小、产生时机等各不相同。为了进行有效汇聚，采用 Kafka 实现分布式告警日志的汇聚工作。通常，IDS 的告警日志均在本地进行缓存，例如，存储在/var/log/alerts.log。

Kafka 中 Producer 的主要工作包含两项：一是从 alerts.log 文件中读取日志内容，构造一条消息，二是指定 Kafka 服务器，并将消息发送到 Kafka 服务器，其核心代码如下。

```
//构造消息
public void produceMsg(){
        long timestamp = System.currentTimeMillis();
        String msg = "Msg" + timestamp;
```

```
        String topic = "test"; //确保存在这个 Topic
        System.out.println("ids 消息" + msg);
        String key = "Msg-Key" + timestamp;
        /*
         * 每条消息必须包含 Topic 和 Key
         * Topic: 消息的主题
         * Key: 消息的密钥
         * msg: 发送的消息
         */
        KeyedMessage<String, String> data = new KeyedMessage
<String, String>(topic, key, msg);

        //指定 Kafka 的 Broker，发送消息
        Properties props = new Properties();
        /**
         * 用于自举 (bootstrapping)，Producer 只是用它来获得元数据
(topic, partition, replicas)
         * 实际用户发送消息的 socket 会根据返回的元数据来确定
         */
        props.put("bootstrap.servers", "192.168.101.62:9092");
        /**
         * 消息的序列化类
         * 默认是 kafka.serializer.DefaultEncoder，输入 byte[]返回同
样的字节数组
         */
        props.put("serializer.class",kafka.serializer.String-
Encoder");
        //发送消息
                …
        while (true) {
                try {
                    produceMsg();
                    Thread.sleep(2000);
                }
        …
```

Kafka 中 Consumer 的主要工作也包含两项：一是指定 Kafka 服务器地址和端口，并指定 Consumer 所在群组；二是序列化消息并发送，其核心代码如下。

```
    public class KafkaConsumerProcessor extends Thread {
        /**
         * Kafka 可直接指定 Broker 地址
         * Consumer 必须指定所在群组
```

```
            * Consumer 发送消息必须序列化
            */
        private Properties kafkaProperties() {
            Properties props = new Properties();
            props.put("bootstrap.servers", "192.168.101.62:9092");
            props.put("group.id", "KafkaConsumerProcessor");
            props.put("key.deserializer", "org.apache.kafka.common.
serialization.StringDeserializer");
            props.put("value.deserializer", "org.apache.kafka.common.
serialization.StringDeserializer");
            props.put("session.timeout.ms", "30000");
            return props;
        }

    //发送消息
    public void consume() {
            …
            while (true) {
                ConsumerRecords < String, String > records = consumer.
poll(1000L);
                for (ConsumerRecord < String, String > record : records){
                        System.out.println("ids" + record.value());
                }
            }
    }
```

2. 其他常用的态势数据分布式汇聚方法

分布式态势数据的汇聚主要是利用 Kafka 的消息处理机制。除 Kafka，其他常用分布式消息处理机制的技术还包括 RabbitMQ、ActiveMQ、RocketMQ 等，它们均可通过消息的发布/订阅模式，采用生产者—消费者模型，实现态势数据的异步、分布式汇聚处理，使海量态势数据在避免拥塞、丢包的情形下，能够持续、高效地，利用统一的汇聚手段完成态势数据的汇聚工作。下面对其他 3 种常用的分布式消息处理技术进行简要介绍。

（1）RabbitMQ

RabbitMQ[3]是一个在高级消息队列协议（AMQP）基础上完成的、可复用的企业级消息处理系统，是当前最主流的消息中间件之一，其主要特征如下。

① 可靠性：提供持久化机制、投递确认、发布者证实和高可用性机制等实现性能和可靠性之间的平衡。

② 灵活的路由：消息在到达队列前是通过交换机进行路由的。RabbitMQ 为典型的路由逻辑提供了多种内置交换机类型。如果有更复杂的路由需求，可将多

个交换机组合使用。

③ 消息集群：在相同局域网中的多个 RabbitMQ 服务器可以聚合在一起，作为一个独立的逻辑代理来使用。

④ 队列高可用：队列可以在集群中的机器上进行镜像，在硬件出现问题时保证消息安全。

⑤ 多种协议的支持：支持多种消息队列协议。

⑥ 多种编程语言的支持：服务器端用 Erlang 语言编写，支持几乎所有编程语言。

⑦ 管理界面：RabbitMQ 可通过自带的用户界面实现监控和管理消息。

⑧ 跟踪机制：如果消息异常，RabbitMQ 提供消息跟踪机制，使用者可以找出发生的事件。

⑨ 插件机制：提供多种插件，从多方面进行扩展，也可以编写自己的插件。

RabbitMQ 的优点如下。

① 基于 Erlang 语言的特性，消息队列性能较好，可高并发。

② 健壮、稳定、易用、跨平台、支持多种语言、文件齐全。

③ 有消息确认机制和持久化机制，可靠性高。

④ 高度可定制的路由。

⑤ 管理界面较丰富，在互联网公司也有较大规模的应用。

⑥ 社区活跃度高。

RabbitMQ 的缺点主要体现在，尽管结合 Erlang 语言本身的并发优势，性能较好，但是不利于进行二次开发和维护；其代理架构使 RabbitMQ 易于使用和部署，但由于中央节点增大了时延，消息封装较大，因此运行速度较慢。

（2）ActiveMQ

ActiveMQ 是 Apache 所提供的一个开源的消息系统，完全采用 Java 来实现，因此，它能很好地支持 J2EE 提出的 Java 消息服务（Java Message Service，JMS）规范。JMS 是一组 Java 应用程序接口，提供消息的创建、发送、读取等一系列服务，类似于 Java 数据库的统一访问接口 JDBC，它是一种与厂商无关的 API，使 Java 程序能够与不同厂商的消息组件很好地进行通信，其主要特征如下。

① 遵循 JMS 规范：JMS 规范提供了良好的标准和保证，包括同步或异步的消息分发、一次消息分发、消息接收和订阅等。遵循 JMS 规范的好处在于，无论使用什么 JMS 实现消息生产者，这些基础特性都可用。

② 连接性：ActiveMQ 提供了广泛的连接选项，支持的协议包括 HTTP/HTTPS、IP 多播、SSL、STOMP、TCP、UDP、XMPP 等。对众多协议的支持让 ActiveMQ 拥有了很好的灵活性。

③ 持久化插件和安全插件：ActiveMQ 提供了多种持久化选择。而且，

ActiveMQ 的安全性也可以完全依据用户需求进行自定义鉴权和授权。

④ 支持的客户端语言种类多：除了 Java，还支持 C/C++、NET、Perl、PHP、Python、Ruby 等。

⑤ 代理集群：多个 ActiveMQ 代理可以组成一个集群来提供服务。

⑥ 简单的管理：ActiveMQ 是以开发者思维设计的。所以，它并不需要专门的管理员，提供了简单又实用的管理特性。有很多种方法可以监控 ActiveMQ 不同层面的数据，包括在 JConsole 或者 ActiveMQ 的 Web Console 中使用 Java 管理扩展（JMX），通过处理 JMX 的告警消息，通过使用命令行脚本，甚至可以通过监控各种类型的日志。

ActiveMQ 的优点如下。

① Java 编写与平台无关，ActiveMQ 几乎可以运行在任何的 Java 虚拟机（JVM）上。

② 可以将数据持久化到数据库。虽然使用 JDBC 会降低 ActiveMQ 的性能，但是数据库一直都是开发人员最熟悉的存储介质。将消息存储到数据库，看得见摸得着。而且公司有专门的数据库管理员（DBA）对数据库进行调优，主从分离。

③ 支持 JMS 的统一接口。

④ 支持自动重连。

⑤ 支持基于 Shiro、JAAS 等多种安全配置机制，可以对 Queue/Topic 进行认证和授权。

⑥ 拥有完善的监控，包括 Web Console、JMX、Shell 命令行，以及 Jolokia REST API。

⑦ 提供的 Web Console 可以满足大部分情况，还有很多第三方的组件可以使用，如 Hawtio。

ActiveMQ 的缺点主要体现在不适用于上千个队列的应用场景。

（3）RocketMQ

RocketMQ 是阿里公司的开源产品，用 Java 语言实现，在设计时参考了 Kafka，并进行了一些改进，消息可靠性比 Kafka 更好。RocketMQ 在阿里集团被广泛应用在订单、交易、充值、流计算、消息推送、日志流式处理、binlog 分发等场景，其主要特征如下。

① RocketMQ 是一个队列模型的消息中间件，具有高可靠性、高实时性及分布式的特点。

② Producer、Consumer、队列都可以分布式。

③ Producer 向一些队列轮流发送消息，队列集合称为 Topic，Consumer 如果做广播消费，则一个 Consumer 实例消费这个 Topic 对应的所有队列；如果做集群消费，则多个 Consumer 实例平均消费这个 Topic 对应的队列集合。

④ 能够保证严格的消息顺序。

⑤ 提供丰富的消息拉取模式。

⑥ 高效的订阅者水平扩展能力。

⑦ 实时的消息订阅机制。

⑧ 亿级消息堆积能力。

⑨ 对外部组件的依赖较少。

RocketMQ 的优点如下。

① 单机支持 1 万个以上持久化队列。

② RocketMQ 的所有消息都是持久化的，先写入系统的页高速缓冲存储器（Page Cache），然后刷新磁盘，可以保证内存与磁盘都有一份数据，访问时直接从内存读取。

③ 模型简单，接口易用（JMS 的接口在很多场景中并不实用）。

④ 性能非常好，可以在 Broker 中存储大量消息。

⑤ 支持多种消费，包括集群消费、广播消费等。

⑥ 各个环节分布式扩展设计，主从同步。

⑦ 社区活跃度高，版本更新很快。

RocketMQ 的缺点主要体现在，仅支持 Java 及 C++语言开发使用，成熟度和关注度略低于前两者；缺少 Web 管理界面，仅提供了一个命令行界面（CLI）管理工具，存在查询、管理和诊断各种问题。

Kafka、ActiveMQ、RabbitMQ、RocketMQ 4 种分布式消息处理机制性能比较如表 3-1 所示。

表 3-1　4 种分布式消息处理机制性能比较

特性	Kafka	ActiveMQ	RabbitMQ	RocketMQ
开发语言	Scala 和 Java	Java	Erlang	Java 和 C++
单机吞吐量/$msg \cdot s^{-1}$	十万级	万级	万级	十万级
时效性	ms 级	ms 级	μs 级	ms 级
可用性	非常高	高	高	非常高

3.3　态势数据预处理

态势数据预处理是对采集到的各类原始数据进行必要的清理、集成、转换、离散和归约等一系列的处理工作。采集到的各类原始数据可能存在以下特征。

（1）不完整性：数据属性的丢失、缺失必需的数据。

（2）含噪声：数据具有不正确的属性值，包含错误或存在偏离期望的离群值。

例如，收集数据的设备故障。

（3）杂乱性：态势感知采集到的原始数据来源于网络、服务器、应用系统、安全防护设备等不同宿主环境和应用系统。各宿主环境和应用系统数据在实际采集过程中缺乏统一的标准规范和定义。

因此，在数据采集、汇聚之后要对原始数据进行预处理工作。用于数据预处理的技术有很多，如清洗、集成、归约和变换等，根据数据类型、大小、来源等不同，在态势数据的预处理过程中将应用到其中的一种或多种技术。态势数据预处理的目的是保证从数据采集、汇聚、存储到分析、可视化的整个过程中不引入太多错误和无关的数据。

3.3.1　数据预处理的主要内容

数据预处理的主要内容包括数据审核、数据筛选和数据排序。

1. 数据审核

数据审核主要包括以下 5 个方面。

（1）准确性审核：从数据的真实性与精确性的角度检查，其审核的重点是处理过程中所产生的误差。

（2）适用性审核：根据数据的用途，检查数据解释说明问题的程度，具体包括数据与所选主题、与目标总体的界定等是否匹配。

（3）及时性审核：检查数据是否按照规定时间发送，如未按规定时间发送，则要检查未及时发送的原因。

（4）一致性审核：检查数据在不同存储空间是否一致，数据内涵是否出现不一致、矛盾或不相容等情况。

（5）完整性审核：检查数据的记录和信息是否完整。

对于不同来源的数据，在审核的内容和方法上有所不同。对于原始数据主要从完整性和准确性两个方面进行审核。完整性审核重点检查收集的数据是否全面。准确性审核主要包括检查数据是否真实地反映了客观情况、内容是否符合实际；检查数据是否有错误，以及计算是否正确等。通过其他渠道获取的态势数据，除了对其完整性和准确性进行审核，还应该着重审核数据的适用性和及时性。由于数据可能来自多种渠道，对于使用者来说，应该首先确定是否符合数据分析处理需要、是否需要重新加工整理等。一般来说，网络安全态势感知需要实时监控，尽可能使用最新的数据。

2. 数据筛选

数据通过审核后，应尽可能地纠正审核过程中发现的错误。当发现的数据错误不能纠正，或者有些数据不符合分析处理要求而又无法弥补时，就需要对数据进行筛选。

数据筛选主要包括以下两方面的内容。

（1）将某些不符合要求的数据或有明显错误的数据予以剔除。

（2）将符合某种特定条件的数据筛选出来。

数据筛选在数据预处理中的作用是十分重要，筛选数据质量的好坏直接影响后续网络安全数据分析和态势理解的正确性。

3. 数据排序

数据排序是指按照一定顺序将数据进行排列，以便数据分析人员发现一些明显的特征或趋势并找到解决问题的线索。除此之外，排序还有助于对数据进行检查纠错，为重新归类或分组等提供依据。在某些场合，排序本身就是分析的目的之一。数据排序可借助计算机工具完成。

3.3.2 数据预处理的主要流程

数据质量的高低通常用完整性、一致性和准确性 3 个因素来衡量，如果都能满足其应用要求，可认定是高质量的。然而，由于各种机器或人为的原因，现实世界的数据会出现缺失、不一致和错误等情况，此外，数据的时效性、可信性也会影响对数据的理解和处理。网络安全态势数据的预处理至少应包括 3 个步骤：一是数据清洗，即将原始数据通过数据规整和数据标注进行清洗，形成精准的安全数据；二是数据集成，将不同态势数据源中的数据，逻辑地或物理地集成到一个统一的数据集合，以便进行存储分析；三是数据归约，精简数据。

1. 数据清洗

很多数据是“脏”的，如果不经过清洗，可能会导致分析过程陷入混乱，使输出结果不可靠，所以需要对“脏”数据进行清洗。数据清洗[4]也被称为数据清理或数据过滤，即去除源数据集中的噪声数据和无关数据，处理遗漏数据和清洗“脏”数据，去除空白数据域，通过填写缺失的值光滑噪声数据，识别或删除离群点并解决不一致性来清洗数据。

态势数据清洗的过程大致为：将不同途径、不同来源、不同格式的数据进行格式转换、垃圾过滤、数据去重、格式清洗等操作去除“脏”数据。以网络攻击知识库、网络安全情报库、黑白名单库等为基础，在海量原始数据规整过程中同步进行数据标注，将异常、报警、威胁、五元组（源 IP 地址、源端口、目的 IP 地址、目的端口和传输层协议）等关键信息标记出来，形成精准的基础态势数据。

需要进行数据清洗的态势数据主要包括不完整数据、不一致数据以及噪声数据，具体如下。

（1）不完整数据

不完整数据是指感兴趣的属性没有值。假设需要分析受威胁的资产及属性数据，但很多元组的一些属性没有记录值。虽然这些属性出现了空值，但并不意味是错误数据，这时就需要用一定的方法对其进行补充，涉及的方法如下。

① 人工填充：对于小规模数据可以采用人工填充的方式，通过经验分析缺失数据的属性特征，可编程批量填充。对于大规模数据，尤其是数据量很大、缺失值很多的情形，该方法可能难以奏效。

② 忽略元组：如果个别元组的属性值空缺并不会影响对整体数据的分析，则可以忽略。但如果元组的属性空缺比例过高，以致影响对数据的整体理解，那么该方法就不太可取。

③ 用全局常量填充：用一个全局常量把不完整的属性值进行统一替换，如 unknown。该方法虽然补全了缺失值，但对数据分析并没有太大的帮助，甚至可能会引起一些误解。

④ 用属性中间值填充：所谓中间值，是指数据分布在“中间”的值，例如，对于对称分布的数据而言，可以使用均值作为中间值，而不对称分布的数据可以使用中位数作为中间值。将不完整元组的缺失属性值用中间值进行填充也是常用的一种方法。

⑤ 用相似样本的属性中间值填充：如果能找到不完整元组的同类，那么对于不完整元组的缺失属性值，用其同类样本的属性中间值进行填充也是一种选择。

⑥ 用最可能的值填充：使用各种推理模型和工具，如回归、贝叶斯形式化方法、决策树等进行归纳推理，得到可能性较大的推测值来预测不完整元组的缺失属性值。

上述方法中，方法①、②较为原始，应用不广泛，方法③、④、⑤填入的数据准确率较低，而方法⑥相对来说是较优的策略，准确率较高。

（2）不一致数据

不一致数据是指数据内涵的不一致、矛盾和不相容等。不一致数据可能是由于数据冗余、并发控制不当，或者是各种硬件或软件故障和错误造成的。数据冗余造成的不一致往往是由于重复存储的数据未能进行一致性更新；并发控制不当体现在多用户共享数据库，而更新操作未能保持同步。

（3）噪声数据

噪声数据是指存在错误或异常（偏离期望值）的数据，通常为无意义的数据，也包括那些难以被机器正确理解和翻译的数据。引起噪声数据的原因有很多，可能是采集数据的设备出现故障、数据输入或数据传输过程中出现错误、存储介质的损坏等。对噪声数据进行处理是数据清洗的一个重要环节，其常用的处理方法如下。

① 分箱（Binning）：通过考察数据周围邻近的值来“光滑”有序数据值。这些有序的值被分布到一些“箱”中，每个“箱”中的数据值都被替换为箱中所有数据的均值、中位数或边界值，从而进行“光滑”。“箱”可以是等宽的，也可以是不等宽的。一般来说，“箱”的宽度越大，光滑效果越明显。该技术是离散化技术的一种。

② 回归（Regression）：通过用一个函数拟合数据来“光滑”数据。常见的回归方法包括线性回归和多元性回归，其中，线性回归是通过找出拟合两个属性（或变量）的“最佳”直线，通过一个属性可以预测另一个属性。多元线性回归涉及更多的属性，将数据拟合到一个多维曲面上。

③ 聚类（Clustering）：通过把数据对象划分为子集来检测离群点。每个子集形成一个簇，簇中的对象彼此相似，但与其他簇中的对象不相似。落在某个簇之外的值被视为集群点，可以去除。

在明确需要清洗的态势数据之后，通用的数据清洗过程分为以下两个阶段。

阶段 1：检测偏差。对于输入错误、系统出错、设计 bug、传输错误等原因造成的数据偏差，需要在理解数据本身特性的前提下，判断正常数据范围和异常数据值。同时，对不一致数据进行问题查找，根据唯一性、连续性等规则和空值规则来判断数据是否存在缺失等问题。

阶段 2：数据规整。在检测偏差之后，需要对数据进行更正和修改，即数据规整，采用一定的推测值或正确值来替换有偏差的数据。有时仅通过人工修改就能对数据进行规整，有时则需要较为复杂的变换步骤，须采用一些高级的数据转换工具和手段来辅助。

以上两个阶段并非一次性完成，而是需要迭代执行，经过多次迭代才能得到较好的结果。

2. 数据集成

数据集成是将若干个分散的数据源中的数据，逻辑地或物理地集成到一个统一的数据集合中，其核心任务是要将互相关联的分布式异构数据源集成到一起，提供统一的数据接口，使用户能够以透明的方式访问这些数据源。集成是指维护数据源整体上的数据一致性以提高信息共享利用的效率；透明的方式是指用户无须关心如何实现对异构数据源数据的访问，只关心以何种方式访问何种数据。数据的不一致性可能导致数据错误，而为了减少数据集的不一致性和冗余，需要对态势数据进行集成处理，也就是对多源数据进行合并处理、解决语义模糊性的过程，即数据集成。

网络安全态势感知的数据源可能包括多个数据库、一般文件，常见的如各种数据库管理系统（DBMS）、各类 XML 文件、HTML 文件、电子邮件、文本文件、包捕获数据等结构化和非结构化数据。这就给数据集成带来较大的困难，具体体现在如下几个方面。

（1）异构性：被集成的数据源来自多个渠道，数据模型异构给集成带来很大困难。这些异构性主要表现在语法、语义等。例如，在语法异构上，源数据和目的数据之间命名规则及数据类型不同，需要实现字段到字段、记录到记录的映射，解决其中名字冲突和数据类型冲突。在语义异构上，通常需要破坏字段的原子性，直接处理数据内容，常见的语义异构有字段拆分、字段合并、字段数据格式变换、记录间字段转移等。当数据源的实体模型相同，只是命名规则不同时，造成的只是数据源之间的语法异构；当数据源构建实体模型时采用了不同的粒度划分、不同的实体间关系以及不同的字段数据语义表示，必然会造成数据源间的语义异构，给数据集成带来很大困难。

（2）分布性：数据源是分布在不同系统和设备中的，需要依靠网络进行数据传输，这就涉及网络传输性能以及如何保证安全性等问题。

（3）自治性：各个数据源有很强的自治性，可以在不通知集成系统的前提下改变自身的结构和数据，这就对数据集成系统的鲁棒性提出挑战。

数据集成能把不同来源、格式、性质的数据在逻辑上或物理上有机地集中，从而提供全面的数据共享。在数据集成领域，成熟且常用的数据集成方法主要包括联邦模式、中间件模式和数据仓库模式。

（1）联邦模式：该模式通过构造一个联邦数据库，可以是集中数据库系统、分布式数据库系统或者其他联邦式系统类型，由半自治数据库系统构成。各数据源之间相互提供访问接口，相互之间分享数据。在这种模式下又分为紧耦合和松耦合两种情况，紧耦合提供统一的访问模式，一般是静态的，增加数据源比较困难；而松耦合则不提供统一的接口，但可以通过统一的语言访问数据源，松耦合的前提是解决所有数据源语义上的不一致等问题。

（2）中间件模式：中间件位于异构数据源系统（数据层）和应用程序（应用层）之间，向上为访问集成数据的应用提供统一的数据模式和通用访问接口，向下则协调各数据源系统。中间件模式主要采用统一的全局数据模型来访问异构的数据库、Web 资源等。各数据源的应用程序独立完成自身的任务，中间件系统为异构数据源提供一个高层次的检索服务。中间件模式的数据集成方法是通过在中间层提供统一的数据逻辑视图，隐藏底层的数据细节，使用户能够把集成数据源看作一个整体。

（3）数据仓库模式：数据仓库是面向主题、集成的、与时间相关和不可修改的数据集合，通过将各种应用系统集成在一起，为统一的数据分析提供平台支撑，为信息处理提供支持。数据仓库中数据被归类为广义的、功能上独立、没有重叠的主题。

3. 数据归约

对于大型数据集而言，在进行数据分析前不仅需要进行数据清洗和数据集成，最核心的工作是数据归约。所谓归约，就是在尽可能保持数据原貌的前提下，最大限度地精简数据量。

网络安全态势数据量会随防御目标及时间的不断增加而不断增长，通过数据清洗和数据集成，仅能去除一部分无用或错误数据，但并不能减少后续数据分析和态势预测的时间和工作量，因为数据量仍然很大，利用数据归约的思想和方法可有效减少需要处理的数据量。

数据归约主要有两个途径：属性选择和数据采样，分别针对原始数据集中的属性和记录。数据归约可用来得到海量数据集的归约表示，被归约后的数据集虽然小，但仍可以大致保持原始数据的完整性。

数据归约常用到的方法包括特征归约、样本归约、数值归约和数据压缩。

（1）特征归约

用于分析的数据集可能包含数以百计的特征（或属性），其中大部分特征可能与网络安全态势感知任务不相关。特征归约是从原有的特征中删除不相关、弱相关的特征，或者通过对特征进行重组来减少特征的个数，进而找出最小特征集，使数据类的概率分布尽可能地接近使用所有特征得到的原分布。其原则是在保留甚至提高原有判别能力的基础上，尽可能地降低特征向量的维度。特征归约算法的输入是一组特征，输出是该组特征的一个子集。特征归约一般包括以下 3 个步骤。

步骤 1　搜索。在特征空间中搜索特征子集，每个子集被称为一个状态，由选中的特征所构成。

步骤 2　评估。输入一个状态（子集），通过评估函数或预先设定的阈值输出一个评估值，使评估值达到最优。

步骤 3　分类。使用最终的特征集来完成分类算法。

特征归约的基本方法包括：逐步向前选择，即从空特征集开始，确定特征集中“最好的”特征，将其加入归约集中，不停地进行迭代，将剩下的原特征集中的“最好的”特征添加进来；逐步向后删除，即从整个特征集开始，不断地删除特征集中“最差的”特征，反复迭代；组合式方法，即将逐步向前选择和逐步向后删除的方法结合使用，每次选择一个“最好的”特征，并在剩余特征中删除一个“最差的”特征，依次迭代；决策树归纳，即在每个节点上，算法会选择“最好的”特征，并将数据分类，每个内部节点表示一个特征上的测试，每个分支对应测试的一个结果，每个外部节点表示一个类预测。

特征归约处理的效果体现在：归约后的数据量减少、数据分析处理的精度提高，数据预处理结果简单且特征减少。

（2）样本归约

所谓样本归约，是指从完整的数据集中选出一个有代表性的样本的子集。所选取子集的大小要以计算成本、存储要求、估计量的精度，以及数据特性等作为衡量因素。

数据分析的初始数据集描述了一个极大的总体，而采用样本归约后，对数据的分析只能基于样本的一个子集。初始数据集中最大和最关键的维数就是样本的数目，即数据表中的记录数。当确定数据的样本子集后，就用它来提供整个数据集的一些信息，这个样本子集通常称为“估计量”，它的质量依赖于所选取样本子集中的元素。数据取样的过程中会存在取样误差，这对所有的方法和策略来讲都是不可避免的，当样本子集的规模变大时，取样误差一般会降低。数据集越大，采用样本归约的效果越好。

与采用整个数据集的数据进行分析相比较，样本归约具有以下优点：成本更低、速度更快、范围更广，在有些情况下可以获得更高的精度。因此，样本归约也是较为常见的数据归约方法之一。

（3）数值归约

数值归约是指用可替代的、较小的数据表示形式来替换原数据，目的是减少待分析的数据量。数值归约方法可以是有参的，也可以是无参的。有参方法是使用一个模型来估计数据，只需要存储模型参数，而不需要存储实际数据，如线性回归。

无参的数值归约方法有以下 4 种。

① 直方图：采用分箱近似数据分布，其中 V 最优和 MaxDiff 直方图是较精确实用的。

② 聚类：将数据元组视为对象，将对象划分为群或聚类，使在一个聚类中的对象“类似”而与其他聚类中的对象“不类似”，在分析时使用数据的聚类代替实际数据。

③ 抽样：与样本归约有一定交叉，用数据的较小随机样本表示大的数据集，如简单选择 n 个样本（类似样本归约）、聚类选样和分层选样等。

④ 数据立方体聚集：数据立方体存储多维聚集信息，每个单元存储一个聚集值，对应多维空间的一个数据点，在最低抽象层创建的被称为基本立方体，在最高抽象层创建的被称为顶点立方体。

数值归约是数据离散化分析处理技术的一种，它将具有连续型特征的值离散化，使之成为少量的区间，每个区间映射到一个离散符号，这种技术的好处在于简化了数据描述，并易于理解数据和最终分析结果。

（4）数据压缩

数据压缩是指通过采用一定的变换方法和技术，对原始数据进行归约或“压缩”表示。如果能够通过对“压缩”后的数据进行重构，还原出原始数据，且在这个过程中不损失信息，那么可以说这种数据压缩是无损的。如果只能近似地重构并还原原始数据，那么即为有损的。通常，特征归约和数值归约也可以视为某种形式的数据压缩。

3.4 态势数据格式转换与统一

当态势数据经过预处理阶段，已初步形成具有一定“质量”的数据。这里的质量可理解为形成更具有价值的数据。然而，从态势分析和数据存储的角度来看，具有价值并非带来分析和存储的便利。通常经过预处理的态势数据，还需要经过态势数据格式转换与统一阶段，以提供更为有效的分析和存储数据的形式。

3.4.1 数据格式转换

数据格式转换是指将数据从一种表示形式变为另一种表现形式的过程。数据转换能为网络安全态势感知提供更有效的数据形式。

1. 数据格式转换策略

常见的数据格式转换策略有以下几种。

（1）光滑：去掉数据中的噪声。与数据清洗功能类似。

（2）属性（特征）构造：由给定的属性构造新的属性并添加到属性集中，以辅助后续分析。

（3）聚合：对数据进行汇总和集中，可以为多个抽象层的数据分析构造数据立方体。

（4）标准化：把属性数据按比例缩放，使之落入一个特定的小区间。

（5）离散化：将数值属性的原始值用区间标签或概念标签替换，这些标签可以递归地组织成更高层概念，导致数值属性的概念分层，对于同一个属性可以定义多个概念分层。

2. 数据格式转换处理内容

根据上述策略，数据格式转换通常包含以下处理内容。

（1）平滑处理：该过程可以帮助去除数据中的噪声，主要方法有聚类、分箱和回归等。

（2）合计处理：对数据进行总结或合计操作，常用于构造数据立方体或对数据进行多粒度分析。

（3）泛化处理：用更抽象或更高层次的概念来取代低层次或数据层的数据对象。

（4）标准化处理：将有关属性数据的比例投射到特定的小范围中。

3. 数据格式转换基本方法

数据格式转换基本方法包括分箱、直方图分析、聚类、决策树和标准化方法。

（1）分箱

分箱是一种基于指定箱个数的自顶向下的分裂技术。例如，通过使用等宽或等频分箱，然后用箱均值或中位数替换箱中的每个值，可以将属性值离散化，就像用箱的均值或箱的中位数“光滑”一样。该方法可以递归地作用于结果划分，产生概念分层。

（2）直方图分析

直方图由一系列高度不等的纵向条纹或线段表示数据分布的情况，可以使用各种划分规则来定义直方图。一般来说，等频直方图是较理想的情况，数据值被划分为多个分区，每个分区包括相同个数的数据元组。直方图分析可以递归地用于每个分区，自动地产生多级概念分层，直到达到预先设定的概念层数为止，也可以对每一层使用最小区间长度来控制递归过程，最小区间长度设定每层每个分区的最小宽度，或每层每个分区中数据值的最小数目。

（3）聚类

聚类即将一个属性的值划分成簇，每个簇中对象的值相似，但与其他簇中对象的值不相似，由聚类分析产生的簇的集合为一个聚类。聚类可以用来产生一个属性的概念分层，其中每个簇形成概念分层的一个节点。在相同的数据集上，不同的聚类方法可能产生不同的结果，聚类的策略有自顶向下的划分策略和自底向上的合并策略，在自顶向下的划分策略中，每个初始簇或分区可以进一步分解成若干子簇，形成较低的概念层；在自底向上的合并策略中，通过反复地对邻近簇进行分组，形成较高的概念层。

（4）决策树

决策树是一种树形结构，也称分类树，其中每个内部节点表示一个属性上的测试，每个分支代表一个测试输出，每个外部节点代表一种类别。决策树是一种常用的分类方法，一般采用自顶向下的划分策略，它也是一种监督学习方法。决策树的主要思想是选择划分点（熵常用于确定划分点），使一个给定的结果分区包含尽可能多的同类元组，选择某个属性值的最小熵为划分点并递归地划分结果区间，得到该属性的概念分层。

（5）标准化

汇聚的态势数据中，可能存在同属性态势数据所采用的度量单位不同的情况，不同的度量单位会产生不同的结果，为了避免度量单位不同，采用一定的标准化（或规范化）手段，对度量单位进行数据形式转换，使之落入较小的共同区间。一般在没有标准化的情况下，用较小的单位表示属性会导致该属性具有较大值域，这样的属性常被赋予较高的“权重”，而标准化方法则会尽量赋予所有属性相等量级的权重。常用的数据标准化方法包括最小—最大规范化、Z 分数（Z score）规范化和小数定标规范化。

3.4.2 数据格式统一

在态势数据汇聚、缓存、流转等操作过程中，态势数据实时地从一个服务器流转到另一个服务器，或者从一个网络节点传入另一个网络节点，或者在不同程序之间的流转，按用户需求进行的集中存储或集中分析处理。在态势数据的传递过程中不可避免地会涉及不同工具、不同系统或不同中间件之间的交互和对接。如果双方对态势数据解析得不一致而造成数据传递中出现偏差，显然会对其后的态势分析造成影响。因此，在多个不同对象进行态势数据交互时，通常会采用统一的数据交换格式，以满足对态势数据的一致性理解、高效数据交互的需求。现阶段，通常采用 JSON 和 XML 两种数据封装格式实现态势数据交互。

1. JSON 态势数据封装

JSON[5]是一种轻量级的数据交换格式。不仅易于用户阅读和编写，也方便计算机进行解析和生成。JSON 采用完全独立于编程语言的文本格式来存储和表示数据，其简洁和清晰的层次结构，以及轻量级的数据封装特性，使其成为理想的数据交换语言，尤其在网络数据传输方面，能够实现数据与特定程序的解耦，在极大地提升数据处理灵活性的同时，有效地提升了网络传输效率。

（1）JSON 的基本结构

JSON 的两种基本结构如下。

结构 1：“名称/值”对的集合。在不同的编程语言中，它被理解为对象（object）、记录（record）、结构（struct）、字典（dictionary）、哈希表（hash table）、有键列表（keyed list），或者关联数组（associative array）。

结构 2：值的有序列表。在大部分编程语言中，它被理解为数组（array）。

（2）JSON 的数据结构

JSON 的数据结构源于 JavaScript 且遵守 ECMAScript，包含对象和数组两种结构，基于这两种结构可以建立各种复杂的结构。

对象在 JavaScript 中表示为“{}”中的内容，数据结构为{"key": "value", "key": "value",…}的键值对结构，在面向对象的语言中，key 为对象的属性，value 为对应的属性值。

例如：

```
{
    "Assets name": "存储服务器",
    "Asset Attributes": [
                        Object{"Assets IP": "192.168.101.13"},
                        Object{...}
                        ]
```

```
}
```

数组在 JavaScript 中是“[]”中的内容，取值方式和其他语言一样，使用索引获取，字段值的类型可以是数字、字符串、数组、对象等。

例如：

```
{
    "Assets name": "存储服务器",
    "province": Array[4]
}
```

以上 JSON 数组展开后为：

```
{
    "Assets name": "存储服务器",
    "province": [
        Object{...},
        Object{...},
        Object{...},
        Object{...}
    ]
}
```

（3）JSON 的基本用法

JSON 可以将 JavaScript 对象中表示的一组数据转换为字符串，然后就可以在函数之间轻松地传递这个字符串，或者在异步应用程序中将字符串从 Web 客户端传递给服务端。

① 以名称/值对表示

按照最简单的形式，用 JSON 表示名称/值对，例如：

```
{ "Assets name": "IPS-XXX" }
```

当将多个名称/值对串在一起时，用 JSON 可表示为多个包含名称/值对的记录。例如：

```
{ "Assets name": "IPS-XXX", "Assets IP": "192.168.101.13", "Assets ID": "IPS6309E" }
```

可以看到，JSON 接近人类语言表达，可读性较好。

② 以数组表示

当需要表示一组值时，JSON 不但能够提高可读性，而且可以降低复杂性。例如，表示一个网络资产列表。在 XML 中，需要许多开始标记和结束标记，如果使用 JSON，只需要将多个带花括号的记录分组在一起，例如：

```
{ "Asset group": [
{ "Assets name": "IPS-XXX", "Assets IP": "192.168.101.13", "Assets ID": "IPS6309E"},
{ "Assets name": "IPS-XXX", "Assets IP": "192.168.102.13", "Assets
```

```
ID": "IPS6315E"},
    { "Assets name": "IPS-XXX", "Assets IP": "192.168.103.13", "Assets
ID": "IPS6515E" }
    ]}
```

该示例中，只有一个名为 Asset group 的变量，值是包含 3 个条目的数组，每个条目是一个资产的记录，其中包含资产名称、资产 IP 和资产 ID。

在处理 JSON 格式的数据时，没有需要遵守的预定义约束。所以，在同样的数据结构中，可以改变表示数据的方式，甚至可以以不同方式表示同一事物。

（4）JSON 格式应用

以 JavaScript 为应用场景，接下来讨论 JSON 的使用。

由于 JSON 是 JavaScript 原生格式，这意味着在 JavaScript 中处理 JSON 数据不需要任何特殊的 API 或工具包。

应用方式 1：将 JSON 数据赋值给变量。

例如，可以创建一个新的 JavaScript 变量，然后将 JSON 格式的数据字符串直接赋值给它。

```
    var security_device = { "Asset group1": [
    { "Assets name": "IPS-XXX", "Assets IP": "192.168.101.13", "Assets
ID": "IPS6309E"},
    { "Assets name": "IPS-XXX", "Assets IP": "192.168.102.13", "Assets
ID": "IPS6315E"},
    { "Assets name": "IPS-XXX", "Assets IP": "192.168.103.13", "Assets
ID": "IPS6515E" }
    ],
    "Asset group2": [
    { "Assets name": "Firewall-XXX", "Assets IP": "192.168.101.254",
"Assets ID": "TG-583HGYX"},
    { "Assets name": "Firewall-XXX", "Assets IP": "192.168.102.254",
"Assets ID": "TG-543HGYX"},
    { "Assets name": "Firewall-XXX", "Assets IP": "192.168.103.254",
"Assets ID": "TU-342HGYX" }
    ],
    "Asset group3": [
    { "Assets name": "WAF-XXX", "Assets IP": "192.168.101.200", "Assets
ID": "WAF-5110"},
    { "Assets name": "WAF-XXX", "Assets IP": "192.168.102.200",
"Assets ID": "WAF-5260" },
    { "Assets name": "WAF-XXX", "Assets IP": "192.168.103.200",
"Assets ID": "WAF-5510" }
    ] }
```

应用方式 2：访问数据。

将数组放进 JavaScript 变量之后，通过点号表示法来表示数组元素就可以轻松地访问数据。例如，要想访问 Asset group1 列表的第一个条目的第一个变量的值，只需要在 JavaScript 中使用下面这样的代码：

```
security_device. Asset group1 [0]. Assets name;
```

注意，数组索引是从零开始的。所以，这行代码首先访问 security_device 变量中的数据；然后移动到名称为 Asset group1 的条目，再移动到第一个记录（[0]）；最后，访问 Assets name 的键值。其结果是“IPS-XXX”。

应用方式 3：修改 JSON 数据。

正如可以用“.”和“[ ]”访问数据，也可以按照同样的方式修改数据，例如：

```
Asset group1 [1]. Assets IP = "192.168.102.16";
```

在将字符串转换为 JavaScript 对象之后，就可以像这样修改变量中的数据。

应用方式 4：转换成字符串。

将对象转换回文本格式，在 JavaScript 中转换方式如下：

```
String newJSONtext = security_device.toJSONString();
```

如果使用 JSON，只需要调用一个简单的函数，就可以获得经过格式化的数据，可以直接使用。其他数据格式，需要在原始数据和格式化数据之间进行转换。因此，在面对大量 JavaScript 对象需要处理时，采用 JSON 进行格式化可以轻松地将数据转换为可以在请求中发送给服务器端程序的格式。

2. XML 态势数据封装

XML[6]是一种标记电子文件并使其具有结构性的标记语言，可以用来标记数据、定义数据类型，允许用户对自己的标记语言进行定义。XML 使用文档类型定义（Document Type Definition，DTD）来组织数据，由于其具有格式统一、跨平台和编程语言的特点，已成为业界公认的标准。

XML 提供统一的方法来描述和交换独立于应用程序或供应商的结构化数据。

（1）XML 文件结构

一个 XML 文件通常包含文件头和文件体两部分。

① 文件头

XML 文件头由 XML 声明与 DTD 声明组成。其中，DTD 声明默认可缺省，而 XML 声明则必须明确，以使文件符合 XML 的标准规格。

通常，XML 文件中的第一行代码即为 XML 声明，例如：

```
<?xml version="1.0" encoding="gb2312"?>
```

- “<?”代表一条指令的开始，“?>”代表一条指令的结束；
- “xml”代表此文件是 XML 文件；

- “version="1.0"”代表此文件用的是 XML1.0 标准；
- “encoding="gb2312"”代表此文件所用的字符集，默认值为 Unicode，如果该文件中要用到中文，就必须将此值设定为 gb2312。

需要注意的是，XML 声明必须置于文件的第一行。

② 文件体

文件体中包含的是 XML 文件的内容，XML 元素是 XML 文件内容的基本单元。从语法角度讲，一个元素包含一个开始标记、一个结束标记以及标记之间的数据内容。

XML 元素与 HTML 元素的格式基本相同，具体如下：

```
<标记名称 属性名 1="属性值 1" ……>内容</标记名称>
```

所有的数据内容都必须在某个标记的开始和结束标记内，而每个标记又必须包含在另一个标记的开始与结束标记内，形成嵌套式的分布，只有最外层的标记不必被其他的标记所包含。最外层的是根元素，也称文件元素，所有的元素都包含在根元素内。需要注意的是，根元素只能有一个，子元素可以有多个。

（2）XML 基本语法

① 注释

XML 的注释与 HTML 的注释相同，以“<!--”开始，以“-->”结束。

② 区分大小写

在 HTML 中是不区分大小写的，而 XML 区分大小写，包括标记、属性、指令等。

③ 标记

XML 标记与 HTML 标记相同，“<”表示一个标记的开始，“>”表示一个标记的结束。XML 中只要有开始标记，就必须有结束标记，而且在使用嵌套结构时，标记之间不能交叉。

在 XML 中不含任何内容的标记叫作空标记，格式为：<标记名称/>。

④ 属性

XML 属性的使用与 HTML 属性基本相同，但需要注意的是，属性值要加双引号。

⑤ 实体引用

实体引用是指分析文件时会被字符数据取代的元素，实体引用用于 XML 文件中的特殊字符，否则这些字符会被解释为元素的组成部分。例如，如果要显示“<”，需要使用实体引用“<”否则会被解释为一个标记的开始。

XML 中有 5 个预定义的实体引用，如表 3-2 所示。

表 3-2　XML 预定义的实体引用

实体引用	字符
<	<
>	>
"	"
'	'
&	&

⑥ CDATA

在 XML 中有一个特殊的标记 CDATA，在 CDATA 中所有文本都不会被 XML 处理器解释，直接显示在浏览器中，使用方法如下：

```
<![CDATA[
这里的内容可以直接显示。
]]>
```

⑦ 处理指令

处理指令用来给处理 XML 文件的应用程序提供信息，处理指令的格式如下：

```
<?处理指令名称  处理指令信息?>
```

例如，XML 声明就是一条处理指令：

```
<?xml version="1.0" encoding="gb2312"?>
```

其中，“xml”是处理指令名称，version="1.0" encoding="gb2312"是处理指令信息。

3. XML 典型应用

（1）构建 XML

如前所述，XML 文件由内容和标记组成，可通过以标记包围内容的方式将大部分内容包含在元素中。例如，以 XML 格式创建一个威胁情报文件。为了标记威胁情报名称，用户需要将文本包含到元素中，即分别在文本的首末端添加开始和结束标记。将元素命名为 ti name，要标记元素的开始，需要将元素名放到“<>”中，即<ti name>。然后输入文本 apt threat。在文本的后面输入结束标记，即将元素名放在“<>”中，然后在元素名前面加上一个终止符号“/”。这些标记构成一个元素，用户可以在元素的内部添加内容或其他元素。

（2）创建 XML 文件

XML 文件的第一行是 XML 声明。这是文件的可选部分，它将文件识别为 XML 文件，可以将这个声明简单地写成 <?xml?>，或包含 XML 版本（<?xml version="1.0"?>），甚至包含字符编码，如针对 Unicode 的<?xml version="1.0" encoding="utf-8"?>。因为这个声明必须出现在文件的开头，所以如果打算将多个小的 XML 文件合并为一个大 XML 文件，则可以忽略这个可选信息。

① 创建根元素

根元素的开始和结束标记用于包围 XML 文件的内容。一个文件只能有一个根元素，并且需要使用“包装器”包含它。如示例 1 所示，其中的根元素名为<source_adr>。

示例 1：根元素。

```
<?xml version="1.0" encoding="UTF-8"?>
<source_adr>
</source_adr>
```

在构建文件时，内容和其他标记必须放在< source_adr >和</source_adr >之间。

② 命名元素

创建 XML 文件时，要确保开始和结束标记的大小写是一致的。如果大小写不一致，在使用或查看 XML 文件时将出现错误。例如，浏览器不能显示文件的内容。

在 XML 文件中，首先要为元素选择名称，然后再根据这些名称定义相应的 DTD 或 Schema。创建名称时可以使用英文字母、数字和特殊字符，如“_”。命名时需要注意以下几点。

- 元素名中不能出现空格；
- 名称只能以英文字母开始，不能是数字或符号。在第一个字母之后就可以使用字母、数字或规定的符号，或它们的混合；
- 对大小写没有限制，但前后要保持一致，以免造成混乱。

③ 嵌套元素

嵌套即把某个元素放到其他元素的内部。这些新的元素称为子元素，包含它们的元素称为父元素。如示例 2 所示，< source_adr >根元素中嵌套有<source_ip>和<source_port>元素。一个常见的语法错误是父元素和子元素嵌套错误。任何子元素都要完全包含在其父元素的开始和结束标记内部。每个同胞元素必须在下一个同胞元素开始之前结束。

示例 2：更多元素。

```
<?xml version="1.0" encoding="UTF-8"?>
<source_adr>
<source_ip>192.168.101.100</source_ip>
<source_port>8080</source_port>
</source_adr>
```

④ 添加属性

有时候要为元素添加属性，如示例 3 所示，属性由一个名称/值对构成，值包含在双引号（" "）中，如 type="jump server"。属性是在使用元素时存储额外信息的一种方式。在同一个文件中，可以根据需要对每个元素的不同实例采用不同的属性值。

用户可以在元素的开始标记内部输入一个或多个属性，如果要添加多个属性，各个属性之间使用空格分开。

示例 3：带有元素和属性的 XML 文件。

```
<?xml version="1.0" encoding="UTF-8"?>
<source_adr type="jump server">
<source_ip>192.168.101.100</source_ip>
<source_port>8080</source_port>
</source_adr>
```

用户可以根据需要使用任意数量的属性。考虑需要添加到文件的细节，如果要对文件分类，属性尤其有用。属性名可以包含在元素名中使用的字符，规则也是类似的，即字符之间不能带有空格，名称只能以字母开始。

4. JSON 与 XML 比较

（1）可读性：JSON 和 XML 的数据可读性基本相同，JSON 简单明了，XML 语法规范性强。

（2）可扩展性：XML 和 JSON 都具有较好的可扩展性。

（3）编码难度：XML 有丰富的编码工具，比如 Dom4j、JDOM 等，JSON 也有丰富的编码工具，但是 JSON 的编码比 XML 容易许多，即使不借助工具也能写出 JSON 的代码，XML 需要借助工具才能进行编码。

（4）解码难度：XML 的解析须考虑子节点、父节点，层次较多，比 JSON 的解析难度大。

（5）解析手段：JSON 和 XML 同样拥有丰富的解析手段。

（6）数据体积：JSON 相对于 XML 来讲，数据的体积小，传递的速度更快。

（7）数据交互：JSON 的交互更加方便，更容易解析处理，能够更好地进行数据交互。

（8）数据描述：JSON 对数据的描述性比 XML 差。

（9）传输速度：JSON 的传输速度要远远快于 XML。

通过上述比较可以看到，采用 JSON 作为态势数据格式化封装的结构化表示格式，其传输效率、可读性等方面均优于采用 XML 封装。

3.5 态势数据融合

3.5.1 数据融合与态势感知

数据融合与整个态势感知过程的关系都极为密切，不仅在态势提取阶段，在态势理解和预测阶段也会用到大量的数据融合算法，甚至前面介绍的有些预处理方法也与数据融合方法有交叉，因为数据融合不仅是一种数据处理方法，还是一门学科。

20 世纪 70 年代，军事领域中出现了“多源数据融合”的概念，多源数据融合就是模仿人和动物处理信息的认知过程。人和动物首先通过眼睛、耳朵和鼻子等多种感官对客观事物实施多种类、多方位的感知，获得大量互补和冗余的信息，然后由大脑对这些感知信息依据某种未知的规则进行组合和处理，从而得到对客观对象统一与和谐的理解和认识。人们希望用机器来模仿这种由感知到认知的过程，于是产生了新的边缘学科——数据融合。数据融合也称信息融合，是指对多源数据进行多级别、多层次、多方面的集成、关联、处理和综合，以获得更高精度、概率或置信度的信息，并据此完成需要的估计和决策的信息处理过程。

数据融合技术起源于军事领域，也在军事领域中被广泛应用，其应用范围如下。

（1）组建分布式传感器网络进行监视，如雷达网络监视空中目标、声呐网络监视潜艇。

（2）使用多传感器对火力控制系统进行跟踪指挥。

（3）在指挥控制系统中进行应用，进行态势和威胁估计。

（4）侦察和预警。

在民用方面，数据融合技术被成功应用于工业监控、智能交通、经济金融等诸多领域。

态势感知的概念源于空中交通监管，态势感知过程以态势数据的融合处理为中心，态势感知模型的建立大多以数据融合模型为基础，态势感知过程的数据处理流程也与数据融合模型的处理流程非常相似。Bass[7]提出“网络空间态势感知”的概念，并设计了基于多传感器数据融合的入侵检测框架，将数据融合领域中的 JDL 模型应用到网络安全态势感知领域。由此可见，网络空间态势感知从诞生之初就与数据融合技术密不可分。数据融合技术是态势感知技术的基础，态势感知需要结合网络中各种设备的多样化信息得到一个综合结果，对数据的处理和融合是态势感知过程的中心。网络环境中的各种设备信息、安全告警信息及网络流量信息等构成了网络中的多源异构数据，态势感知的目的是对这些数据进行融合处理并得到网络安全的总体态势。数据融合技术能有效融合所获得的多源数据，充分利用其冗余性和互补性，在多个数据源之间取长补短，从而为感知过程提供保障，以便更准确地生成网络空间态势信息。

3.5.2 数据融合模型

20 世纪 90 年代初，美国国防部资助大量实现信息融合系统的项目，如美国陆军的全源分析系统（ASAS）、指挥、控制、通信、计算机、情报、监视、侦察（C4ISR）系统等。美国国防部 JDL 从军事应用的角度将信息融合定义为这样一个过程：把许多来自传感器和信息源的数据和信息加以互联、相关和组合，以获得精确的位置估计和身份估计，以及对战场情况和威胁及其重要程度进行适当的完整评价。目前，信息融合通常定义为一种多层次、多方面的处理过程，这个过程是对多源数据进行检测、互联、相关、估计和组合以达到精确的状态估计和身份识别，以及完整的态势评估和威胁评估[8]。

此定义有 3 个核心内容：信息融合是多信息源、多层次的处理过程，每个层次代表信息的不同抽象程度；信息融合过程包括检测、互联、相关、估计与组合；信息融合的输出包括低层次的状态估计与身份识别，以及高层次的态势评估和威胁评估。

如图 3-10 所示，JDL 模型中定义的 6 个级别概括如下。

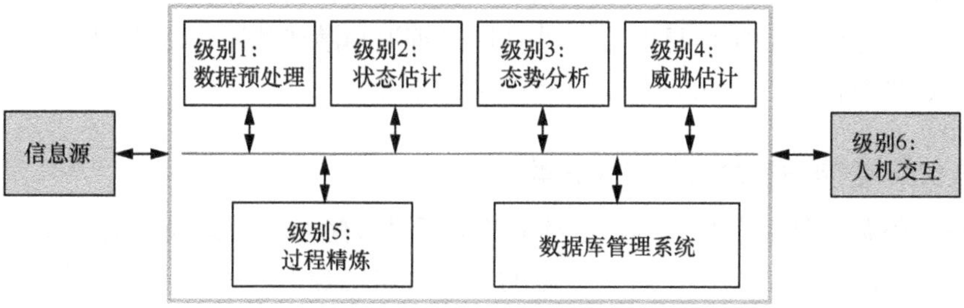

图 3-10　JDL 模型

级别 1：数据预处理。

处理来自传感器的数据，主要包括图像处理、信号处理、坐标变换（将来自原点或传感器所在平台的数据变换到一个中心坐标系）、滤波、数据的时间或空间对准以及其他变换。

级别 2：状态估计。

将多源数据加以组合，以获得对对象的位置、特征和身份最可靠的估计。

级别 3：态势分析。

利用状态估计结果，对目标的态势进行分析，以发展其含义的上下文解释，包括理解实体与环境的关系、不同实体间的关系以及它们是如何相关联的。例如，某种环境下的车辆运动可能取决于道路、路况、地形、天气以及其他车辆等诸多因素。相比于独自一人行动，人群中个体的行为可能有更多不同的解释。用于态势分析的技术包括人工智能、自动推理、复杂的模式识别、基于规则的推理以及其他方法。

级别 4：威胁估计。

将当前的态势投射到未来以确定潜在的影响或者与当前态势相关联的威胁后果。威胁估计所用到的技术与态势分析类似。

级别 5：过程精炼。

改进融合过程，使其更精确、更及时和更明确。通过重定向传感器或信息源、改变融合算法的控制参数或选择最适合当前态势和可用数据的算法或技术可完成此项任务，主要包括传感器建模、网络通信建模、计算性能和优化资源利用。

级别 6：人机交互。

优化数据融合系统与用户（人）的交互作用，理解用户的需求并做出响应，使融合系统适当地关注对用户重要的事情，如先进的显示、搜索引擎、咨询工具、认知援助、协作工具等。

以上划分的级别是数据融合功能的人工划分，级别间有所重叠。在真实系统中，融合并不是按级别 1～级别 6 的顺序进行的，而是交叉进行的。例如，级别 2 处理时，目标的运动学信息能够提供对目标辨识和潜在威胁（级别 4）的观察。这里，这种数据融合功能的人工划分有利于讨论。

3.5.3 态势数据融合的层次分类

在态势数据处理分析过程中，对态势数据进行融合是必须经过的阶段。然而，直接套用 JDL 模型，显然不符合实际的态势数据融合需求。态势数据融合作为一种多级别、多层次的数据处理手段，作用对象主要是来自多个传感器或多个数据源的数据，经过数据融合所做的操作，使通过数据分析得到的结论更加准确与可靠。按照信息抽象程度可以把态势数据融合分为 3 个层次，从低到高依次为数据级融合、特征级融合和决策级融合。

1. 数据级融合

最底层为数据级融合，也称信号级融合。对未经处理的各个数据源的原始数据进行综合分析处理，进行的操作只包括对数据的格式进行变换、对数据进行合并等，最大程度地保留了原始信息。这种方式可以处理大量的信息，但是操作需要的时间较长，不具备良好的实时性。

2. 特征级融合

中间一层为特征级融合。在对原始数据进行预处理以后，对数据对象的特征进行提取，之后再进行综合处理。通过对数据的特征提取，在获得数据中重要信息的同时，还可以去掉一些不需要关注的信息，这样就实现了信息的压缩，减小了数据的规模，满足了实时处理的要求。

3. 决策级融合

最高层是决策级融合。在决策级融合之前，已经完成了对数据源的决策或分类。决策级融合根据一定的规则和决策的可信度做出最优决策，因此具有良好的实时性和容错性。

在当前复杂的网络环境中存在着多种多样的安全设备，这些安全设备从不同的角度对网络上不同的内容进行监控，所提供的安全事件信息的格式也各不相同。将处于不同位置、所提供的信息格式也不相同的网络安全设备看作网络安全状态信息采集传感器，那么采用数据融合技术对各种网络安全事件信息进行预处理操作，在此基础上进行归类、态势融合计算等操作，就可以实现对网络运行状况以及面临的威胁情况等的实时评估。在对多传感器产生的原始安全事件信息进行压缩和特征提取等底层数据融合操作后，其输出结果就可以为高层次的态势评估提供依据。数据融合以及相关的算法广泛应用于网络安全管理和安全态势分析与评估。

3.5.4　数据融合相关方法

数据融合继承自许多传统学科并且运用了许多新技术，是一种对数据进行综合处理的技术。按照不同的分类方法，可以将数据融合方法分为直接操作数据源（如加权平均、神经网络）、利用对象的统计特性和概率模型进行操作（如卡尔曼滤波、贝叶斯估计、统计决策理论）和基于规则推理（如模糊推理、证据推理、产生式规则等）的方法；也可以将数据融合方法分为经典方法和现代方法。其中经典方法主要包括基于模型和基于概率的方法，如加权平均法、卡尔曼滤波法、贝叶斯推理、Dempster-Shafer 证据理论（简称 D-S 证据理论）等。现代方法主要包括逻辑推理和人工智能方法，如聚类分析法、粗糙集、模板法、模糊理论、人工神经网络、专家系统等。

1. 经典方法

加权平均法是最简单、直观的数据融合方法，将不同传感器提供的数据赋予不同的权重，加权平均生成融合结果。其优点是直接对原始传感器的数据进行融合，能实时处理传感器数据，适用于动态环境；缺点是权重系数带有一定的主观性，不易设定和调整。

卡尔曼滤波法常用于实时融合动态底层冗余传感器数据，用统计特征递推得到统计意义下的最优融合估计。其优点是递推特性保证系统处理不需要大量的数据存储和计算，可实现实时处理；缺点是对出错数据非常敏感，需要有关测量误差的统计知识作为支撑。

贝叶斯推理基于贝叶斯推理法则，在设定先验概率的条件下利用贝叶斯推理法则计算出后验概率，基于后验概率做出决策。贝叶斯推理在许多智能任务中都能作为对不确定推理标准化的有效方法，其优点是简洁、易于处理相关事件；缺点是难以区分不确定事件，在实际应用中定义先验似然函数较为困难，当假定与实际矛盾时，推理结果很差，在处理多假设和多条件问题时相当复杂。

D-S 证据理论的特点是允许对各种等级的准确程度进行描述，并且直接允许描述未知事物的不确定性。在 D-S 证据理论中使用了一个比概率论更弱的信任函数，信任函数的作用就是准确地把不知道和不确定之间的差异区分开来。其优点是不需要先验信息，通过引入置信区间、信任函数等概念对不确定信息采用区间估计的方法描述，解决了不确定性的表示方法；缺点在于其计算复杂度是一个指数爆炸问题，并且组合规则对证据独立性的要求使其在解决证据本身冲突的问题时可能出错。

2. 现代方法

聚类分析法是一种启发式算法，通过关联度或相似性函数来提供表示特征向量之间相似或不相似程度的值，据此将多维数据分类，使同类样本关联性最大，不同类之间样本关联性最小。其优点是在标识类应用中模式数目不是很精确的情况下效果很好，可以发现数据分布的一些隐含的有用信息；缺点在于其本身的启发性导致算法具有潜在的倾向性，聚类算法、相似性参数、数据的排列方式甚至数据的输入顺序等都会对结果有影响。

粗糙集的主要思想是在保证分类能力不变的前提下，通过对知识的约简导出概念的分类规则，是一种处理模糊性和不确定性的数学方法。利用粗糙集方法分析决策表可以评价特定属性的重要性，建立属性集的约简以及从决策表中去除冗余属性，从约简的决策表中产生分类规则并利用得到的结果进行决策。

模板法应用“匹配”的概念，通过预先建立的边界来进行身份分类。首先把多维特征空间分解为不同区域来表示不同身份类别，通过特征提取建立一个特征向量，对比多传感器观测数据与特征向量在特征空间中的位置关系来确定身份。模板法的输入是传感器的观测数据，输出的是身份，其缺点是建立边界时会互相覆盖从而使身份识别产生模糊性，同时特征的选择和分布也会对结果有很大的影响。

模糊理论基于分类的局部理论，建立在一组可变的模糊规则之上。模糊理论以隶属函数来表达规则的模糊概念和词语的意思，从而在数字表达和符号表达之间建立一个交互接口。模糊理论适用于处理非精确问题，以及信息或决策冲突问题的融合。由于不同类型的传感器识别能力不同，模糊理论中考虑了信源的重要程度，更能反映客观实际，提高融合系统的实用性。

人工神经网络是模拟人脑结构和智能特点及人脑信息处理机制构造的模型，是对自然界某种算法或函数的逼近，也可能是对一种逻辑策略的表达。人工神经网络在数据融合方面应用广泛，如前向多层神经网络及其逆推学习算法等。神经网络处理数据的容错性较好，具有大规模并行模拟处理能力，具有很强的自学习、自适应能力，在某些方面可以替代复杂耗时的传统算法。

专家系统也称基于知识的系统，是具备智能特点的计算机程序，该系统具备解决特定问题所需专门领域的知识，是在特定领域内通过模仿人类专家的思维活动以及推理与判断来求解复杂问题。其核心是知识库和推理机，知识库用来存储专家提供的知识，系统基于知识库中的知识模拟专家的思维方式来求解问题。推理机包含一般问题求解过程所用的推理方法和控制策略，由具体的程序实现。推理机如同专家解决问题的思维方式，知识库通过推理机来实现其价值。专家系统可用于决策级数据融合，适合完成那些没有公认理论和方法、数据不精确或不完整的数据融合。

不同数据融合方法比较如表 3-3 所示。

表 3-3 不同数据融合方法比较

对比项	方法	优点	缺点	应用范围
经典方法	加权平均法	能实时处理动态传感器数据，适合于动态环境	权重系数带有一定主观性，且不易设定和调整	图像融合、航迹关联、监测监控、多个传感器对同一个参数的测量等
	卡尔曼滤波法	适用于线性系统，递推特性使系统不需要大量的数据存储和计算，可以实时处理	只能处理线性问题，需要关于测量误差的统计知识，对出错数据很敏感	动态低层次冗余多传感器数据的实时融合、目标识别、多目标跟踪、惯性导航等
	贝叶斯推理	计算量小、简洁，可充分利用各种信息、结果可靠	难以区分不知道与不确定信息、难以定义先验概率和似然函数、当存在多假设和多条件相关事件时，计算复杂度迅速增加	态势评估、人脸识别、故障诊断、目标识别、压力检测等测量结果具有正态分布特性的测量系统
	D-S 证据理论	容错能力强，能区分不确定和不知道信息，先验信息难以获得时该方法更有效	组合规则的计算复杂度是一个指数爆炸的问题；组合规则要求证据的独立性，难以解决证据本身冲突问题	目标识别、故障诊断、医疗诊断等
现代方法	聚类分析法	可以发掘出数据中隐含的、深入的有用信息，在模式数目不是很精确的情况下较为有效	算法具有潜在的倾向性，相似性参数、聚类算法、数据的排列方式以及输入顺序等都对结果有影响，适用条件苛刻	多传感器多目标测量控制、目标识别、航迹关联等
	粗糙集	学习能力强，具有发现隐含知识、揭示潜在规律并转化为逻辑规则的优势；知识的表达、学习和分析纳入统一的框架中，无须提供所需处理数据集合之外的任何先验知识，客观、科学	决策表较难确定和属性约简算法较难构建；计算量大，在动态环境中可能无法满足要求	目标识别、数据挖掘、故障诊断、不完整数据分类、基因表达数据分析等
	模板法	在非动态环境中效果好	计算量大，不适用于动态环境；身份识别容易产生模糊性，特征的选择和分布也会对结果有很大影响	目标识别、字符识别、产品质量检验、语音识别等

续表

对比项	方法	优点	缺点	应用范围
现代方法	模糊理论	实现主观与客观间的信息融合，可解决信息或决策冲突问题	运算复杂，缺乏自学习和自适应能力；难以构造、生成和调整有效隶属函数和指示函数	目标识别、图像分类、身份确认、故障诊断等
	人工神经网络	自适应强、有层次性、容错性好，具有大规模并行处理能力、自学习能力，能有效利用系统自身信息，映射任意函数关系	计算量大，寻找全局最优解困难；知识表达困难、学习速度慢，不适合表达基于规则的知识	图像处理、语音信号处理、目标识别等
	专家系统	采用解释特性、分类保存专业知识、具有间接训练功能，可实现高水平推理	设计开发困难、实时性较差，目标特别复杂时可能会失效	态势估计、威胁估计等

此外，关联分析法也适用于网络安全态势数据的融合。一是依据数据族的属性相似度进行关联，如依据数据族指向的目标相同、端口相同或目标地址相同等建立关联关系。二是依据时间顺序进行关联，如依据同一 IP 地址网络流量、操作日志、应用审计、监测报警等具有时序特征的数据建立关联关系。三是 IP 地址交互关联，如依据 IP 通信、数据流向、请求与应答等存在交互行为的数据建立关联关系。通过上述数据关联，可将原始数据进行重新组织，以梳理出数据的流向、脉络、层次等关系，形成数据关系图谱。

3.6 态势数据存储

如何对采集处理后的海量态势数据进行存储和管理，是态势感知体系必须要解决的问题。由于采集的态势数据来源广泛、类型各异，且数据量不断增加，对数据存储的高效性、可靠性、稳定性等提出更高的要求。同时，考虑存储数据面向态势评估、态势预测、态势可视化方面的需求，采用分布式的存储方式，能够更好地进行态势感知分析、评估以及可视化。

3.6.1 分布式文件系统

分布式文件系统是一种通过网络实现文件在多台主机上分布式存储的系统，一般采用客户端/服务器模式，客户端以特定的通信协议通过网络与服务器建立连接，提出文件访问请求，客户端和服务器可以通过设置访问权来限制请求方对底层数据存储块的访问。目前，应用较为广泛的分布式文件系统主要包括 Google 文件系统（GFS）和 Hadoop 分布式文件系统（HDFS），后者是模仿 GFS 开发的开源系统，整体架构与 GFS 大致相同，在多个应用场景中被广泛使用。

1. HDFS 的产生背景

HDFS[9]是 Hadoop 中的大规模分布式文件系统，也是该项目的核心，为解决海量数据的高效存储而生，具有处理超大数据、流式处理、可以运行在廉价商用服务器上等诸多优点。HDFS 的设计目标就是能够运行在廉价的大型服务器集群上，因此，其在设计上就将硬件故障作为一种常态来考虑，保证在部分硬件发生故障的情况下整个文件系统的可用性和可靠性，具有很好的容错能力，并且兼容廉价的硬件设备，能够以较低的成本利用现有机器实现大流量和大数据量的读写。HDFS 能够实现以流的形式访问文件系统中的数据，在访问应用程序数据时可以有很高的吞吐率，因此，对于超大数据集的应用程序来说，选择 HDFS 作为底层数据存储是较好的选择。

2. HDFS 的整体架构

HDFS 采用了典型的主/从（Master/Slave）架构模型，一个 HDFS 集群中包括一个名称节点（NameNode）和若干个数据节点（DataNode），其整体架构如图 3-11 所示。

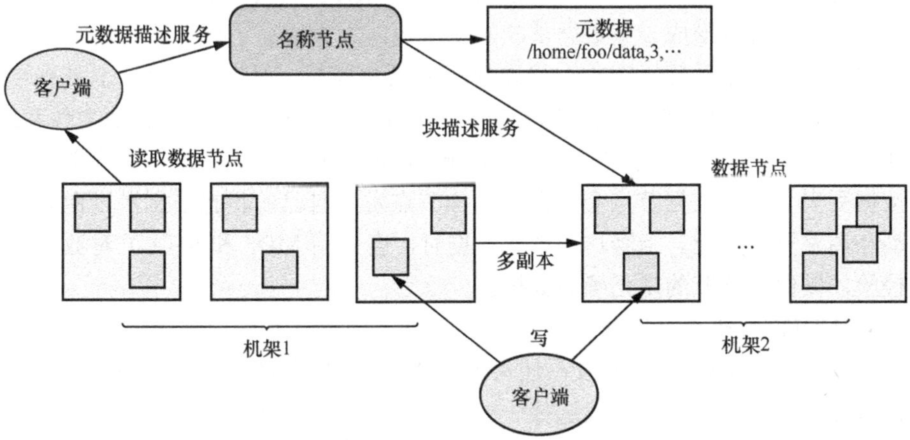

图 3-11　HDFS 整体架构

HDFS 的命名空间包含目录、文件和块。命名空间支持对 HDFS 中的目录、文件和块做类似文件系统的创建、修改和删除等基本操作。在当前的 HDFS 架构中，整个 HDFS 集群只有一个命名空间，并且只有一个名称节点，它作为中心服务器是整个文件系统的管理节点，维护整个文件系统的文件目录树、文件/目录的元数据（Metadata）和每个文件对应的数据块列表，并接收用户的操作请求。

在集群中，一般一个数据节点运行一个进程，提供真实文件数据的存储服务，负责处理文件系统客户端的读/写请求，在名称节点的统一调度下进行数据块的创建、复制和删除等操作。每个数据节点会周期性地向名称节点发送“心跳”信息，报告自己的状态，没有按时发送“心跳”信息的数据节点被认为出现死机，而名称节点不会再给它分配任何 I/O 请求。此外，多副本一般情况默认是 3 个，可以通过 hdfs-site.xml 中的 dfs.replication 属性进行设置。

这种采用一个名称节点管理所有元数据的架构设计大大简化了分布式文件系统的结构，可以保证数据不会脱离名称节点的控制，同时用户数据也永远不会经过名称节点，减轻了中心服务器的负担，提高了数据管理效率。

3. HDFS 的存储原理

HDFS 的存储主要包括以下几种机制。

（1）数据的冗余存储：HDFS 采用多副本方式对数据进行冗余存储，将一个数据块的多个副本分别保存到不同的数据节点上，即使某个数据节点出现故障，也不会造成数据损失。

（2）数据存取策略：主要包括数据存储、数据读取和数据复制。HDFS 采用以 Rack（机架）为基础的数据存储策略，一个集群包含多个机架，不同机架之间可进行数据通信；HDFS 提供了一个 API 以确定一个数据节点所属的机架 ID，客户端也可以调用 API 获取自己所属的机架 ID；HDFS 的数据复制采用流水线的方式，多个数据节点形成一条数据复制的流水线，大大提高了数据复制效率。

（3）数据容错处理：HDFS 将硬件出错视为常态，因此，在设计上具有较高的容错性。保存元数据信息的名称节点会定时把元数据同步存储到其他文件系统，HDFS 2.0 增加了第二名称节点（Secondary NameNode）作为备份，防止主名称节点数据丢失。每个数据节点会定期向名称节点发送自己的状态信息，以便名称节点动态调整资源分配。当客户端读取数据时，会采用 MD5 和 SHA-1 对数据块进行校验，以保证读取的是正确的数据。

4. HDFS 的部署和使用

HDFS 采用 Java 语言开发，任何支持 JVM 的机器都可以部署为名称节点和数据节点，一般情况下，建议选择一台性能高的机器作为名称节点，其他的作为数据节点。当然，一台机器也可以既作为名称节点，也作为数据节点，但不建议这样做。由于所有的 HDFS 都是基于 TCP/IP 进行数据通信的，客户端通过一个可配置的端口向名称节点发起 TCP 连接，并采用客户端协议与名称节点进行交互，名称节点和数据节点之间使用数据节点协议进行交互，客户端与数据节点之间交互则通过远程过程调用（Remote Procedure Call，RPC）来实现。用户通过客户端对 HDFS 进行操作和使用，可以进行打开、读/写等操作，并且以类似 Shell 的命令行方式来访问 HDFS 中的数据。此外，HDFS 还提供了 Java API，作为应用程序访问文件系统的客户端编程接口。

5. HDFS 的优缺点

HDFS 与 MapReduce 共同组成 Hadoop 的核心，HDFS 在设计上采用了多种机制保证其硬件容错能力，总体而言，HDFS 有以下优点。

（1）简单的文件模型：HDFS 采用了“一次写入、多次读取”的简单文件模型，文件一旦完成写入，关闭后就无法再次写入，只能被读取。

（2）流式数据访问：HDFS 是为了满足批量数据处理要求而设计的，为了提高数据吞吐率，HDFS 提供了流式方式来访问文件系统数据。

（3）大数据集处理能力：HDFS 支持对海量数据的存储和读写，其中的文件往往可以达到 GB 甚至 TB 级别，一个数百台服务器组成的集群可以支持千万级别这样的文件。

（4）兼容廉价的硬件设备：由于运行在廉价的大型服务器集群上，在数百甚至数千台廉价服务器中存储数据经常会出现某些节点失效的情况，为此，HDFS 设计了快速检测硬件故障和进行自动恢复的机制，可以实现持续监控、错误检查、容错处理和自动恢复，在硬件出错的情况下也能保障数据的完整性。

（5）强大的跨平台兼容性：由于 Hadoop 项目大多采用 Java 语言实现，因此与 Hadoop 一样，HDFS 具有良好的跨平台兼容性，支持 JVM 的机器都可以运行 HDFS。

HDFS 尽管拥有优良的特性，但也存在一些应用局限性，主要包括以下缺陷。

（1）无法高效存储大量小文件：HDFS 处理的数据单位是块（一般是 64MB），采用名称节点来管理元数据，对于文件大小小于 64MB 的小文件，HDFS 无法高效存储和处理，过多的小文件会严重影响系统的扩展性，大大增加线程管理开销。

（2）不适合低时延数据访问：HDFS 主要是面向大规模数据批量处理而设计的，采用流式数据读取，具有很高的数据吞吐率，但这也意味着较高的时延，因此，HDFS 不适用于需要较低时延数据访问的应用场景。

（3）不支持多用户写入及任意修改文件：HDFS 只允许一个文件有一个写入者，不允许多个用户对同一文件执行写操作，而且只允许对文件执行追加操作，不能执行随机写操作。

3.6.2　分布式数据库

自 20 世纪 70 年代至今，关系数据库已经发展成为一种非常成熟稳定的数据库管理系统，通常具备面向磁盘的存储和索引结构、多线程访问、基于锁的同步访问、基于日志的恢复和事务机制等功能。然而，传统关系数据已无法满足目前数据存储的需求，无论是在数据的高并发性、高扩展性，还是高可用性等方面，都显得力不从心。为有效弥补传统关系数据库的不足，以 HBase 为代表的分布式数据库得到了广泛的应用。

1. HBase 概述

HBase[10]是一个提供高可靠、高性能、可伸缩、实时读写、分布式的列式数据库，主要用于存储非结构化的松散数据。HBase 与传统关系数据库的一个重要区别在于，HBase 采用基于列的存储，而传统关系数据库采用基于行的存储。HBase 具有良好的横向扩展能力，可以通过不断增加廉价的商用服务器从而提高存储能力，也可以处理非常庞大的表。在低时延要求上，HBase 要比 HDFS 更胜一筹。

HBase 也是 Hadoop 子项目之一，是对谷歌 BigTable 的开源实现。HBase 位于结构化存储层，HDFS 为 HBase 提供了高可靠性的底层存储支持，Hadoop MapReduce 为 HBase 提供了强大的计算能力，ZooKeeper 为 HBase 提供了稳定服务和故障转移机制。此外，Pig 和 Hive 还为 HBase 提供了高层语言支持，使在 HBase 上进行数据统计处理变得非常简单。Sqoop 则为 HBase 提供了方便的关系数据库数据导入功能，使传统关系数据库数据向 HBase 中迁移变得非常方便。Avro 是一个重要的序列化工具，主要用于高效地存储和传输数据。HBase 在 Hadoop 生态系统中的位置如图 3-12 所示。

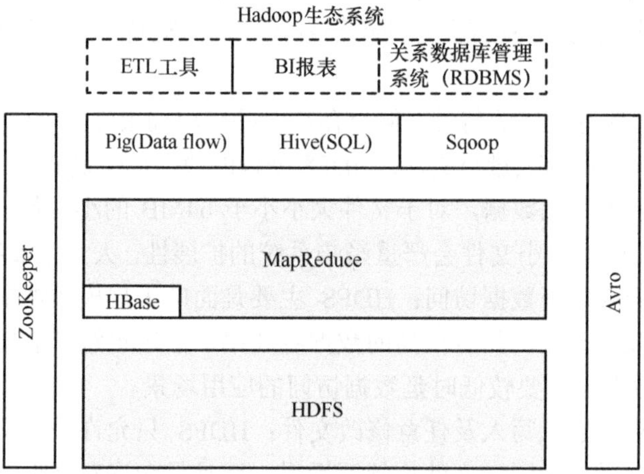

图 3-12　HBase 在 Hadoop 生态系统中的位置

2. HBase 数据模型

关系数据库的数据模型是二维表，HBase 数据模型是一个稀疏的、多维度的、排序的映射表，表由行（Row）和列（Column）组成，列划分为若干个列族（Column Family），主要采用以下概念。

（1）行键：与 NoSQL 数据库一样，用来检索表中每条记录的“主键”，方便快速查找，可以是任意字符串（最大长度是 64KB），保存为字节数组（Byte Array）。

（2）列族：基本的访问控制单元，拥有一个名称，包含一个或者多个相关列。每个列都属于某一个列族，列族是表的一部分，而列不是，必须在使用表之前定义，列名都以列族作为前缀。

（3）单元格：在 HBase 表中通过行和列族确定一个单元格。单元格中存储的数据没有数据类型，被视为字节数组 byte[]。每个单元格都保存着同一份数据的多个版本。

（4）时间戳：版本通过时间戳来索引。时间戳的类型是 64 位整型。时间戳可以由 HBase 在数据写入时自动赋值，此时时间戳是精确到毫秒的当前系统时间。时间戳也可以由客户显式赋值。HBase 数据模型如图 3-13 所示。

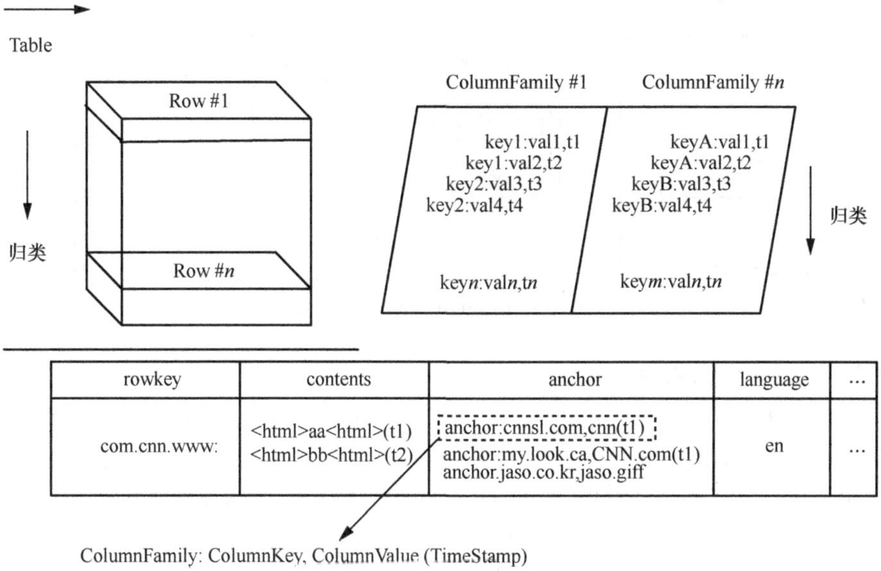

图 3-13　HBase 数据模型

HBase 的物理存储方式如图 3-14 所示。表（Table）在行的方向上分割为多个 HRegion，HRegion 按大小分割，每个表一开始只有一个 HRegion，随着数据的不断插入，HRegion 不断增大，当增大到一个阈值时，HRegion 就会等分为两个新的 HRegion。

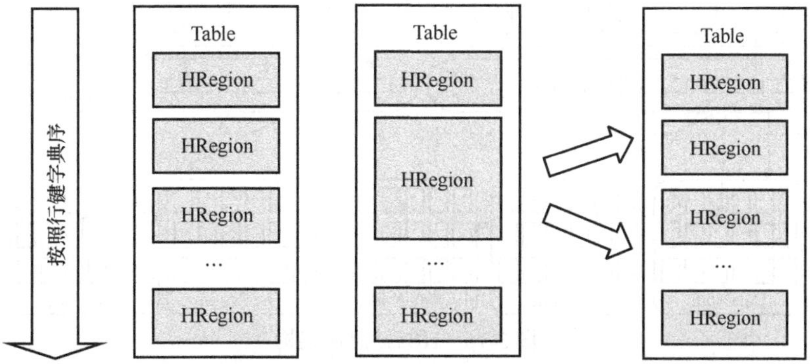

图 3-14　HBase 的物理存储方式

HRegion 虽然是分布式存储的最小单元，但并不是存储的最小单元。事实上，HRegion 由一个或者多个 Store 组成，每个 Store 保存一个列族。每个 Store 又由一个 memStore 和零至多个 StoreFile 组成。StoreFile 以 HFile 格式保存在 HDFS 上。HRegion 的物理存储方式如图 3-15 所示。

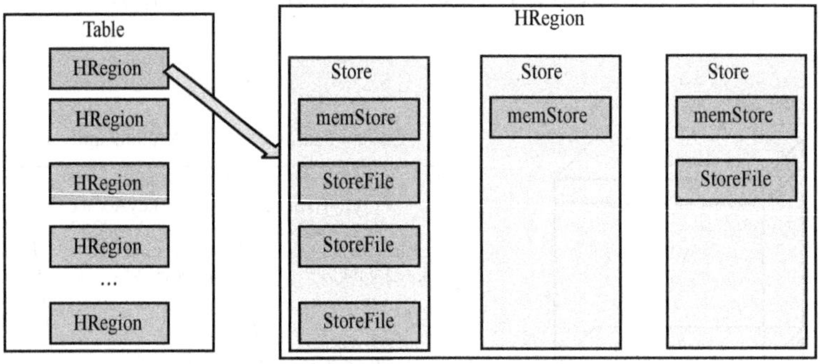

图 3-15 HRegion 的物理存储方式

3. HBase 系统架构

HBase 采用主/从架构搭建集群，隶属于 Hadoop 生态系统，主要包括主服务器（HMaster）、HRegionServer、ZooKeeper 和客户端（Client），数据存储于底层的 HDFS 中，因而涉及 HDFS 的 DataNode 等，HBase 总体架构如图 3-16 所示。

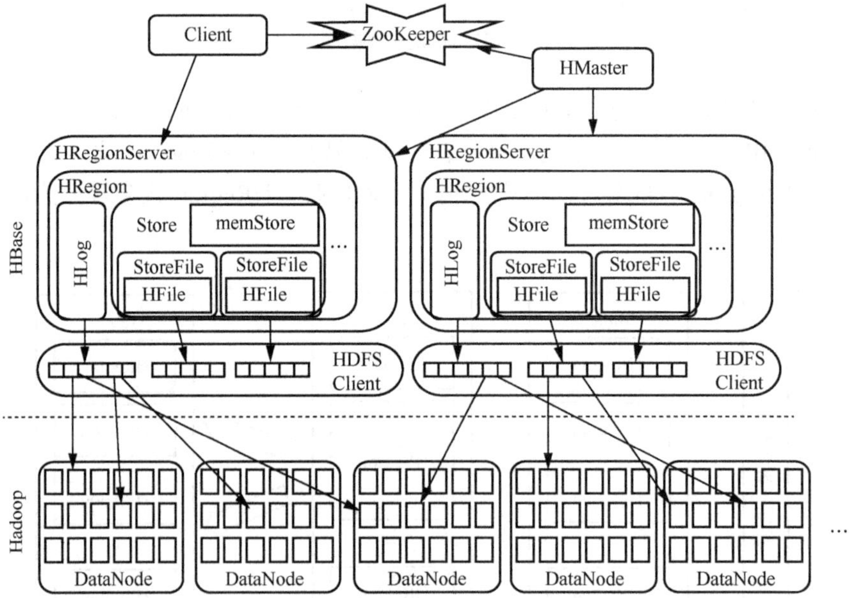

图 3-16 HBase 总体架构

HMaster 用于：管理 HRegionServer，实现其负载均衡；管理和分配 HRegion；在 HRegionServer 退出时迁移其内部的 HRegion 到其他 HRegionServer 上；实现 DDL 操作（如对列族的增、删、改等）；管理元数据（实际存储在 HDFS 上）；权限控制（如访问控制列表（ACL））。

ZooKeeper 是协调系统，用于存储整个 HBase 集群的元数据以及集群的状态信息，以及实现 HMaster 主从节点的故障转移，避免出现“单点失效”问题。

Client 包含访问 HBase 的接口，同时在缓存中维护已经访问过的 HRegion 位置信息，用于加快后续数据访问过程，通过 RPC 机制与 HMaster、HRegionServer 通信。

HRegionServer 用于：存储和管理本地 HRegion，一个 HRegionServer 可以存储 1000 个 HRegion；读写 HDFS，管理表中的数据；Client 直接通过 HRegionServer 读写数据（从 HMaster 中获取元数据，找到行键所在的 HRegion/HRegionServer 后）。

3.6.3　分布式协调系统

分布式协调系统的核心是分布式协调技术，分布式协调技术主要用来解决分布式环境中多个进程之间的同步控制，让它们有序地访问某种临界资源，防止造成“脏数据”的后果。为了在分布式系统中进行资源调度，需要一个协调器，也就是“锁”，如同操作系统进程管理中访问临界资源的锁机制。通过这个锁机制，实现了分布式系统中多个进程有序访问该临界资源。这个分布式锁也就是分布式协调技术实现的核心。

目前，基于分布式协调技术的系统中，较为流行的有 Google 的 Chubby 和 Apache 的 ZooKeeper。Hadoop 项目中用到的是 ZooKeeper。

1. ZooKeeper 概述

ZooKeeper[11]是一个开源的分布式应用程序协调服务系统，是对谷歌 Chubby 的一个开源实现，也是 Hadoop 子项目和 HBase 的重要组件。ZooKeeper 为分布式应用提供一致性服务，提供的功能包括配置维护、域名服务、分布式同步、组服务等。ZooKeeper 的目标是封装好复杂易出错的关键服务，将简单易用的接口和性能高效、功能稳定的系统提供给用户。

2. ZooKeeper 数据模型和操作

ZooKeeper 使用 Java 编写，使用一个与文件树结构相似的数据模型，可以使用 Java 或 C 来方便地进行编程接入。ZooKeeper 树中的每个节点被称为 Znode。与文件系统的目录树一样，树中的每个节点可以拥有子节点。一个节点自身拥有表示其状态的许多重要属性，如表 3-4 所示。

表 3-4　ZooKeeper 节点属性

属性	描述
czxid	节点被创建的 zxid
mzxid	节点被修改的 zxid
ctime	节点被创建的时间
mtime	节点被修改的时间
version	节点被修改的版本号
cversion	节点所拥有的子节点被修改的版本号
aversion	节点所拥有的 ACL 版本号
ephemeralOwner	如果此节点为临时节点，那么它的值为这个节点拥有者的会话 ID，否则为 0
dataLength	节点数据长度
numChildren	子节点个数
pzxid	最新修改的 zxid，与 mzxid 重合

ZooKeeper 中的基本操作如表 3-5 所示。

表 3-5　ZooKeeper 中的基本操作

操作	描述
create	创建 Znode（父 Znode 必须存在）
delete	删除 Znode（Znode 没有子节点）
exists	测试 Znode 是否存在，并获取其元数据
getACL/setACL	为 Znode 获取/设置 ACL
getChildren	获取 Znode 所有子节点的列表
getData/setData	获取/设置 Znode 的相关数据
sync	使客户端的 Znode 视图与 ZooKeeper 同步

ZooKeeper 可以为所有的读操作设置监听（watch），这些读操作包括 exists()、getChildren()及 getData()。watch 事件是一次性的触发器，当 watch 的对象状态发生改变时，将会触发此对象上 watch 所对应的事件。watch 事件将被异步地发送给客户端，并且 ZooKeeper 为 watch 机制提供了有序的一致性保证。理论上，客户端接收 watch 事件的时间要快于其看到 watch 对象状态变化的时间。

3. ZooKeeper 工作原理

ZooKeeper 的核心是原子广播，这个机制保证了各个服务器之间的同步。实现这个机制的协议为 Zab 协议。Zab 协议有两种模式，分别是恢复模式（选举）和广播模式（同步）。当服务启动或者在领导者（Leader）“崩溃”后，就进入了恢复模式，当 Leader 被选举出来，且大多数服务器完成了与 Leader 的状态同步以后，恢复模式就结束了。状态同步保证了 Leader 和服务器具有相同的系统状态。

ZooKeeper 是以 Fast Paxos 算法为基础的，Paxos 算法存在活锁的问题，即当有多个 Proposer（申请者）交错提交时，有可能互相排斥而导致没有一个 Proposer 能提交成功，而 Fast Paxos 算法对此进行了一些优化，通过选举产生一个 Leader，只有 Leader 才能提交申请，ZooKeeper 的基本工作过程包括选举 Leader 过程和同步数据过程。

在选举 Leader 过程中的算法有很多，默认的是 Fast Paxos 算法，无论何种算法，要达到的选举目标是一致的。Leader 具有最高的执行 ID，类似 root 权限。

3.6.4　资源调度管理系统

分布式数据存储涉及的硬件资源较多，在由其构建的大数据平台中充分利用各类硬件资源，提高其利用率、加快所有计算任务的整体完成速度是非常重要的问题。这就涉及资源的调度管理，即对集群、数据中心级别的硬件资源进行统一管理和分配。其中，多租户、弹性伸缩、动态分配是资源调度管理要解决的核心问题。当前，分布式数据存储运用较为广泛的是另一种资源协调者（YARN）[12]。

1. YARN 概述

Apache Hadoop YARN 是开源 Hadoop 分布式处理框架中的资源管理和作业调度技术。作为 Apache Hadoop 的核心组件之一，YARN 负责将系统资源分配给在 Hadoop 集群中运行的各种应用程序，并调度要在不同集群节点上执行的任务。

YARN 的基本思想是将资源管理和作业调度/监视的功能分解为单独的 daemon（守护进程），其拥有一个全局 ResourceManager（资源管理器）和每个应用程序的 ApplicationMaster（应用主控器）。

2. YARN 体系结构

YARN 整体上还是属于主/从架构模型，主要依赖于 3 个组件来实现其功能，第一个是 ResourceManager，包括 Scheduler（可插拔式的调度器）和 ApplicationManager（应用管理器），用于管理集群中的用户作业；第二个是 NodeManager（节点管理器），管理该节点上的用户作业和工作流，也会不断发送自己 Container（计算资源）的使用情况给 ResourceManager；第三个是 ApplicationMaster，主要功能就是向 ResourceManager 申请 Container 并且和 NodeManager 交互来执行和监控具体的用户作业。

在 YARN 体系结构中，ResourceManager 通常在专用服务器节点运行，在各种竞争应用程序之间仲裁可用的集群资源。ResourceManager 跟踪集群上可用的活动节点和资源的数量，并协调用户提交的应用程序应获取的资源以及事件。ResourceManager 是具有此信息的单个进程，因此，它可以以共享、安全和多租户的方式进行调度决策，例如，根据应用程序优先级、队列容量、ACL、数据位置等。

当用户提交应用程序时，将启动名为 ApplicationMaster 的轻量级进程实例，以协调应用程序中所有任务的执行。其中包括监视任务、重新启动失败的任务、推测性的运行慢速任务及计算应用程序计数器的总值。ApplicationMaster 和属于其应用程序的任务在 NodeManager 控制的资源容器中运行。

NodeManager 有许多动态创建的资源容器。容器的大小取决于它包含的资源量，如内存、CPU、磁盘和网络 I/O。目前，仅支持内存和 CPU。节点上的容器数量取决于该节点的可用资源总量（如 CPU 和内存），并受限于配置参数中定义的资源预留（如为操作系统和守护进程预留的资源）。

ApplicationMaster 可以在容器内运行任何类型的任务。例如，MapReduce ApplicationMaster 请求容器启动 Map 或 Reduce 任务，而 Giraph ApplicationMaster 请求容器运行 Giraph 任务，还可以实现运行特定任务的自定义 ApplicationMaster。

3. YARN 作业调度流程

YARN 作业调度流程如图 3-17 所示。

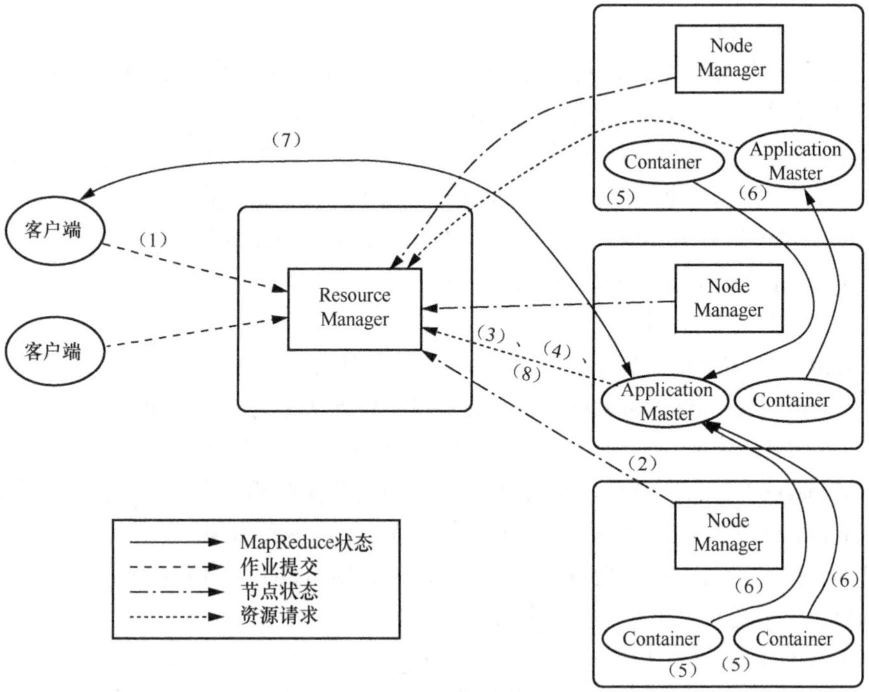

图 3-17　YARN 作业调度流程

（1）客户端向 ResourceManager 提交应用，请求启动一个 ApplicationMaster 实例，ResourceManager 返回响应，包含 ApplicationID 和集群资源的容量信息，供客户端后续使用。

（2）ResourceManager 选择一个可用的 NodeManager 并在其上分配一个 Container（Container 0）用于运行 ApplicationMaster。ResourceManager 向 NodeManager 发送 Container Launch Context（CLC），包含资源需求、作业文件、安全令牌等启动 ApplicationMaster 所需信息。NodeManager 启动 ApplicationMaster 后，ApplicationMaster 会初始化 RPC 端口和监控 URL，供客户端和 ResourceManager 跟踪状态。

（3）ApplicationMaster 向 ResourceManager 注册，注册成功后客户端可直接与 ApplicationMaster 交互。ResourceManager 在注册响应中提供集群资源的最大/最小容量信息，供 ApplicationMaster 规划资源请求。

（4）ApplicationMaster 根据资源需求，通过 resource-request 协议向 ResourceManager 申请资源（如 Container）。ResourceManager 根据调度策略（如容量调度或公平调度）分配资源，并通过响应通知 ApplicationMaster。

（5）ApplicationMaster 收到分配的 Container 后，向对应的 NodeManager 发送 container-launch-specification 启动 Container。NodeManager 启动 Container 后，任务代码开始执行，并与 ApplicationMaster 保持通信（进度、状态等）。此时 ResourceManager 仅负责全局资源调度和监控，不参与具体任务执行。

（6）运行中的 Container 通过 application-specific 协议向 ApplicationMaster 汇报状态和进度。ApplicationMaster 定期向 ResourceManager 发送心跳，并动态请求或释放 Container 以优化资源使用。

（7）客户端通过 ApplicationMaster 提供的接口（如 RPC 或 REST）实时查询应用状态、进度等信息。

（8）应用完成后，ApplicationMaster 向 ResourceManager 注销并关闭。ResourceManager 通知 NodeManager 清理所有关联的 Container（杀死进程、回收资源、聚合日志等）。

3.6.5　MapReduce 面向存储的分布式计算框架

MapReduce[13]是由 Google 公司提出的一种面向大规模数据处理的并行计算模型。Google 公司设计 MapReduce 是为了解决其搜索引擎中大规模网页数据的并行化处理，但由于 MapReduce 可以解决很多大规模数据的计算问题，因此 MapReduce 后来被广泛应用于大规模数据处理。2004 年，开源项目 Lucene（搜索索引程序库）和 Nutch（搜索引擎）的创始人 Doug Cutting 模仿 Google MapReduce，基于 Java 设计开发了一个称为 Hadoop 的开源 MapReduce 并行计算框架。自此，Hadoop 成为 Apache 开源组织下最重要的项目，自其推出后很快得到了全球学术界和工业界的普遍关注，并得到推广和普及应用。

MapReduce是一种编程模型，用于大规模数据集（大于1TB）的并行运算。其主要思想是从函数式编程语言里借鉴而来的。每次一个步骤会产生一个状态，这个状态会直接作为参数传进下一个步骤中。

1. MapReduce主要特征

（1）MapReduce将复杂的、运行在大规模集群上的并行计算过程高度地抽象成两个阶段：Map（映射）和Reduce（归约）。

（2）MapReduce采用“分而治之”的策略，将一个分布式文件系统中的大规模数据集，分成许多独立的分片。这些分片可以被多个Map任务并行处理。

（3）MapReduce 设计的理念是“计算向数据靠拢”，而不是“数据向计算靠拢”，原因是移动数据需要大量的网络传输开销。

（4）MapReduce框架采用了主/从架构，包括一个Master和若干个Slave，Master上运行JobTracker，Slave上运行TaskTracker。其中，JobTracker负责初始化作业、分配作业、与TaskTracker通信，协调整个作业的执行；TaskTracker的主要工作是保持与JobTracker的通信，在分配的数据分片上执行Map或Reduce任务，每个TaskTracker可以运行多个Map或Reduce任务，这些任务被称为Child，是Map和Reduce作业的执行单元，负责处理数据分片并生成结果。

2. MapReduce工作流程

除了JobTracker和TaskTracker作为MapReduce工作的核心角色，一次MapReduce的过程还需要客户端发起，并将计算结果及计算期间的作业数据、配置信息等存储在HDFS中。客户端负责编写MapReduce程序、配置作业、提交作业，主要由用户完成工作；HDFS负责保存作业的数据、配置信息等，最后的计算结果也是保存在HDFS中。

下面通过客户端、JobTracker和TaskTracker的交互过程，分析MapReduce的工作流程，如图3-18所示。

首先，在客户端JVM编写好MapReduce程序，配置要进行的MapReduce作业（简称作业）；启动作业告知JobTracker要运行新的作业，JobTracker返回给JobClient一个新的作业任务的ID；在确定输出目录存在后，JobTracker根据输入计算Input Split（输入分片）配置作业需要的资源；获取到作业的ID后，将运行作业所需要的资源文件复制到HDFS上，包括MapReduce程序打包的JAR文件、配置文件和计算所得的输入分片信息。当资源文件夹创建完毕后，JobClient提交作业告知JobTracker所需资源已写入HDFS。

分配好资源后，JobTracker进行初始化，创建作业对象，目的是将作业放入一个内部的队列，等待作业调度器对其进行调度。当作业调度器根据调度算法调度到该作业时，作业调度器会创建一个正在运行的作业对象（封装任务和记录信息），以便JobTracker跟踪作业的状态和进程。创建作业对象时作业调度器会获取

HDFS 文件夹中的输入分片信息，为每个输入分片创建一个 Map Task，并将 Map Task 分配给 TaskTracker 执行。对于 Map Task 和 Reduce Task，TaskTracker 根据本地化的 CPU 和内存资源情况执行。

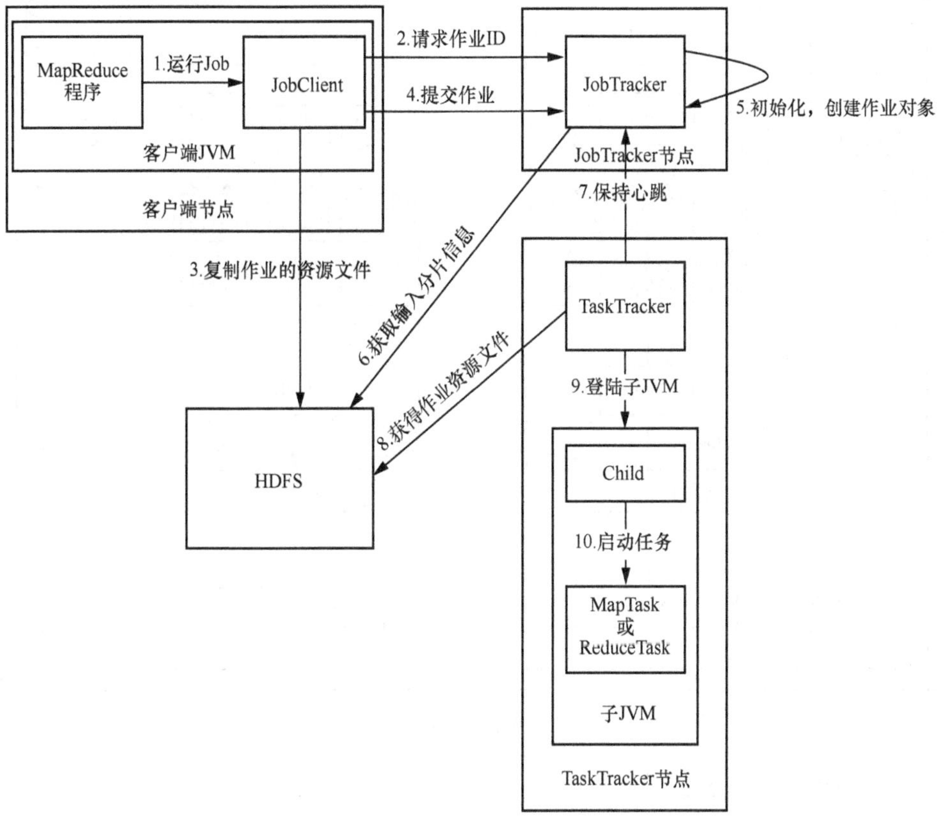

图 3-18　MapReduce 工作流程

任务执行期间，TaskTracker 与 JobTracker 之间建立心跳监测，通过心跳监测，JobTracker 可以监控 TaskTracker 是否存活，也可以获取 TaskTracker 处理的状态和问题。同时，TaskTracker 也可以通过心跳信息里的返回值获取 JobTracker 给它的操作指令。TaskTracker 获取作业资源文件，如代码等，为真正执行做准备。当 JobTracker 获得了最后一个完成指定任务的 TaskTracker 操作成功的通知时，JobTracker 会把整个作业状态置为成功；客户端可查询作业运行状态获取到作业完成的通知。

3. MapReduce 运行机制

从物理分布式节点上进行计算的角度出发，一个 MapReduce 过程分为输入分片阶段、Map 阶段、Shuffle 阶段和 Reduce 阶段。其运行机制如图 3-19 所示。

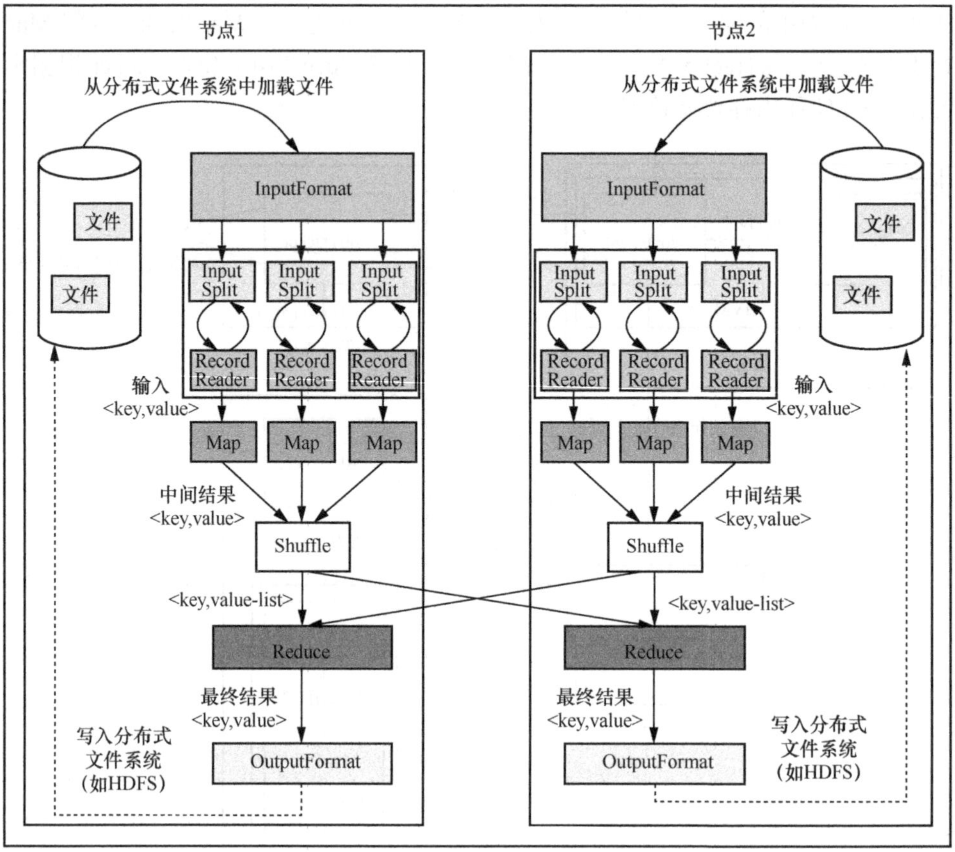

图 3-19　MapReduce 运行机制

（1）输入分片阶段

文件存储在 HDFS 中，每个文件切分成多个一定大小（默认 64MB）的块（默认 3 个备份）存储在多个数据节点（DataNode）上。

① 输入操作：不属于 Map 和 Reduce 的主要过程，但属于整个计算框架消耗时间的一部分，该部分会为正式的 Map 计算过程准备数据。

② 分片操作：MapReduce 框架使用 InputFormat 基础类做 Map 计算前的预处理，然后将输入文件切分为逻辑上的多个 Input Split，Input Split 是 MapReduce 对文件进行处理和运算的输入单位。在进行 Map 计算之前，MapReduce 会根据输入文件计算 Input Split，每个 Input Split 针对一个 Map 任务，Input Split 存储的并非数据本身，而是一个分片长度和一个记录数据的位置的数组。每个 Input Split 都由一个 Map 任务进行后续处理。

③ 数据格式化操作：将划分好的 Input Split 格式化成键值对形式的数据。其中 key 为偏移量，value 为每一行的内容。值得注意的是，在 Map 任务执行过程

中，会不停地执行数据格式化操作，每生成一个键值对就会将其传入 Map 任务进行处理，这一格式化过程是由 RecordReader（记录读取器）完成的，负责从 Input Split 中读取数据并将其转换成<key,value>的形式，供 Map 函数处理。

（2）Map 阶段

Map 阶段是由程序员编写 Map 函数，在本地化运行，也就是在数据节点上运行。在 HDFS 中，文件数据被复制成多份，计算过程会选择在拥有此数据的最空闲的节点上运行。

（3）Shuffle 阶段

Shuffle 阶段是指 Map 产生的直接输出结果，经过一系列的处理，成为最终的 Reduce 直接输入的数据为止的整个过程。该阶段是 MapReduce 的核心过程，分为两个阶段执行，具体如下。

阶段 1：Map 端的 Shuffle。

① 分区（Partition）

在 Map 任务处理数据并输出结果时，Partition 会根据 key 的值决定数据应该发送到哪个 Reduce 任务，这个过程即为分区。每个 Reduce 任务对应一个 Partition，Partition 的作用是确保相同 key 的记录被发送到同一个 Reduce 任务，以便进行后续的聚合操作。如果有多个 Reduce 任务，Partition 会根据一定的规则（如哈希值）分配数据。

② 排序（Sort）

在数据被写入磁盘之前，MapReduce 会按照 key 对数据进行排序。这个排序过程使用的默认算法通常是快速排序。排序的目的是确保所有具有相同 key 的记录能够被同一个 Reduce 任务处理，从而可以进行有效的聚合操作。这个排序过程是在数据写入磁盘时进行的，而不是在数据写入内存时进行。

③ 合并（Combine）

Combine 由程序员选择性执行。Combine 是在 Reduce 计算前，对相同 key 对应的 value 值合并，目的是减少输出传输量。Combine 函数本质上是本地化的 Reduce 函数。

④ 归并（Merge）

该过程生成 key 和对应的 value-list。在 Map 任务全部结束之前进行归并，归并得到一个大的文件，放在本地磁盘。Combine 和 Merge 的区别如下。例如，两个键值对<"a",1>和<"a",1>，如果进行 Combine，会得到<"a",2>；如果进行 Merge，会得到<"a",<1,1>>。

阶段 2：Reduce 端的 Shuffle。

由于 Map 任务和 Reduce 任务往往运行在不同的节点上，所以 Reduce 需要从多个节点下载 Map 的结果数据，多个节点的 Map 里相同分区内的数据被复制到同一个 Reduce 上，并对这些数据进行处理，然后才能作为 Reduce 的输入数据被 Reduce 处理。

① 复制

Reduce 端可能从 n 个 Map 的结果中获取数据，而这些 Map 的执行速度不尽相同，当其中一个 Map 执行结束时，Reduce 就会从 JobTracker 中获取该信息。Reduce 通过 RPC 向 JobTracker 询问 Map 是否已经完成，若完成，则复制数据。

② 排序

Reduce 复制数据先放入缓存，内存缓冲区满时，通过排序和合并，将数据写入磁盘文件。如果形成了多个磁盘文件还会进行归并，最后一次归并的结果作为 Reduce 的输入而不是写入磁盘中。

（4）Reduce 阶段

与Map阶段一样，该阶段的Reduce函数由程序员编写，最终结果存储在HDFS中。每个 Reduce 进程会对应一个输出文件，名称以 part-开头。

参考文献

[1] SANJAPPA S, AHMED M. Analysis of logs by using logstash[C]//Advances in Intelligent Systems and Computing. Singapore: Springer Singapore, 2017: 579-585.

[2] KREPS J, NARKHEDE N, RAO J. Kafka: a distributed messaging system for log processing[C]//Proceedings of the NetDB. [S.l.:s.n.], 2011, 11: 1-7.

[3] DOBBELAERE P, ESMAILI K S. Kafka versus RabbitMQ: a comparative study of two industry reference publish/subscribe implementations: industry paper[C]//Proceedings of the 11th ACM International Conference on Distributed and Event-based Systems. New York: ACM Press, 2017: 227-238.

[4] CHU X, ILYAS I F, KRISHNAN S, et al. Data cleaning: overview and emerging challenges[C]//Proceedings of the 2016 International Conference on Management of Data. [S.l.:s.n.], 2016: 2201-2206.

[5] PENG D, CAO L, XU W. Using JSON for data exchanging in web service applications[J]. Journal of Computational Information Systems, 2011, 7(16): 5883-5890.

[6] TEKLI J, CHBEIR R, YETONGNON K. An overview on XML similarity: background, current trends and future directions[J]. Computer Science Review, 2009, 3(3): 151-173.

[7] BASS T. Intrusion detection systems and multisensor data fusion[J]. Communications of the ACM, 2000, 43(4): 99-105.

[8] 周芳，韩立岩. 多传感器信息融合技术综述[J]. 遥测遥控, 2006, 27(3): 1-7.

[9] BORTHAKUR D. HDFS architecture guide[J]. Hadoop Apache Project, 2008, 53(1-13): 2.

[10] GEORGE L. HBase: the definitive guide: random access to your planet-size data[EB]. 2011.

[11] HUNT P, KONAR M, JUNQUEIRA F P, et al. ZooKeeper: wait-free coordination for internet-

scale systems[C]//USENIX Annual Technical Conference (USENIX ATC 10). [S.l.:s.n.], 2010.
[12] VAVILAPALLI V K, MURTHY A C, DOUGLAS C, et al. Apache Hadoop YARN: yet another resource negotiator[C]//Proceedings of the 4th Annual Symposium on Cloud Computing. New York: ACM Press, 2013: 1-16.
[13] KARLOFF H, SURI S, VASSILVITSKII S. A model of computation for MapReduce[C]// Proceedings of the Twenty-First Annual ACM-SIAM Symposium on Discrete Algorithms. Philadelphia: Society for Industrial and Applied Mathematics, 2010: 938-948.

第 4 章 网络安全态势预警与态势评估技术

网络安全态势评估是整个网络安全态势感知技术体系的核心，其通过对能够反映网络安全状况态势要素的采集、分析和处理，可以帮助用户深刻洞察当前网络状况，有效应对安全威胁，并为后续态势预测奠定基础。在网络安全态势评估的诸多技术中，预警技术通过实时监测和分析网络流量、行为模式等数据，可以发现潜在的安全威胁并在威胁发生前进行预警，从而有效降低风险，因此是网络安全态势评估的重要组成部分。而态势预警技术和态势预测技术有诸多交叉重叠之处，相关内容会在第 5 章详细介绍。因此，本章在对态势预警技术简要介绍的基础之上，重点介绍网络安全态势评估的概念、流程以及典型的评估方法，以期读者能够对网络安全态势评估技术有全面深入的了解。

4.1 态势预警基本概念

预警理论最早起源于军事领域的战争预警，指通过预警飞机、预警雷达以及预警卫星等工具来提前发现、分析和判断敌人是否有进攻的信号并把分析的结果及时上报给上级指挥部门以采取相应的措施。后来，预警技术的应用扩展到了经济领域用于监测经济波动，特别是对于经济危机的预警。随着人们对网络安全问题的日益关注，预警理论和技术又被引入网络安全领域以预测各种攻击或对目标网络的安全态势进行预测。

现在意义上的预警指的是在警情发生之前对其进行预测报警，即在运用现有知识和技术的基础上，通过对事物发展规律的总结和认识，分析事物的现在的状态及特定信息，判断、描述和预测事物的变化趋势，并与预期的目标进行比较，利用设定的方式和信号，实行预告和示警，使预警主体有足够的时间采取相应的对策和响应措施以规避风险，减少损失。广义地说，预警是组织的一种信息反馈机制。随着社会发展的需要，预警理论和技术已经广泛地应用于现代经济、政治、教育、医疗、灾变和网络安全等领域。

告警（或报警）通常指警源“安全状况信息”中的一个或几个观测值，分别达到阈值时发出声、光等信号而引人注意的功能。达到阈值之前或之后的变化通常是未知的。告警和预警的本质区别在于有无预测模型或模式。由于预警要有评价和一般预测等大量前期工作作为基础，因此具有先觉性、动态性和深刻性。

网络安全态势预警主要指根据网络异常流量、网络异常行为以及病毒威胁等网络安全态势信息来发现入侵迹象，在攻击者的最终目的还未达到时，通过事先构建好的攻击模型对入侵过程进行匹配，判断攻击者下一步可能的攻击行为，并对网络已造成的影响和即将构成的威胁进行评估。网络安全态势预警是为防御突然的网络攻击，监视、识别网络上入侵行为的警戒手段，是网络主动防御系统的重要组成部分，其基本任务是通过测量手段从网络中收集相关信息，并从中提取网络安全态势信息，通过态势分析和评估，从而准确地识别网络中的攻击行为，对攻击的相关属性进行预测。其目的是力争在攻击实施的早期阶段发出告警并在攻击者对系统造成进一步危害前，采取网络隔离、攻击阻断等主动防御措施，以尽可能在攻击未产生实质性危害时加以遏制，将损失降到最低。

网络安全态势预警类型根据不同的预警阶段和预警机制可分为以下 3 种。

（1）安全漏洞预警：根据系统存在的安全隐患及网络攻击与漏洞关系，预测网络可能遭受的攻击。

（2）攻击行为预警：根据攻击行为间的某些关系，在攻击者进行攻击时，预测该攻击之后攻击者还可能进行的攻击。

（3）攻击趋势预警：根据网络已经发生的攻击，统计该攻击的历史规律，从整体上预测网络未来安全趋势。

网络安全态势预警技术主要包括攻击行为预测和攻击意图识别技术、安全评估技术和态势预测技术等，通过这些技术的有机结合，形成一个互动发展的整体。攻击行为预测和攻击意图识别是网络安全态势预测研究中最早受到关注的两个问题，所采用的方法也有很多相似之处，甚至在某些场景下可以相互替换。攻击行为预测是在获取与安全相关的态势数据后，通过处理与存储、数据压缩、数据清洗、数据关联、数据挖掘、数据融合、可视化、应急防护等技术，发现潜在的攻击行为特征或新的攻击模式，根据网络流量分析、网络运行监控、病毒威胁、威胁关联分析、告警数据聚类分析等方法，预测潜在的或即将发生的网络攻击事件并发出告警，以便采取有效的防护措施。

4.2　态势评估基本思想

评估方法是网络安全态势预警的核心技术之一，也是整个网络安全态势感知全过程的重点和关键环节。信息及信息系统作为一种重要的资产，存在着各种人为或自然的威胁，其安全问题是一个动态复杂的过程，贯穿于信息和信息系统的整个生命周期。为了保障信息安全，除了采用各种信息安全技术，还必须按照风险管理的思想，对可能的威胁、脆弱性和需要保护的资产进行分析，依据风险评估结果选择适当的安全措施，以妥善应对可能的威胁，而风险评估作为风险管理的关键步骤显得尤为重要。

4.2.1 风险评估

风险评估最早于20世纪50～60年代开始应用于欧美核电厂的安全性评估中，随后在航天工程、化学工业、医疗卫生、交通运输等众多领域得到推广和应用。随着信息安全问题越来越受到人们的重视，研究者又将风险评估方法引入信息安全领域。早期的风险评估工作主要致力于对操作系统和网络环境的薄弱点进行评估和渗透测试，其目的是发现系统的漏洞。随着人们对信息的认识日益深入，风险评估从单纯的漏洞评估发展到对整个信息安全管理体系的研究，各个国家纷纷提出了安全评估标准和相应的指南和方法[1]。比较著名的安全评估标准有可信计算机系统评估准则（TCSEC）、信息技术安全评估标准（ITSEC）等。美国是对信息安全风险评估研究较早、历史较长、经验较丰富的国家。美国国家标准及技术协会（NIST）于20世纪70年代初首先认识到有必要对信息安全进行评估，并在《自动数据处理物理安全与风险管理手册》中概括地、原则性地提出了风险评估的概念。我国早期信息安全工作的核心是信息保密，力图通过保密检查来发现问题并予以改进提高。直到20世纪90年代，随着《中华人民共和国计算机信息系统安全保护条例》的颁布，人们信息安全风险意识开始建立并逐步加强。

各国因面对的风险因素不同而对信息安全风险评估的定义不尽相同。《信息安全技术 信息安全风险评估方法》中对（信息安全）风险评估定义如下：风险识别、风险分析和风险评价的整个过程[2]。

信息安全风险评估主要依据国家政策法规、技术规范与管理要求、行业标准等进行评估，科学系统地分析信息系统面临的威胁和存在的脆弱性，最后针对性地提出抵御风险的对策和整改措施。在综合考虑成本和效益的前提下，使残余风险降低到可接受的范围内，为保障系统的信息安全和网络正常运行提供科学的依据，为信息安全保障体系的建立奠定了坚实的基础。进行风险评估时主要依据以下原则。

（1）可控性原则：组织内部的人员、办公所使用的工具，以及项目的全过程都需要在一定的可控范围内。

（2）完整性原则：需要对组织进行全面评价，不能缺少某个方面，避免带来不必要的安全隐患。

（3）最小影响原则：在评估时需要保证对信息系统正常运行的影响降低到最小，不能对项目的运营和业务流通造成明显影响。

（4）保密原则：需要保证风险评估流程中所有的数据对第三方保密，不能泄露或利用数据对被评估方造成威胁[3]。

依据《信息安全技术 信息安全风险评估方法》，风险评估实施流程如图 4-1 所示。

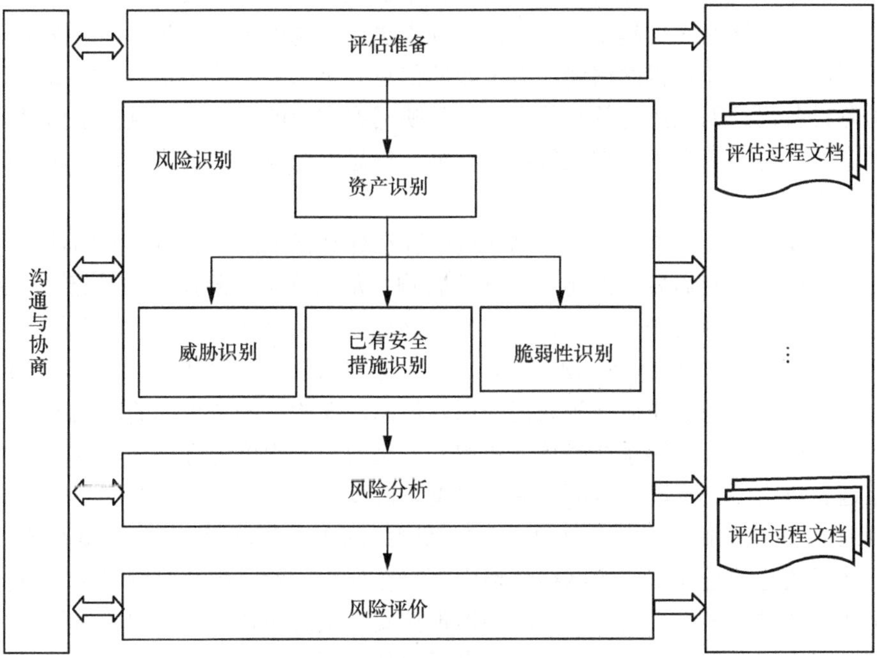

图 4-1　风险评估实施流程[2]

由图 4-1 可知，信息安全风险评估主要分为 4 个阶段：评估准备、风险识别、风险分析和风险评价。风险识别是进行风险评估的基础，主要对资产、已有安全措施、脆弱性和威胁进行识别，得到系统的现状情况。风险分析依据识别结果计算得到风险值，并依据风险评价准则确定风险等级，最终为风险处理提供决策支撑。

风险评估从宏观角度定量地描述网络的安全状况，是一种介于定性与定量之间的静态安全性分析方法，对避免大规模安全事件的发生，提高网络的安全性有很大的作用，但是风险评估有很多不完善的地方[4]，具体如下。

（1）风险评估过程烦琐，主观因素多，很难使评估自动化。

（2）风险评估过程需要多人参与，评估周期较长。

（3）风险评估结果只有简单的 5 个等级，不能精细反映网络安全状况。

（4）风险评估结果是静态的，评估周期长，不能实时反映网络安全状况的变化，对一些突发事件很难迅速地做出响应。

4.2.2 态势评估

传统的风险评估综合考虑网络或信息系统包含的资产、面临的威胁以及存在的脆弱性等安全要素，结合已有的安全措施，对网络或系统存在的安全风险进行分析和判定。但随着计算机技术和通信技术的迅速发展，以及用户需求的不断增加，计算机网络的应用越来越广泛，其规模也越来越庞大；同时，各种网络安全事件层出不穷，计算机网络面临着严峻的信息安全形势，传统单一的防御设备或者检测设备已经无法满足从整体上动态反映网络安全的需求。而且由于信息系统的动态性、复杂性和不确定性等本质特征，信息安全风险评估比其他领域的评估更加困难。

网络安全风险评估关注的是网络资产存在什么样的弱点，将会面临什么样的威胁，可能会对网络安全产生什么样的影响，从而确定风险控制的等级[5]。而与风险评估不同，网络安全态势评估技术能够综合利用分布在网络环境中的各种包嗅探器、系统日志文件、SNMP Trap、入侵检测系统、网络环境数据库、系统消息、威胁数据库和操作命令等获得的原始信息，在构建安全指标的基础上建立合适的数学模型，对网络系统整体上所遭受安全威胁的程度进行评估，从而分析出网络遭受攻击所处阶段，全面掌握网络整体的安全状况，以便指导网络管理员采取相应的安全措施，做到提前预防，提高网络的主动防御能力[6]。也就是说，态势评估更关注的是在特定的网络环境中都存在什么风险，由此对网络系统整体的安全状况造成了多大影响，从而动态地把握安全状况在特定环境中的演化。总的来说，网络安全风险评估是非实时的离线评估，而网络安全态势评估则包含了实时或近实时的评估以及非实时的离线评估。

“态势评估”这一术语最早来自军事中的数据融合技术领域。传统上态势评估是对战场中战斗力量部署及其动态变化的情况进行解释，推断敌方企图，预测未来活动，并提供最优决策依据与支持资源分配的过程。态势评估的过程就是时间、空间域中的当前态势因素被觉察、认识、理解并被预测的处理过程。后来，态势评估技术逐渐被应用在网络安全领域。所谓网络安全态势评估是指在大规模网络环境中，在融合获取各类网络监测数据并进行简单处理的基础上，根据领域知识和历史数据，借助某种数学工具或者数学模型，经过分析推理，对由各种网络资源、网络运行以及用户行为等诸多态势要素构成的整个网络当前的安全状况做出合理的解释[7]。

通过网络安全态势评估，可以尽早地发现网络中的安全隐患和威胁，而且对这些隐患与威胁的影响范围与严重程度进行充分评估，可以帮助网络安全管理人员掌握当前网络的安全状况，以便在网络攻击发生之前针对这些威胁采取相应措施，使系统免受攻击和破坏，进而保护网络安全。只有对整个网络的安全态势进行准确评估，才能明确网络所处的安全状况，从而掌握全网安全态势，也才能为后续安全态势预测提供重要依据。

网络安全态势评估技术的主要作用是反映网络的运行状况以及面临的威胁的严重程度。其一般流程是在对网络的原始安全数据和事件进行采集和预处理之后，基于建立的网络安全态势评估指标体系，在一定先验知识的基础上，通过一系列的数学模型和算法进行处理，进而以安全态势值的形式得出定量或定性的网络安全态势评估结果，呈现网络安全状况。整个过程中涉及的数据量比较庞大而且评估算法比较复杂，会产生冗余与虚报的问题，因此常常需要进行数据预处理和分析（清洗、集成、归约、变换、事件关联分析等）。态势评估着重在事件出现后评估其对网络造成的影响，并通过对历史安全态势的分析与建模来评价当前的网络安全态势，有时甚至包括未来的态势。

安全态势评估是网络安全态势感知的重点，也是难点，至今没有一个系统的理论体系。为了对不确定性信息进行分析，提高态势评估的准确性，有的研究者将传统评估理论创新性地引入态势评估领域，还有的将多种理论综合运用。但总的来说，态势评估领域的研究比较零散，大多为各自独立的一些观点，没有统一的方法可以较好地用于安全态势的评估，而且衡量评估质量的方法和技术也还比较缺乏，导致评估方法的多样化而没有一个权威性的共识。

4.2.3　态势评估与风险评估比较

风险评估主要是对信息系统中面临的风险参照评估标准和管理规范进行辨识和分析，并对系统中面临的威胁、脆弱性和可能造成的损失进行风险值计算，因此，风险评估的数据来源主要是所评估系统中资产的安全漏洞；而态势评估则是要通过汇总、过滤和关联分析网络安全设备等产生的安全事件，在构建安全指标体系的基础上通过建立合适的数学模型来对网络系统整体上所遭受安全威胁的程度进行评估，因此，态势评估的数据源主要是各种安全设备提供的安全信息，如 IDS 产生的告警信息、漏洞扫描工具提供的漏洞信息以及系统提供的日志等。

风险评估通常需要经历评估准备、风险识别、风险分析和风险评价 4 个阶段，而每一个阶段又分为耗时较久的多个子阶段。因此，风险评估通常是离线的非实时分析，评估周期较长；而态势评估通常是对网络安全设备产生的安全数据和事件进行实时或近实时地提取和处理以动态地反映网络实际运行状况，从而为网络管理人员提供及时的决策辅助。有的时候，态势评估的含义也可以延伸出通过对历史数据的离线分析，采用数据挖掘等相关算法来对未来趋势进行预测。因此，从这个意义上来说，态势评估既可以是在线实时分析也可以是离线非实时分析。但需要注意的是，态势评估和态势预测所用到的模型及算法是有区别的，因此，本书在内容组织上将态势预测从态势评估中分离出来并在第 5 章进行详细介绍。

风险评估通常针对单机设备或小型网络这类资产所面临的威胁、存在的弱点、造成的影响以及三者的综合作用进行科学、公正的综合评估，得到的结果通常是漏洞对设备等的威胁影响，从而为防范和化解信息安全风险或将风险控制在可以接受的范围内提供科学依据；而态势评估通常是对大型分布式网络运行状况以及面临威胁的严重程度等进行评估，从而全面准确地反映网络安全状况，尽早发现网络中的安全隐患和威胁，以便在攻击发生之前针对这些威胁采取有效措施使系统免受攻击和破坏。

总的来说，风险评估和态势评估有一定联系，但也有区别，两者的对比如表 4-1 所示。

表 4-1　风险评估和态势评估对比

对比项	网络安全风险评估	网络安全态势评估
数据来源	安全漏洞	各种安全设备提供的安全信息
实时性	离线非实时分析	在线实时分析或离线非实时分析
分析结果	漏洞对设备的威胁影响	告知各类将发生的威胁和已经发生的安全问题
评估对象	单机、小型网络	大型分布式网络

4.3　态势评估基本流程

首先，根据防御目标中的评估对象，建立相应的指标体系；然后，设计评估模型，根据不同情况选择不同的评估方法。

4.3.1　建立态势评估指标体系

网络安全态势评估的核心问题是确定评估指标体系[8]。所谓的态势指标就是能够用来描述当前网络的各种态势属性。在一般情况下，态势指标不是独立的、单一的因素，而是各种相互之间有关联性的因素的集合。态势指标的选取直接反映评估人员对于网络安全态势评估的决策思路和角度，指标体系是否科学、合理不仅影响所建立的网络安全态势评估指标体系的应用范围，而且直接关系到网络安全态势分析的质量和最终的评估结果。因此，指标体系必须科学、客观、合理、尽可能全面地反映影响网络安全的所有因素。

指标体系的建立必须按照一定的原则进行分析和判断，其建立过程中所遵循的原则之间存在着密切的关系，而不是科学性、系统性、可操作性等常用原则的简单罗列。指标体系设立的目的性决定了指标体系的设计必须符合科学性的原则，而科学性原则又要通过系统性来体现。在满足系统性原则之后，还必须满足可操作性及时效性的原则。进一步地，可操作性原则还决定了指标体系必须满足可比性的原则。上述各项原则都要通过定性与定量相结合的原则才能体现，而且所有上述各项原则皆由评估的目的性所决定并以目的性原则为前提。

1. 态势指标分类

网络安全态势感知是一个复杂的过程，涉及的指标很多且类型各不相同。根据不同的分类标准可将其分为以下几种。

（1）定性指标与定量指标

定性指标又称为主观指标，用于反映评估者对评估对象的意见和满意度。定量指标又称为客观指标，有确定的数量属性，原始数据真实完整，不同对象之间有明确的可比性。通常需要将定量指标的数据转换为统一的量纲才不会对多指标的综合处理产生影响。根据所选取指标的侧重点不同，通常可以把定量的态势指标划分为基于安全风险的态势指标和基于网络和主机性能的态势指标。其中，基于安全风险的态势指标侧重于对受网络攻击威胁严重的安全态势进行评估，主要涉及主机脆弱性、攻击威胁程度、漏洞利用等数据；基于网络和主机性能的态势指标则侧重于对网络本身和网络节点性能进行态势评估，通常包括网络端口流量、主机使用率、主机内存使用率和网络负载状况等。

（2）总体指标与分类指标

总体指标通常与态势计算即评估的模型相结合，体现网络安全的一般特性。分类指标能够针对不同的系统进行深入分析，充分解释不同类型系统之间的差异性。

（3）描述性指标与分析性指标

描述性指标通过汇聚描述安全状况和趋势的基本数据，反映系统的实际状况和网络安全的基本状况。分析性指标主要用于反映各评估对象因子之间的内在联系，洞察和把握安全风险存在及发展的状况和趋势。

（4）效益型指标与成本型指标

效益型指标和成本型指标以单项指标对整体系统的影响作为区分标准。如果单项指标属性值越大网络安全状况越好，则该指标为效益型；而如果单项指标属性值越大网络安全状况越差，则该指标为成本型。

2. 态势指标提取

影响网络安全的因素很多，且各种因素相互作用、相互影响，因此，提取并构建网络安全态势评估指标体系是一项非常复杂的工作。在网络安全态势指标选取过程中，安全管理人员可以从自身评估网络安全态势的思路和角度出发，并结合所选取的网络安全态势评估模型的适用范围来进行综合考量。网络安全态势指标提取的目标是建立一个层次状的网络安全态势评估指标体系以准确描述所关注的整体网络安全态势。因此，一方面应使所选取的指标能够涵盖网络安全态势感知系统的主要因素以使最终评估结果反映真实网络安全状况；另一方面在提取指标时必须遵循一定的原则并采用合适的方法和步骤以构建出科学合理的态势评估指标体系。

影响网络安全态势的因素有很多，我们不可能也没必要将所有可能影响态势的因素都作为指标加入网络安全态势评估的指标体系中。通常情况下，只需要选择在网络中对网络安全态势影响较大的因素作为评估指标。因为态势是一个整体的概念，所以还需要在一定程度上保证指标提取的完整性。考虑网络安全态势感知的复杂性，在构建网络安全态势评估指标体系的时候需要遵循以下原则。

（1）主成分性：提取指标时应尽可能选取与态势关系紧密的典型因素，其数值变化能够直接影响网络安全状况，从而能从宏观层面反映网络安全状况的实际变化情况。

（2）完备性：网络安全态势感知是一个宏观的、整体的概念，因此，在选取指标时应在主成分性原则的基础上尽可能全面地考虑各个安全要素之间的联系和各种联系之间的转化关系，遵循完备性原则。

（3）独立性：态势指标之间往往具有不同程度的相关性导致其存在信息上的重叠，因此，在提取指标时应尽可能选择独立性强的指标以减少指标之间的各种关联，防止增大重复信息的权重而淹没其他指标对态势水平的贡献，从而确保最终计算得出的态势指数能准确贴合事实。

（4）可操作性原则：选取的态势指标必须以科学理论为指导，概念必须明确且具有一定的科学内涵，同时要利于采集、量化和分析。数据来源要可控、可信、可靠和准确，对于难以采集的数据要有替代指标以保证态势评估的正常进行。

以上 4 个原则是态势指标提取的一般性原则，在具体实现的过程中还需要关注以下因素。

（1）指标的通用性和发展性：网络安全态势评估指标体系应能适用于不同的评估范围和层次，即从单个的军事信息系统到整个网络信息基础设施都能得到衡量。同时，这些指标还应具有发展性，即不仅能满足安全管理人员在应用过程中对指标体系不断完善和维护的需求，而且可根据具体的网络随时进行调整配置，从而实现灵活扩展。

（2）定性与定量相结合：虽然定量指标是系统实体本身具有的属性且真实贴近实际运行情况，但指标提取的复杂性使仅依靠定量指标可能造成与真实态势之间的误差。而如果在态势评估过程中加入一些类似经验的定性指标则能够对评估结果起到一定的调节作用，从而提高计算和评估结果的准确性。因此，应将定性指标和定量指标相结合以构建更加合理的态势评估指标体系。

态势指标提取的过程是一个从宏观到微观、从上到下、从抽象到具体的过程，因此，我们利用典型的层次化分析方法来提取指标并构建最终的评估指标体系。指标提取基本流程如图 4-2 所示。

图 4-2　指标提取基本流程

首先，根据决策者的实际需要和对网络态势的描述方式明确评估总体目标。具体来说就是要明确网络安全态势的定义和范围以及表现在哪些方面。其次，需要研究对象属性。由于属性是对研究对象本质特征的抽象概括，因此，该阶段的主要任务是对各子目标的对象属性进行递进分解，直到每一个子目标都可以用明确、直接的指标表示为止，即对象属性要清晰明确。最后，根据指标提取原则提取与安全因素相关的各类指标及其需要测量的具体属性以及获取方法等，从而最终形成一个层次化的网络安全态势评估指标体系。

网络安全态势评估指标体系应该考虑网络各类组成因素以及各项因素之间的若干联系等特征，它是由包含各类组成因素、具有层次性和结构性的指标所组成的有机序列，其来源主要有两种：一种是从网络原始数据中检测到的能够真实反映网络实际运行状况的数据；另外一种则是通过对网络事件、网络行为等较为抽象的总结，用以说明网络间的联系或者网络对象之间相互作用的综合指标，如各种“比”“率”“度”以及“指数”等。

根据网络系统组织结构，网络的安全状况应该自下而上、先局部后整体地进行分层描述。首先，以安全漏洞、资产和网络流量等作为原始数据来进行分析，以发现各个主机所提供服务可能存在的漏洞，进而评估各项服务的安全状况；然后，基于主机上服务安全状况评估得到网络中关于主机节点设备的态势信息；最后，根据网络系统结构确定网络主机节点的重要性权重并综合评价整体网络安全态势。

因此，网络安全态势评估指标提取要综合考虑目标系统的不同层次、不同数据来源以及不同用户的实际需求来提取评估指标，评估指标来源如图 4-3 所示。

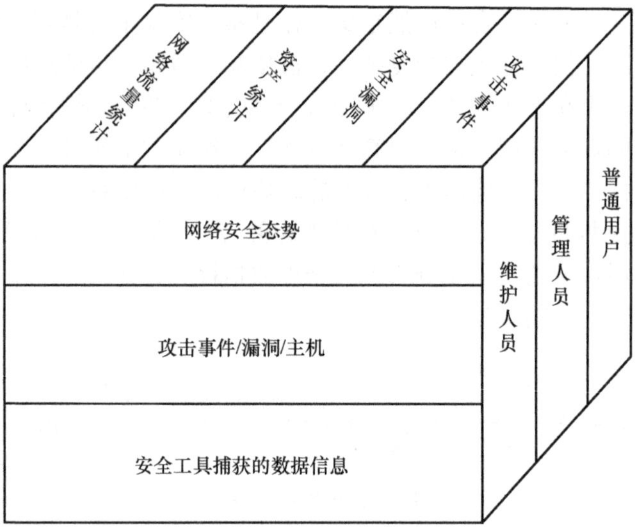

图 4-3 评估指标来源

3. 日志数据管理标准

作为计算机网络系统运行真实记录的日志对于修复系统故障、监控系统活动以及保障系统安全具有重要意义，是表征网络安全态势的重要数据来源之一。系统管理员可以基于日志查找入侵者所采用的入侵策略、分析评估入侵对系统造成的危害并采取积极有效的防御措施以增强系统防御能力。网络中的日志大多存储于本地主机，但这种分散存储的方式不仅不利于日志数据的读取，还存在日志丢失或损毁的风险。因此，需要利用各种网络监控系统和日志采集工具将各网络节点本地的日志数据集中采集存储到网络服务器上，以便后续网络安全态势评估中的查询、分析和处理。日志数据常用的管理标准是 Syslog 协议，Syslog 协议提供了一种传递方式，允许一个设备通过网络把事件传递给日志服务器，但是不会对事件的接收进行通知，其在协议的发送者和接收者之间不要求严格的相互协调。包括路由器、交换机和防火墙在内的诸多网络设备都支持 Syslog 协议，可便捷地将不同类型系统的日志数据整合至集中统一的数据库中。

4. 漏洞评价标准

漏洞是系统硬件或者软件在设计初期以及后期使用过程中，由于人为原因，在逻辑上或者设计中存在的某种不合理的缺陷。漏洞违背网络安全规则的硬件或者软件特征，是系统自身脆弱性的一种表征，不法分子可以利用这种不足对系统发起攻击，造成不必要的损失，影响网络的安全状况。因此，漏洞可以作为主机本身安全状况的一种理论上的表示，利用主机本身的漏洞信息在网络安全态势评估过程中评估主机节点的理论威胁值。

目前，漏洞通常以漏洞数据库的形式进行详细描述和管理，漏洞数据库集中存储了现有网络系统中已发现的各种软/硬件漏洞特征和应对措施，是进行后续态势评估和预测的基础。基于漏洞数据库进行漏洞检测可以充分分析当前主机的脆弱性信息及其存在的安全隐患，对主机本身乃至网络的脆弱性进行准确的评估。

（1）CVE 标准

国际上针对漏洞的相关定义是通用的，而通用漏洞披露（Common Vulnerabilities and Exposures，CVE）是由美国 MITRE 公司建立的一个标准化漏洞命名列表，相当于一个行业标准。CVE 标准为已知漏洞提供唯一的标识和标准化的漏洞描述，增强了漏洞定义库兼容性，使共享更加便利，从而加强了不同漏洞检测系统之间的信息共享和交互。

在整个网络安全态势感知过程中，CVE 标准主要被应用于两个方面：一方面是为保证企业网络安全稳定使用的要求，在选取网络安全产品和设备的时候应考虑与 CVE 标准兼容的产品以保证企业级安全应用的需求并方便在以后漏洞检测方面有较好的兼容性；另一方面是为网络安全态势评估过程中的网络主机节点的理论脆弱性指标的确定提供可靠的数据支撑。评估者可以参考 CVE 标准获取漏洞各项属性的脆弱性指标，从而建立自己的脆弱性评估指标体系，并且可通过索引号快速获取漏洞补丁以及补救措施。评估者还可以使用 CVE 标准名称在其他数据库中查询相关漏洞安全信息以评估主机脆弱性或者对系统进行补丁修复。

（2）CVSS

通用漏洞评分系统（Common Vulnerability Scoring System，CVSS）是由美国国家基础设施顾问委员会（NIAC）发布的一种通用的标准漏洞评分标准，因其独有的开放性而普遍被不同产品厂商所采用。CVSS 的主要特点包括漏洞评分机制的标准化、漏洞评分框架的开放性、漏洞评分标准的合理性。CVSS 为所有安全漏洞的危害程度提供了一个量化评估值而不是使用常用的“危急”“严重”等严重等级用语，从而为网络安全态势评估提供了可靠的指标数据。

CVSS 评分标准主要包括基本分数、暂时分数和环境分数，具体如图 4-4 所示。

CVSS 提供了统一的评分标准，无论其评分对象是系统软件、服务器、数据库还是商务应用程序等，主要均从基本评价、生命周期评价和环境评价 3 个方面进行评估，并最终得到一个 0～10 的数字以表征漏洞的危害程度。其中，0 分表示该漏洞几乎没有威胁，10 分表示该漏洞能够完全攻破操作系统层。无论何种类型的漏洞，从 CVSS 的分值上都能直观地判断其危害程度。CVSS 的主要要素及其取值如表 4-2 所示。

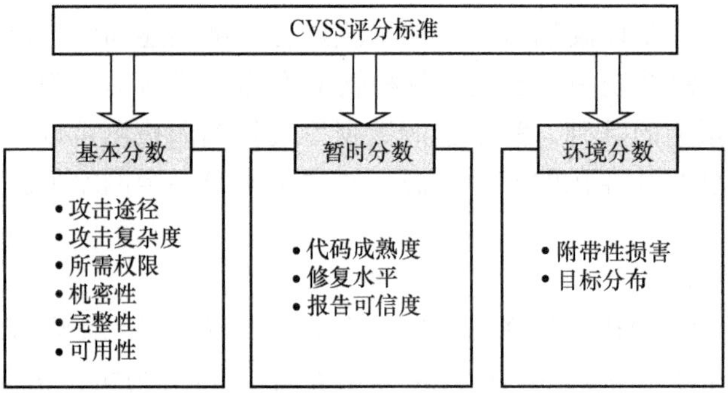

图 4-4　CVSS 评分标准

表 4-2　CVSS 的主要要素及其取值

对比项	要素	可选值	评分标准
基本评价	攻击途径	远程/本地	0.7/1
	攻击复杂度	高/中/低	0.6/0.8/1
	所需权限	需要/不需要	0.6/1
	机密性	不受影响/部分影响/完全影响	0/0.7/1
	完整性	不受影响/部分影响/完全影响	0/0.7/1
	可用性	不受影响/部分影响/完全影响	0/0.7/1
生命周期评价	代码成熟度	未提供/验证方法/功能性代码/完整代码（无须代码）	0.85/0.9/0.95/1
	修复水平	官方补丁/临时补丁/临时解决方案/无	0.87/0.9/0.95/1
	报告可信度	传言/未经确认/已确认	0.9/0.95/1
环境评价	附带性损害	无/低/中/高	0/0.1/0.3/0.5
	目标分布	无/低/中/高（0/1%～15%/16%～49%/50%～100%）	0/0.25/0.75/1

5. 网络监控管理标准

SNMP 是目前网络监控管理中最常见的标准，其对网络设备的支持度较高，能够方便地为网络管理系统提供数据支持，且基于 SNMP 的网络实时监控信息可以应用到网络安全态势评估中以满足态势实时性的功能要求。

基于 SNMP 的数据管理体系主要由网络管理站和网元[9]两部分组成。网络管理站实际上就是管理进程，网元则代表具有管理代理的网络节点，主要是网络中的服务器、路由器和主机系统等。管理代理负责执行管理进程发来的管理指令，以及上传或者修改被管理设备的配置信息。

基于 SNMP 的网络管理模型由网络管理站、管理代理、管理信息库和网络管理协议组成。其中，网络管理站作为管理者和网络管理系统的一个中间接口，是在一个共享系统上实现网络信息采集的单独设备；管理代理则安装在普通路由器、主机系统或者服务器上，负责响应网络管理站的指令并把被管理设备的重要信息传递给网络管理站；管理信息库是管理代理能够查询和设置的数据变量集合，并给出了所有可能的被管理对象集合的数据结构。作为网络管理站访问管理代理的访问点集合，网络管理站固定时间轮询读取管理信息库中的数据以实现网络实时性能监测；网络管理协议通过向管理代理发送 Get、Set 和 Trap 等指令进行数据采集。

6. 网络安全事件分类方法

网络安全事件是指由于自然或者人为及软/硬件本身缺陷或故障，对信息系统造成的危害，或在信息系统内发生对社会造成负面影响的事件。对网络安全事件进行正确的分类可以帮助我们进行网络安全态势威胁类和风险类指标的提取。目前，网络安全事件分类可以依据的标准有《信息安全技术 网络安全事件分类分级指南》以及《网络安全事件描述和交换格式》等，分类方法大致可以分为基于经验术语的分类方法、基于具体应用环境的分类方法、基于单一属性的分类方法和基于多属性的分类方法。其中，基于多属性的分类方法由于提取了攻击的多种属性因此能更准确地描述攻击行为的特征，是相对较好的一种分类方法。但多属性的基本思想是对攻击行为提取多项单一属性，再将单一属性进行排列组合，其本质上也是一种单一属性的分类方法。如果提取的单一属性不完善、不能够描述应用的需求，那么就会影响多属性分类的完整性。

目前，关于网络安全态势指标的选取国内学者进行了大量研究并取得了较为丰硕的成果，其中，电子科技大学的王娟[10]以网络的不同层次、信息的不同来源以及不同网络用户的不同需求等多个角度的信息源为研究对象，归纳提炼出如表 4-3 所示的 25 个二级候选指标，并将这些候选指标抽象融合得到 4 个一级指标，即威胁性、脆弱性、稳定性和容灾性。其中每一个一级指标由一定数量的二级候选指标来表征。

表 4-3　网络安全态势二级候选指标

序号	名称
1	网络漏洞数目及等级
2	关键设备漏洞数目及等级
3	网络拓扑
4	网络带宽
5	报警数目

续表

序号	名称
6	子网内安全设备数目
7	子网内各关键设备提供的服务种类及其版本
8	子网内各关键设备提供的操作系统类型及其版本
9	子网内各关键设备开放端口的总量
10	子网内各关键设备访问主流安全网站的频率
11	子网内主要服务器支持的并发线程数
12	子网带宽使用率
13	子网内安全事件历史发生频率
14	子网数据流入量
15	子网数据流入量增长率
16	子网内不同协议数据包的分布
17	子网内不同大小数据包的分布
18	流入子网内数据包源 IP 地址分布
19	子网内关键设备平均存活时间
20	子网流量变化率
21	子网内不同协议数据包分布比值的变化率
22	子网内不同大小数据包分布比值的变化率
23	子网数据流总量
24	流出子网数据包目的 IP 地址分布
25	子网平均无故障时间

7. 网络安全态势评估指标体系构建

完成网络安全态势评估指标提取后便可采用一定的手段和方法来构建综合的评估指标体系。除了指标提取时需要遵循的原则，在构建网络安全态势评估指标体系时还有一些要遵循的基本原则，如分层分类原则、相近相似原则和动静结合原则等。因为网络安全态势评估指标有些针对的是局部网络，而有些针对的是宏观网络，是层次化的，因此，构建指标体系时需要坚持分层分类的原则；对于大规模网络来说，其影响因素众多且其中有些是近似、有交叉和相互影响的，如不同协议数据包的分布和不同大小数据包的分布等，因此，应该坚持相近相似原则将这种类型的指标统一考虑；此外，还应该针对指标本身的特性合理选择，如网络拓扑结构这种相对稳定的指标和网络流量数据这种时刻变化的指标，以构建更加科学合理的评估指标体系。

通常通过网络的运行维、脆弱维、风险维和威胁维这 4 个维度来概括性地描述网络安全状况。这 4 个维度能够基本覆盖构成信息网络实体的各个部分，较为全面地反映网络的安全状况，因此被很多学者和商业化组织所采用。

（1）运行维指标

运行维指标是通过采集一定时间窗口内系统运行的数据，如 CPU 使用率、内存和设备使用率等，并对其进行量化评估，计算得出的一个能体现网络当前运行状况的数值，通常来讲，数值越大代表网络系统运行状况越差。根据关注重点的不同，我们可以选择不同的指标组合来从运行维的角度对所关注网络的安全态势进行评估。例如，评估的重点是其对网络安全事件的防范能力，因此，选择的运行维指标需要体现网络入侵发生时系统继续正常工作以及网络硬件设备和软件设施抵抗未知安全事件的能力。所以，选择一个一级指标——运行维以反映网络运行维态势，三个二级指标——主机节点、网络设备节点和服务器节点以反映网络节点及自身服务的好坏，CPU 使用率、内存使用率和磁盘空间使用率作为三级指标，所构成的运行维评估指标体系如图 4-5 所示。

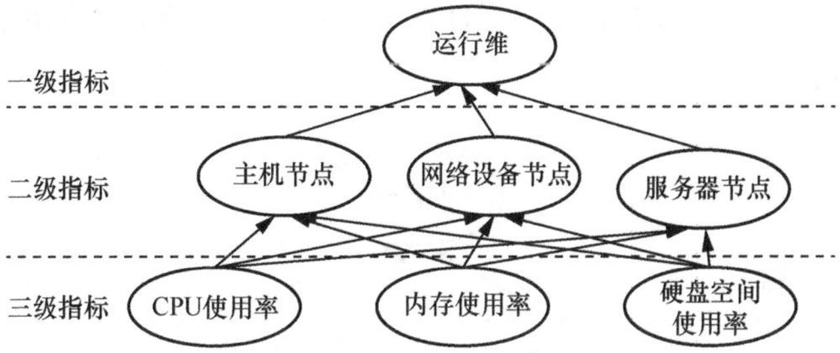

图 4-5　运行维评估指标体系

（2）脆弱维指标

脆弱维指标是通过对漏洞数目等信息的全面量化分析而得出的一个能从整体上衡量网络面临攻击时对系统造成的损失程度的数值，通常来讲，数值越大代表网络越容易遭受攻击且造成损失的程度也越高。脆弱维指标可以根据网络中部署的漏洞扫描类安全设备上报的漏洞扫描结果、统计的未打补丁漏洞数目和漏洞危险等级来进行计算。与运行维类似，可以将网络的脆弱维作为一级指标，将主机节点等设备和其上部署的服务的脆弱维态势作为二级指标，将漏洞扫描设备上报的不同漏洞事件作为三级指标，所构成的脆弱维评估指标体系如图 4-6 所示。

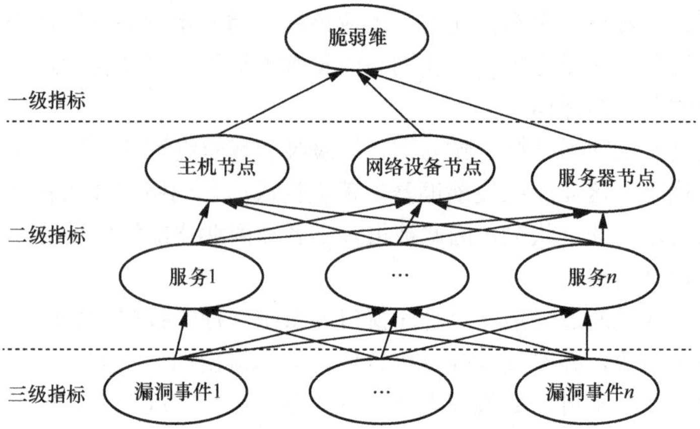

图 4-6　脆弱维评估指标体系

（3）风险维指标

风险维指标是通过收集一段时间内网络中发生的各种攻击事件，并对这些事件发生的频率和事件的危害等级进行综合量化评估后得到的一个数值，通常来讲，数值越大代表其造成的危害程度越大。通常，根据入侵检测设备上报的网络攻击事件结果统计未处理网络攻击事件的数目以及其引发的风险等级来计算风险维指标。将风险维作为一级指标，将主机节点等设备和其上部署的服务作为二级指标，将入侵检测设备检测到的不同攻击事件作为三级指标，所构成的风险维评估指标体系如图 4-7 所示。

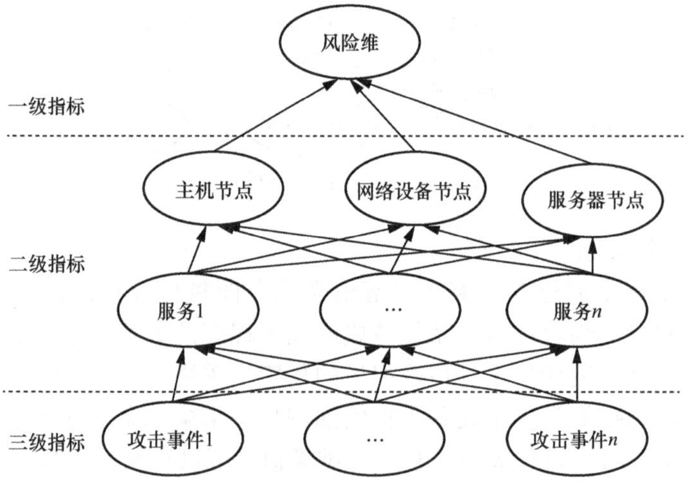

图 4-7　风险维评估指标体系

（4）威胁维指标

威胁维指标是通过收集一段时间内由用户不当行为引发的空策略、非法访问和策略违规以及设备离线或异常等所引发的告警事件并对其量化评估得到的一个数值，通常来讲，数值越大代表其对网络安全运行造成的威胁越大。将威胁维作为一级指标，将主机节点等设备和其上部署的服务作为二级指标，将由于用户操作或系统非正常运行引起的不同告警事件（如非法访问、设备离线或异常等）作为三级指标，所构成的威胁维评估指标体系如图 4-8 所示。

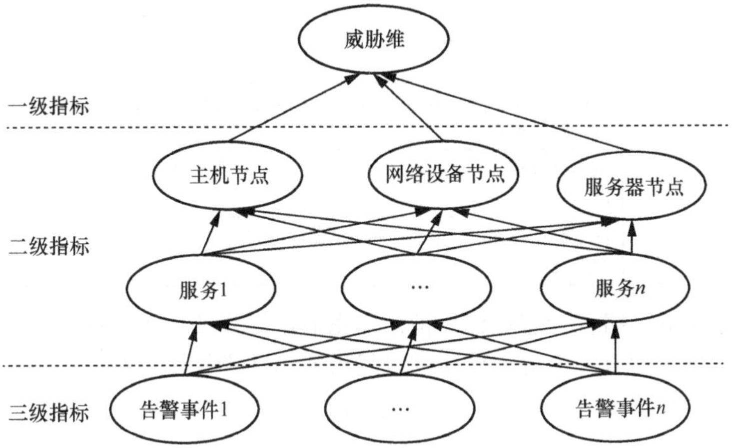

图 4-8 威胁维评估指标体系

通常，需要综合考虑这 4 个维度并选取其中某些或全部指标来构建一个能从多个维度反映网络整体宏观安全态势的层次化的评估指标体系，网络安全态势综合评估指标体系如图 4-9 所示。

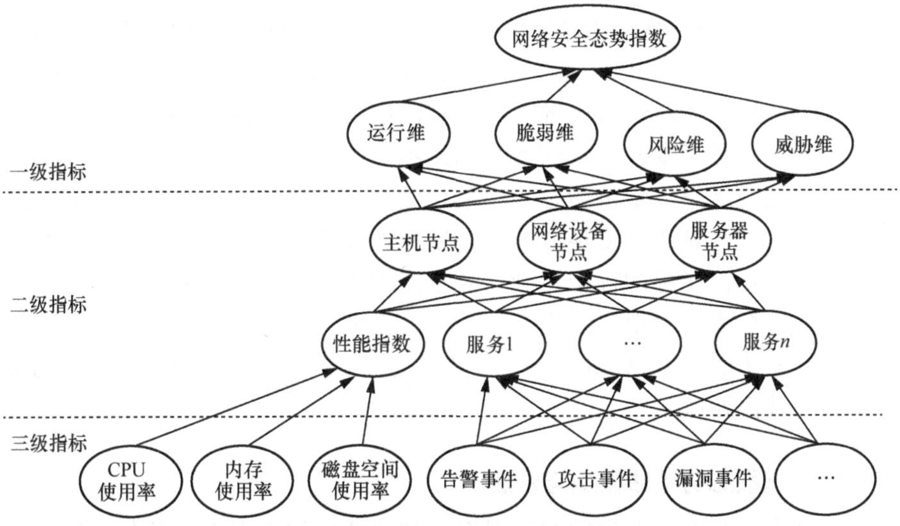

图 4-9 网络安全态势综合评估指标体系

在计算得到网络安全态势指数后，需要设计合适的态势指数等级以实现对网络安全态势评估值的定性划分，从而使网络管理人员能够清晰直观地了解网络中发生了什么。网络安全态势指数划分等级如表 4-4 所示。

表 4-4　网络安全态势指数划分等级

等级	指数范围	表述
微	1～20	网络运行稳定，当下网络不存在严重的攻击和漏洞，网络节点资源损耗较低
低	21～40	网络运行受到轻微影响，当下网络存在一定的攻击或漏洞，网络节点资源损耗一般
中	41～60	网络运行受到一定影响，当下网络存在较为严重的攻击或漏洞，网络节点资源损耗较为严重
高	61～80	网络运行受到较大影响，当下网络存在严重的攻击或漏洞，网络节点资源损耗严重
危	81～100	网络运行受到很大影响，当下网络存在很严重的攻击或漏洞，网络节点资源损耗很严重

在构建完成网络安全态势评估指标体系后，还需要从可行性、冗余度和可信度等方面对指标的合理性进行检验，以尽可能地使指标体系在应用过程中准确、有效地反映网络整体安全状况。若提取的指标过于抽象则通常很难进行实际的检测和度量，也就无法进行后续的态势评估，所以需要检验各单项指标计算时采用的数据是否能及时准确地获得。此外，如果指标体系中存在严重的指标冗余，则会夸大重叠部分指标权重从而使评估结果失真。因此，在结合分层分类原则保证全面性的基础上，要尽量减少指标个数以降低冗余度。最后，还应该保证构建的指标体系在相同的场景、相同的方法以及相同的测量数据下得出的结果是相同的，乃至其应能适用于不同应用场景、时间和地点。

考虑提取的各项指标存在单位和类型的不统一以及数量级的不一致，因此，需要对提取的指标进行标准化处理。根据指标分类方法，对指标的标准化处理分为定量指标的标准化和定性指标的标准化。其中，定量指标的标准化通常是对测量数据进行某种形式的数学变换，从而使不同量纲的数据转换到统一的量纲，不影响多指标综合处理结果。定量指标的标准化主要有直线型无量纲化方法和折线型无量纲化方法这两种线性变换的方法，以及曲线型无量纲化方法这种非线性变换的方法。而定性指标的标准化则需要把定性的评价量化之后再进行处理，例如，当定性指标采用“很高、高、中、低、很低”的方式进行描述时，可以根据它们的次序使用“1、2、3、4、5”来实现结果的量化，进而使用定量指标的标准化方法进行处理。

4.3.2　选取态势评估模型与方法

现有网络安全态势评估的方法很多，按评估的侧重点不同可分为风险评估和威胁评估；按评估的实时性可分为静态评估和动态评估；按评估的形式可分为定性评估和定量评估。评估依据的理论技术基础包括基于数学模型的方法、基于模式识别的方法及基于知识推理的方法。网络安全态势评估框架如图 4-10 所示。

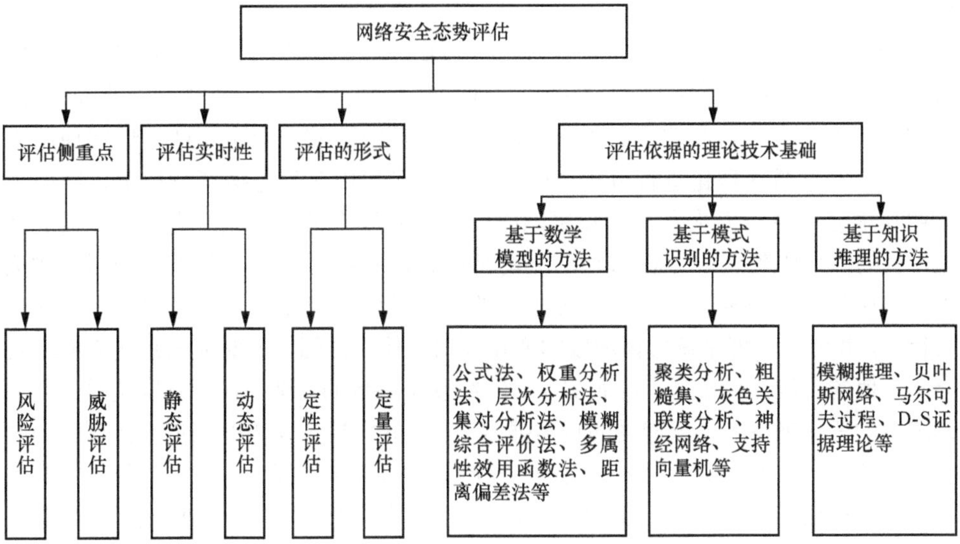

图 4-10　网络安全态势评估框架

基于数学模型的方法通过对影响网络安全态势感知的因素进行综合考虑，建立指标集与安全态势的对应关系，进而将态势评估问题转化为多指标综合评价或者多属性集合等问题，能够得到明确的数学表达式，进而给出确定性结果。该类方法是最早用于网络安全态势感知中的，也是应用最广泛的，其缺点是利用此类方法构建的评估模型对于变量的定义涉及的主观因素较多，缺少客观统一的标准。

基于模式识别的方法分为建立模板和模式匹配两个阶段。首先，利用训练的方式建立模板，在对态势模式进行划分的基础上识别所有可能出现的态势；然后，通过计算实测数据和模板数据之间的关联来确定态势，从而实现对网络安全态势的评估。建立模板是该类方法的重点，该类方法的优点是学习能力非常强，模型建立得比较准确，缺点是计算量过大，如粗糙集和神经网络等建模时间较长导致其在对实时性要求高的网络环境中不能得到很好的应用。此外，其特征数量较多并且由于分类知识是从历史数据中通过机器学习获得，机器很难给出直观的解释，不易于理解。

基于知识推理的方法依据专家知识和经验数据库来构建模型，采用逻辑推理的方式对安全态势进行评估。其主要思路是借助模糊理论、证据理论等处理网络安全事件的随机性。采用该类方法构建模型需要获取先验知识，从实际应用来看，该类方法对知识的获取途径仍然比较单一，主要依靠机器学习或者专家知识库。但机器学习存在操作困难的问题，而专家知识库主要依靠经验的积累。该类方法的缺点是大量的规则和知识占用了大量空间，而且推理过程复杂，很难应用到大规模网络中进行评估。

除了上述方法，还有研究者将博弈论和基于人工免疫的方法引入网络安全态势评估中。基于博弈论的方法将网络安全问题简化为一种多人的非合作博弈过程，各方尽可能追求各自利益的最大化。网络攻防环境下的安全态势评估适宜使用不完全信息动态博弈理论进行分析，但目前研究多集中在静态博弈分析上，因而不可避免地会产生较大失真。计算机网络安全体系和人体免疫系统之间存在共通之处，目的都是要在一个动态的环境中保持其系统稳定，因此，可以通过模拟生物免疫系统中抗体自身演化以及对入侵抗原的检测过程来检测识别网络中的异常或攻击行为，并依据免疫系统抗体浓度的变化与病原体入侵强度的对应关系建立网络安全态势值的定量计算模型，从而实现对网络安全态势的评估。在具体实施时，以抗体浓度的变化来反映系统遭受的攻击强度变化，并根据抗体浓度来定量计算系统的安全态势值。这种方法辨识未知攻击、检测 DDoS 攻击的能力较强，但免疫学非常复杂且仍有很多未知因素，因而使用人工免疫技术来对网络安全态势进行评估有可能使问题复杂化。

综上所述，每一种评估方法都有其优点和适用场景，但同时也有一定的缺点，因此，在进行网络安全态势评估时应根据被评估网络的实际情况和需求来选择合适的态势评估方法和手段。

4.4 典型态势评估方法

4.4.1 故障树分析

故障树分析（Fault Tree Analysis，FTA）是 20 世纪 60 年代提出的用于分析大型复杂系统可靠性和安全性的一种有效方法。它是一种自上而下的方法，通过对可能造成系统故障的硬件、软件、环境、人为因素进行分析，得出故障原因各种可能的组合方式和其发生概率，由总体到部分，按树状结构逐层细化。故障树分析采用树形图的形式，把系统的故障与组成系统的部件的故障有机地联系在一起。故障树分析经过几十年的实践已经比较成熟，在建立故障树时需要考虑以下准则[11-12]。

（1）熟悉了解系统的运行机理和故障因素，将系统最不希望发生的事件作为系统故障树的顶事件。

（2）准确定义故障的事件和状态。在故障树中，需要准确定义什么是故障事件，以及什么条件下会发生故障事件，即系统的工作状态和系统基本单元的故障状态的逻辑联系。

（3）考虑故障树的假设条件，合理确定边界条件。例如，为了简化系统需要将对顶事件影响很小的部分忽略，以及假设底事件彼此独立等。

（4）自上而下建立故障树。采用自上而下的原则建立故障树有利于梳理构建故障树的思路，使之层次分明、逻辑关系清晰，同时也避免了遗漏和重复。

构建故障树主要有以下几个步骤。

（1）熟悉系统：广泛收集、整理系统相关资料并熟悉系统结构、功能、运行原理、故障形式以及故障原因等，以便正确建立故障树并合理分析故障原因。

（2）确定顶事件：顶事件的定义要概念清晰以便查找顶事件的直接原因，并以此进行定性与定量分析。通常将重大风险事件作为顶事件。

（3）拓展与梳理故障树：顶事件的发生是若干中间事件的逻辑组合导致的，中间事件是底事件的逻辑组合导致的，逐层查明每层事件所有可能的直接原因，并用事件符号和逻辑门符号进行连接组合，从而构成一个倒立的树状的逻辑因果关系图。

（4）简化故障树：对建立的故障树进行全面分析，然后将对顶事件影响很小的事件忽略掉，并将冗余的部分消除。

4.4.2　故障模式影响与危害分析

故障模式影响与危害度分析（Fault Modes Effects and Criticality Analysis，FMECA）是一种系统模式化的可靠性评价技术，它由故障模式与影响分析（Fault Modes and Effects Analysis，FMEA）和危害度分析（Criticality Analysis，CA）两部分组成[13]。FMECA 主要用来分析、审查系统及其设备的潜在故障模式、故障原因和维修方式，进而确定其危害度，找到系统的薄弱环节，用于故障的事后改进，更重要的是用于事前预防，从而消除或降低故障发生的可能性，提高系统和设备的可靠性、安全性、维修性和保障性水平。FMECA 逐渐被推广到铁路、机械及航天领域用于指导维修管理工作，并取得了良好的效果。

FMECA 是一种自下而上的分析方法，首先按规定的规则记录产品设计中所有可能的故障模式，然后分析每种故障模式对系统的工作及状态（包括整体完好、任务成功、维修保障、系统安全等）的影响并确定单点故障，将每种故障模式按其影响的严重程度及发生概率排序，从而发现设计中潜在的薄弱环节，最终得到可能采取的预防改进措施（包括设计、工艺或管理），从而消除或降低故障发生的可能性，保证系统的可靠性。

需要注意的是，系统故障模式的分散性较强，失效或故障可检测的程度不一样，有的故障难以直接肉眼观察，并且故障发生的可能性难以得到准确描述，从而使故障模式的评估带有很强的模糊性。由于个体间认识差异，定量分析的主观因素较强，而且随着影响因素的增多，各因素间相互影响和相互制约，很难客观地给出综合评价结果。因此，在实际应用 FMECA 的过程中，通常需要引入模糊理论来弥补其不足。

4.4.3 层次分析法

层次分析法（AHP）是一种基于数学模型的评估方法。基于数学模型的评估方法是指在获取影响网络安全态势的各项安全因素后，通过某种函数变换建立起网络安全态势指标集合 X 映射到网络安全态势集合 Y 的变换关系 $Y=F(X)$，其中 F 代表的是基于数学模型的变换函数。有很多基于数学模型的评估方法可以进行网络安全态势评估，如层次分析法、模糊综合评价方法和集对分析法等。其中，层次分析法效率高且评估结果较准确，下面就层次分析法展开讨论。

层次分析法是一种定性与定量相结合的综合评估方法[14]。作为一种系统化、层次化、多准则的决策方法，层次分析法被广泛应用于复杂系统的分析和决策。其基本思想是将复杂的问题分解为若干个比较容易理解和评价的组合因素，然后按其支配关系将各种因素分组，划分为有序的递阶层次结构，通过各因素两两比较的方式确定层次中各因素的相对重要性，并给出定量指标，利用数学公式计算各因素的权重。

层次分析法的基本步骤如下[15]。

步骤 1 系统分解，建立层次结构模型。

步骤 2 构造判断矩阵。根据层次结构模型，构造判断矩阵，若此判断矩阵符合一致性要求，则继续处理；否则对此判断矩阵进行一致性修正。

步骤 3 层次单排序及其一致性检验。计算此判断矩阵的最大特征值和特征向量，得出本层中与其相关因素的相对风险权重，即层次单排序；然后进行一致性检验。

步骤 4 层次总排序及一致性检验。首先，根据层次单排序的结果进一步计算出层次结构模型中每一层所有因素相对于总体目标的组合权重，得出最底层因素相对于总体目标的组合权重，即层次总排序；然后，进行一致性检验；最后，根据层次总排序结果，确定评估体系中各项指标的权重。

层次分析法通过自下而上以及逐层地分析发现问题的根源，体现了问题的层次特征，但是在构建判断矩阵的时候，因其较多地使用专家评价而受到专家的知识、技能、领域、偏好等多种主观因素的制约，从而导致其判断矩阵存在一定程度的不一致性和不稳定性，进而导致判断结果具有一定程度的不准确性。因此，层次分析法存在以下几点不足[16]。

（1）判断矩阵建立的主观性。经典的层次分析法通过两两比较机制构建专家判断矩阵，虽然其客观性有所提高，但是各个专家本身的知识、技能、偏好的不同会导致判断矩阵的一致性各不相同，由判断矩阵得出的权重结果的准确性有待进一步的验证。

（2）判断矩阵不一致性问题。判断矩阵具有一致性的特性是层次分析法进行应用的重要前提条件，但在风险评估过程中，往往会受到各种主客观因素的影响，尤其是评估过程中对模糊问题进行量化时产生的偏差导致所建立的判断矩阵不具有一致性。

（3）经典的层次分析法最后得到各因素在总体目标中的风险程度，不能够对系统进行整体定量评价。层次分析法的优势在于逐级对问题进行分解，将各级因素按权重进行重要性的排序，可以直观地找到风险较高的因素，但无法对整个系统进行整体定量评价，也就无法得出系统整体安全风险状况的级别。

文献[17]结合北京某单位内部风险的实际情况，运用模糊层次分析法针对获取到的资产、攻击和漏洞等信息进行风险分析和态势呈现，通过建立目标层、准则层、指标层形成风险评估指标体系，方便单位内部人员及时了解该单位存在的威胁并进行处理，从而保证单位内信息的安全。其建立的风险评估指标体系如图 4-11 所示。

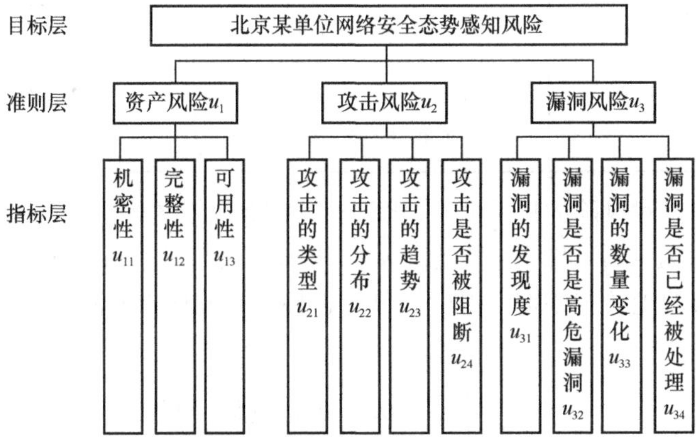

图 4-11　北京某单位网络安全态势感知风险评估指标体系

其中，u_{11}、u_{12} 和 u_{13} 这 3 个指标分别对应资产的机密性（资产被暴露，对其所在管理域造成的损害程度）、完整性（资产运行结果不准确或处理过程被篡改时产生的不良后果对其所在管理域造成的损害程度）和可用性（资产不能运行时，对其所在管理域造成的损害程度）；通过观察攻击的分布 u_{22} 以及攻击的趋势 u_{23} 可以发现攻击目标并及时对外来攻击进行阻断；根据漏洞是否是高危漏洞 u_{32} 优先处理高危漏洞，并根据漏洞的数量变化 u_{33} 了解系统存在的风险从而及时处理发现的漏洞。

根据模糊层次分析法中确定评估指标的模糊判断矩阵及权重的方式建立如表 4-5 所示的准则层评估指标的模糊判断矩阵和权重以及表 4-6 所示的指标层评估指标的模糊判断矩阵和权重。

表 4-5　准则层评估指标的模糊判断矩阵和权重

准则层因素集	模糊判断矩阵	权重向量
$U=\{u_1, u_2, u_3\}$	$\begin{bmatrix} 0.500 & 0.548 & 0.629 \\ 0.452 & 0.500 & 0.532 \\ 0.371 & 0.468 & 0.500 \end{bmatrix}$	$\boldsymbol{W}=\begin{bmatrix} 0.363 \\ 0.331 \\ 0.306 \end{bmatrix}$

表 4-6　指标层评估指标的模糊判断矩阵和权重

指标层因素集	模糊判断矩阵	权重向量
$U_1=\{u_{11}, u_{12}, u_{13}\}$	$\begin{bmatrix} 0.500 & 0.613 & 0.547 \\ 0.387 & 0.500 & 0.487 \\ 0.453 & 0.513 & 0.500 \end{bmatrix}$	$\boldsymbol{W}_1=\begin{bmatrix} 0.360 \\ 0.312 \\ 0.328 \end{bmatrix}$
$U_2=\{u_{21}, u_{22}, u_{23}, u_{24}\}$	$\begin{bmatrix} 0.500 & 0.574 & 0.425 & 0.398 \\ 0.426 & 0.500 & 0.546 & 0.400 \\ 0.575 & 0.454 & 0.500 & 0.479 \\ 0.602 & 0.600 & 0.521 & 0.500 \end{bmatrix}$	$\boldsymbol{W}_2=\begin{bmatrix} 0.241 \\ 0.239 \\ 0.251 \\ 0.269 \end{bmatrix}$
$U_3=\{u_{31}, u_{32}, u_{33}, u_{34}\}$	$\begin{bmatrix} 0.500 & 0.372 & 0.476 & 0.400 \\ 0.628 & 0.500 & 0.642 & 0.498 \\ 0.524 & 0.358 & 0.500 & 0.435 \\ 0.600 & 0.502 & 0.565 & 0.500 \end{bmatrix}$	$\boldsymbol{W}_3=\begin{bmatrix} 0.229 \\ 0.272 \\ 0.235 \\ 0.264 \end{bmatrix}$

根据该单位对风险的评估要求，将风险评估等级设置为安全(v_1)、较安全(v_2)、临界（v_3）、危险（v_4）和非常危险（v_5）。根据防火墙对攻击、漏洞的评级以及对相关管理人员的走访和咨询，得出该单位态势感知的评价矩阵 $\boldsymbol{R}_1$、$\boldsymbol{R}_2$、$\boldsymbol{R}_3$，分别如下：

$$\boldsymbol{R}_1=\begin{bmatrix} 0 & 0.3 & 0.2 & 0.5 & 0 \\ 0 & 0.4 & 0.4 & 0.2 & 0 \\ 0.1 & 0.3 & 0.4 & 0.2 & 0 \end{bmatrix}$$

$$\boldsymbol{R}_2=\begin{bmatrix} 0 & 0.2 & 0.4 & 0.3 & 0.1 \\ 0 & 0.3 & 0.5 & 0.2 & 0 \\ 0 & 0.4 & 0 & 0.4 & 0.2 \\ 0 & 0.4 & 0 & 0.5 & 0.1 \end{bmatrix}$$

$$R_3=\begin{bmatrix}0.4 & 0.2 & 0.2 & 0.2 & 0\\ 0 & 0.4 & 0 & 0.2 & 0.4\\ 0 & 0.5 & 0.3 & 0.2 & 0\\ 0.6 & 0.2 & 0 & 0.2 & 0\end{bmatrix}$$

根据 $\boldsymbol{Y}=\boldsymbol{W}\cdot\boldsymbol{R}$，分别计算资产风险、攻击风险、漏洞风险的模糊矩阵 $\boldsymbol{Y}_1$、$\boldsymbol{Y}_2$、$\boldsymbol{Y}_3$，分别如下：

$$\boldsymbol{Y}_1=[0.0328\quad 0.3312\quad 0.328\quad 0.308\quad 0]$$
$$\boldsymbol{Y}_2=[0\quad 0.3279\quad 0.2159\quad 0.355\quad 0.1012]$$
$$\boldsymbol{Y}_3=[0.25\quad 0.3249\quad 0.1163\quad 0.2\quad 0.1088]$$

根据模糊综合评价隶属度最大准则，$\boldsymbol{Y}_1$ 最大隶属度是 0.3312，评价等级为 v_2，处于较安全状态；$\boldsymbol{Y}_2$ 最大隶属度是 0.355，评价等级为 v_4，处于危险状态；$\boldsymbol{Y}_3$ 最大隶属度是 0.3249，评价等级为 v_2，处于较安全状态。由此可知，该单位应对攻击风险加强防范。根据以上得到的模糊矩阵构成目标层的评价矩阵 $\boldsymbol{R}$ 如下：

$$\boldsymbol{R}=\begin{bmatrix}0.0328 & 0.3312 & 0.3280 & 0.3080 & 0\\ 0 & 0.3279 & 0.2159 & 0.3550 & 0.1012\\ 0.2500 & 0.3249 & 0.1163 & 0.2000 & 0.1088\end{bmatrix}$$

同理可得，目标层的模糊矩阵为 $\boldsymbol{Y}=[0.0884064\quad 0.3281799\quad 0.2261147\quad 0.290509\quad 0.06679]$，可知安全评价等级隶属度为 0.0884064，较安全评价等级隶属度为 0.3281799，临界评价等级隶属度为 0.2261147，危险评价等级隶属度为 0.290509，非常危险评价等级隶属度为 0.06679。根据模糊综合评价隶属度最大准则可知该单位态势感知风险综合评估处于较安全状态。

4.4.4　基于知识推理的融合评价方法

该类方法主要对多数据源、多属性数据进行处理，借助证据理论、模糊集合、数理统计等基础理论知识，利用先验理论建立网络安全态势评估模型，并选择逻辑推理知识确定网络安全态势状况。网络安全态势评估中常用的基于知识推理的方法主要有基于模糊理论的逻辑推理和基于 D-S 证据理论的概率推理。其中，D-S 证据理论因其对“不确定”和“不知道”信息的较好表达能力而得到了广泛的应用，因此，接下来对 D-S 证据理论进行详细介绍。

D-S 证据理论是一套利用“证据”和“组合”来处理不确定性推理的数学方法[18]。D-S 证据理论是对贝叶斯方法的扩展，其不需要知道先验概率，能够处理由不知道引起的不确定性，并能依靠证据的积累获得更高的精确性和可靠性。在 D-S 证据理论中有以下几个基本概念。

（1）识别框架（Frame of Discernment，FoD）Θ：由互不相容的基本命题（假定）组成的完备集合 $\Theta=\{A_1,A_2,\cdots,A_n\}$。

（2）基本概率分配（Basic Probability Assignment，BPA）函数：从 Θ 的幂集到[0,1]的映射 $m:2^{\Theta}\rightarrow[0,1], m(\phi)=0, \sum_{A\subseteq\Theta} m(A)=1$。

（3）信任（Belief，Bel）函数：表示对 A 的信任程度，它与 BPA 函数之间的关系为 $\mathrm{Bel}(A)=\sum_{B\subseteq A} m(B)$，其中 B 为 A 的子集。在信任函数中，被赋予非零基本概率分配的所有命题集合被称为焦元。

（4）似然（Plausibility，Pl）函数：表示对 A 非假的信任程度，也即对 A 可能成立的不确定性度量，它与 BPA 函数之间的关系为 $\mathrm{Pl}(A)=\sum_{A\cap B\neq\phi} m(B)$。

（5）信任区间：[Bel(A),Pl(A)]，表示对识别框架 Θ 中 A 的确定程度，由该命题的信任函数 Bel(A)和似然函数 Pl(A)共同构成，信任区间示意如图 4-12 所示。

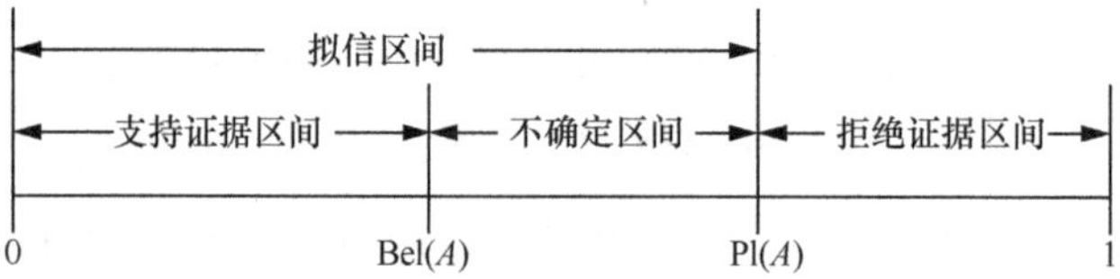

图 4-12　信任区间示意

（6）证据合成规则 1：设 m_1 和 m_2 分别是同一识别框架 Θ 上的 BPA 函数，焦元分别为 $A_1,A_2,\cdots,A_N$ 和 $B_1,B_2,\cdots,B_M$，假设冲突因子 $K=\sum_{A_i\cap B_j=\varnothing} m_1(A_i)m_2(B_j)<1$，若映射满足 $m:2^{\Theta}\rightarrow[0,1]$，则有：

$$m(C)=(m_1\oplus m_2)(C)=\begin{cases}0 & ,C=\varnothing \\ \dfrac{\sum_{A_i\cap B_j=C} m_1(A_i)m_2(B_j)}{1-K} & ,C\neq\varnothing\end{cases} \tag{4-1}$$

其中，m 是 BPA 函数，$\oplus$表示直和（正交和）运算。

（7）证据合成规则 2：设 $m_1,m_2,\cdots,m_n$ 是同一识别框架上的基本概率分配，对应的焦元分别为 $A_1,A_2,\cdots,A_n$，则 n 条证据的合成计算式为：

$$\begin{aligned} m(A) &= (m_1\oplus m_2\oplus\cdots\oplus m_n)(A) \\ &= (1-K)^{-1}\sum_{A_1\cap A_2\cap\cdots\cap A_n=A} m_1(A_1)m_2(A_2)\cdots m_n(A_n) \end{aligned} \tag{4-2}$$

其中，冲突因子 $K = \sum_{A_1 \cap \cdots \cap A_n = \varnothing} m_1(A_1)m_2(A_2)\cdots m_n(A_n)$。

D-S 证据理论的特点是直接允许描述未知事物的不确定性，其基本概念中信任函数的作用就是为了能够准确地把不知道和不确定之间的差异区分开来。当假设的概率确定时，D-S 证据理论在本质上就是经典的概率论，因此，可以把概率论看作 D-S 证据理论在特定条件下的表现。D-S 证据理论因能够在不知道假设的概率时使用而比概率论的使用范围更广。当问题中出现非确定的因素或者需要将这些不确定的因素进行合成时，D-S 证据理论就是最合适的方法。

在网络安全态势评估过程中，引入 D-S 证据理论进行评估的基本步骤如下。

首先，确定证据和命题之间的各种逻辑关系，对应到实际的系统便是确定实体、安全指标和安全状态之间的逻辑关系，生成基本概率分配；然后，根据每个实体上报的安全事件信息，即证据，按照证据预定义的规则进行合成，获得新的基本概率分配，利用决策逻辑判断生成结果，选择置信度最高的命题作为备选命题；最后，当有新的证据连续上传上来时，重复以上过程直到备选命题的置信度达到预先设置的参考值，也就是命题成立。

下面通过一个实例对 D-S 证据理论在网络安全态势评估中的应用进行说明。假设某网络受到攻击，两位专家根据部署其上的安全工具并结合专家经验，分别判断该网络受到 PROBE、U2R 和 R2L 攻击的概率如表 4-7 所示。

表 4-7　攻击概率

对比项	专家 1	专家 2
PROBE 攻击	0.6	0.2
U2R 攻击	0.15	0.65
R2L 攻击	0.25	0.15

为方便计算，分别以 P、U 和 R 代表 PROBE、U2R 和 R2L 攻击，则根据证据合成计算式可知冲突因子为：

$$
\begin{aligned}
K_{1,2} &= m_1(P)\times[m_2(U)+m_2(R)]+m_1(U)\times[m_2(P)+m_2(R)]+m_1(R)\times[m_2(P)+m_2(U)] \\
&= 0.6\times(0.65+0.15)+0.15\times(0.2+0.15)+0.25\times(0.2+0.65) \\
&= 0.48+0.0525+0.2125 \\
&= 0.745
\end{aligned}
$$

证据融合后该网络受到 PROBE、U2R 和 R2L 攻击的概率分别为：

$$m_{1,2}(P) = \frac{m_1(P)m_2(P)}{1-K_{1,2}} = \frac{0.6\times 0.2}{1-0.745} \approx 0.47$$

$$m_{1,2}(U)=\frac{m_1(U)m_2(U)}{1-K_{1,2}}=\frac{0.15\times0.65}{1-0.745}\approx0.38$$

$$m_{1,2}(R)=\frac{m_1(R)m_2(R)}{1-K_{1,2}}=\frac{0.25\times0.15}{1-0.745}\approx0.15$$

根据证据合成之后的结果，可以判断该网络最有可能受到的是 PROBE 攻击。

参考文献

[1] 吴嘉诚, 余晓. 网络安全风险评估方法研究综述[J]. 电子科技, 2024, 37(3): 10-17.

[2] 国家市场监督管理总局, 中国国家标准化管理委员会. 信息安全技术 信息安全风险评估方法: GB/T 20984—2022[S]. 北京: 中国标准出版社, 2022.

[3] CHEN L H, REN J Z. Multi-attribute sustainability evaluation of alternative aviation fuels based on fuzzy ANP and fuzzy grey relational analysis[J]. Journal of Air Transport Management, 2018, 68: 176-186.

[4] 李建华, 陈秀真. 信息系统安全检测与风险评估[M]. 北京: 机械工业出版社, 2021.

[5] 柳杰灵, 凌晓波, 张蕾, 等. 基于战术关联的网络安全风险评估框架[J]. 计算机科学, 2022, 49(9): 306-311.

[6] 荆浩. 基于动态贝叶斯网络的网络安全态势评估模型研究[D]. 内蒙古: 内蒙古工业大学, 2023.

[7] 韦勇, 连一峰, 冯登国. 基于信息融合的网络安全态势评估模型[J]. 计算机研究与发展, 2009, 46(3): 353-362.

[8] 席荣荣, 云晓春, 张永铮, 等. 一种改进的网络安全态势量化评估方法[J]. 计算机学报, 2015, 38(4): 749-758.

[9] 邓博展. 基于 SNMP 及 SYSLOG 协议的网络管理系统的设计与实现[D]. 哈尔滨: 哈尔滨工程大学, 2020.

[10] 王娟. 大规模网络安全态势感知关键技术研究[D]. 成都: 电子科技大学, 2010.

[11] SENOL Y E, AYDOGDU Y V, SAHIN B, et al. Fault tree analysis of chemical cargo contamination by using fuzzy approach[J]. Expert Systems with Applications, 2015, 42(12): 5232-5244.

[12] WANG Y Y, LI Q J, CHANG M, et al. Research on fault diagnosis expert system based on the neural network and the fault tree technology[J]. Procedia Engineering, 2012(31): 1206-1210.

[13] 陈泳江, 张慧颖, 王新华, 等. 基于 FMECA-模糊层次分析法的水库大坝安全性分析[J]. 水电能源科学, 2022, 40(5): 101-104.

[14] 邓雪, 李家铭, 曾浩健, 等. 层次分析法权重计算方法分析及其应用研究[J]. 数学的实践与认识, 2012, 42(7): 93-100.

[15] 陈秀真, 郑庆华, 管晓宏, 等. 层次化网络安全威胁态势量化评估方法[J]. 软件学报, 2006,

17(4): 885-897.

[16] 吴殿廷, 李东方. 层次分析法的不足及其改进的途径[J]. 北京师范大学学报(自然科学版), 2004, 40(2): 264-268.

[17] 陆雨晶, 陈琳. 基于 FAHP 的网络安全态势感知风险评估技术研究[J]. 计算机与数字工程, 2021, 49(5): 957-960, 976.

[18] 刘高高, 黄东杰. 一种特征融合的工作模式识别方法[J]. 西安电子科技大学学报, 2023, 50(6): 13-20.

第5章 网络安全态势预测技术

从某种意义上来说，网络安全态势评估的最终目的就是态势预测，特别是随着网络攻击手段和形式的快速增加，具有主动防御能力的网络安全态势预测技术越来越受到众多研究者的关注，也涌现出了多种基于机器学习的更为智能的态势预测技术和方法，以更加及时准确地对网络态势的未来发展趋势（特别是复杂复合式攻击行为）进行预测，从而有效保护网络系统的安全。本章主要介绍了网络安全态势预测基本概念、预测评价指标、典型网络安全态势预测方法、基于人工智能的网络安全态势预测方法，以及面向典型攻击行为的网络安全态势预测。

5.1 态势预测基本概念

预测是指对研究对象的未来状态或未知状态进行预估和推测。研究对象过去和现在的客观事实是进行预测的依据。根据研究对象过去和现在的发展变化规律，通过一定的科学理论方法及手段，对研究对象未来的发展趋势和状况进行推测、估计和分析，做出定性或定量的描述，形成科学的假设和判断，能够为今后制定规划、决策和管理服务。预测的实质即知道过去、掌握现在，并以此为基础来估计未来。

预测网络安全态势未来的发展趋势是网络安全态势感知的一个重要组成部分，它的主要任务是在获取网络安全状况发展变化历史数据的基础之上，运用一些科学的理论、方法以及专家经验、知识等推理、评估、预测网络安全状况在未来一段时间内可能发生的变化，从而使网络安全管理人员能够更好地了解网络安全的发展趋势，并针对特定的网络安全状况及时做出安全应急响应以减少网络安全风险隐患，因而对于网络安全的防护有着特别重要的价值。因此，所谓网络安全态势预测就是在态势理解和态势评估的基础上，根据现有的网络节点和网络设备信息，通过对网络安全态势评估历史数据进行分析，建立合理的数学模型来推测未来一段时间内网络安全的变化情况，客观准确地对网络安全态势的发展进行预测，把握网络安全的发展趋势，对未来可能遭到的攻击提前进行防范，从而降低网络安全的风险水平。因为网络场景复杂，各种攻击威胁的发生是随机的，而且各种突发的正常或非正常的状况都会造成网络的扰动，因此，网络安全态势预测是复杂的非线性过程。

网络在不同时间段内的安全态势具有一定的相关性，这是能够进行网络安全态势预测的前提。网络安全态势预测就是利用网络安全态势过去与现在之间存在的这种内在联系来对网络安全态势进行预测，从而提高对攻击威胁事件的主动防御能力，因此是网络安全态势感知的一个重要目标。预测过程一般分为以下 4 个步骤[1]。

（1）确定预测对象。即确定预测的目标，了解最终预测的目的，明确预测结果的呈现形式。

（2）搜集要素信息。在确定预测对象以后，要搜集对预测对象的发展有影响的要素信息，包括过去和现在的数据信息，再对这些数据进行分析研究，确定其准确性和可靠性，去除冗余数据以降低复杂度，发现或识别数据模式和规律，为预测提供依据。

（3）选择合适的预测模型。不同预测模型适用的范围各不相同，因此需要选择合适的数学模型来描述这种模式或规律。

（4）实施预测。将建立的数学模型在时间域上扩展从而完成预测。

简单地说，预测过程就是在获取历史态势数据序列的基础上，运用相关技术和方法对其进行处理和变换，然后利用数学模型来发现和识别态势数据序列之间的关系和规律，建立包含时间变量和态势变量的方程，然后通过求解方程得到随时间变化的态势函数。

由于预测的对象、内容和期限的不同，现有多种多样的预测方法，但到目前为止，还没有一个统一的、普遍适用的分类体系。从预测本身的含义可以看出，预测分为数值预测和行为预测。当前，态势预测的研究重点偏向于前者，通常是对网络安全态势的历史态势数据序列进行分析，进而实现对未来态势的预测。一方面，从随机过程分析的角度来看，网络安全态势具有一定的波动性和随机性，可以利用随机过程分析的相关模型进行预测；另一方面，从时间序列分析的角度来看，可以通过建立较为准确的可以描述态势发展规律的数学模型，实现对未来态势的预测。行为预测则指攻击行为预测，使用的方法通常有基于攻击行为因果关系的预测方法、基于贝叶斯博弈理论的预测方法和基于意图的预测方法等。

此外，预测技术从预测的性质上可以分为定量分析预测和定性判断预测。其中，定量分析预测利用统计资料，借助数学工具分析因果关系，从而进行预测。定量分析预测的具体方法很多，如时间序列分析和回归分析等；而定性判断预测指在没有较充分的数据可利用时，只能凭借直观材料，依靠个人经验和分析能力进行逻辑判断，对未来做出预测。常用的定性判断预测方法有判断分析、专家评估、市场调查和类推等。

虽然网络安全态势预测方法在不断地发展，但网络安全态势受网络攻击行为、病毒、自身漏洞、木马等因素影响，具有高度的非线性、时变性和突变性等复杂特点，采用单一的预测方法只能反映其部分信息，无法进行准确的预测。而近年来发展起来的组合预测方法能够充分利用各单一预测方法的优点，全面刻画系统变化状态，为复杂非线性网络安全态势预测提供新的研究思路。

组合预测需要将多种预测方法相结合，这种结合可以是模型思想上的借鉴融合从而形成新的模型，也可以是根据各自的权重将几种方法的预测结果组合起来，最终得到一个可供分析和决策使用的组合预测结果。通过对不同预测方法的合理组合，能够充分发挥各方法的优势。相较于单一的预测方法，组合预测方法往往更加系统、全面，可以充分利用时间序列携带的信息，达到提高预测精度的目的[2]。其中，模型组合法是指将两个及以上的模型以紧耦合的方式组合起来，形成一个新的模型。例如，文献[3]将灰色系统理论和马尔可夫预测法结合起来，提出了一种新的灰色—马尔可夫模型，该模型使用灰色系统理论预测未来态势，利用马尔可夫预测法预测随机因素。结果组合法是指将两个及以上的预测结果以松耦合的方式组合起来，组合过程中需要选取适当的权重。例如，文献[4]将马尔可夫预测法和自回归移动平均（ARMA）预测模型的结果进行组合，取得了预期的效果。

5.2 预测评价指标

对预测结果的精度和算法效率进行评价是网络安全态势预测的重要组成部分。其中，算法效率主要通过两个方面的时间量进行衡量：一是算法运行时间，即获得预测目标的相关信息所消耗的时间；二是对应事件实际发生之后获得这些信息所用时间。应当尽可能提前得到对当前网络安全态势的准确预测结果，为后续的主动防御预留足够多的响应时间。至于预测结果的精度通常使用误差来描述，误差的常用表示形式如下[5]。

（1）绝对误差（AE）：为预测输出值与实际输出值之间的绝对差值，表示为：

$$\mathrm{AE}=\left|p_i-a_i\right|$$

其中，p_i 表示预测输出值，a_i 表示实际输出值。

（2）平均绝对误差（MAE）：为各项绝对误差的绝对值总和除以误差项数所得的平均值，表示为：

$$\mathrm{MAE}=\frac{1}{n}\sum_{i=1}^{n}\left|p_i-a_i\right|$$

（3）绝对百分比误差（APE）：为预测输出值与实际输出值之间的相对差值，表示为：

$$\mathrm{APE}=\left|\frac{p_i-a_i}{a_i}\right|\times 100\%$$

（4）平均绝对百分比误差（MAPE）：为各项相对误差的绝对值总和除以误差项数所得平均值的百分数，表示为：

$$\mathrm{MAPE}=\frac{1}{n}\sum_{i=1}^{n}\left|\frac{p_i-a_i}{a_i}\right|\times 100\%$$

需要注意的是，只用某一项误差指标来评价预测结果不仅不够可靠而且不够科学，因此，常用多项误差形式来对预测结果进行评价，并以此来判定各种预测方法优劣或者某一种预测方法的可行性。

5.3　典型网络安全态势预测方法

5.3.1　时间序列分析预测

时间序列是依据时间顺序生成的观测值的集合，就是对客观过程的一个变量或一组变量 $X(t)$进行度量，在时刻 $t_1<t_2<\cdots<t_n$ 上得到以时间 t 为自变量、离散化的有序集合：$X(t_1),X(t_2),\cdots,X(t_n)$。时间序列的波动是许多因素共同作用的结果。需要注意的是，时间序列中的时间概念是一种广义下的时间概念，除了表示通常意义下的时间，自变量 t 还可以有不同的物理意义，如长度、温度或其他物理量等。时间序列按是否能用精确的数学模型表达，可分为线性时间序列和非线性时间序列。

时间序列分析就是对系统在一定时间内采集到的时间序列数据进行曲线拟合和参数估计来建立数学模型的理论和方法，能够分析动态数据、揭示数据规律性，在不同领域中有着广泛的应用。因此，时间序列分析预测是一种统计预测方法，是以时间序列所能反映的社会经济现象的发展过程和规律性进行引申外推，预测其发展趋势的方法。它研究预测目标与时间过程的演变关系，根据统计规律性构

造拟合变量 $X(t)$ 的最佳数学模型，浓缩时间序列信息，简化时间序列的表示，并用最佳数学模型来进行未来预测。

时间序列分析预测的前提是假定事物从过去延续到未来，这个前提包含两层含义：一是不会发生突然的跳跃变化，即以相对小的步伐前进；二是过去和当前的现象可能表明现在和将来活动的发展变化趋势。因此，通常情况下时间序列分析预测对于短期的预测效果比较显著，但对于延伸到更远的将来，预测就会出现较大的偏差从而导致决策失误。

数据之间的相互依赖性是时间序列的一个典型本质特征。人们根据这种依赖性针对时间序列数据进行建模，并将其应用于不同领域进行分析预测。在时间序列分析中，通过建立时间序列模型来定量检测数据的变化规律。根据时间序列的不同其使用的模型也不尽相同，主要包括自回归（Auto Regressive，AR）模型、移动平均（Moving Average，MA）模型、自回归移动平均（Auto Regressive and Moving Average，ARMA）模型和自回归求和移动平均（Auto Regressive Integrated Moving Average，ARIMA）模型等。

时间序列分析预测的步骤[6]如下。

（1）平稳性检验。首先，验证时间序列的平稳性以便进行建模。可使用游程检验法对序列进行检验，如果序列本身不平稳，可先求出它的差分序列再进行平稳性检验，以此类推，直到某阶差分序列平稳为止。

设序列 X_t 的均值为 $\bar{X}$，对于序列中比 $\bar{X}$ 小的数记“−”号，其余的记“+”号，这样就可以将原序列转化为一个记号序列。其中，每一段连续相同的记号序列就叫作一个游程。设序列长度为 N，$N = N_1 + N_2$，其中 N_1 和 N_2 分别是记号序列中“+”序列与“−”序列出现的次数，游程总数为 r。对于随机序列，可以进行如下证明。

当 N_1 和 N_2 均不超过 15（小样本）时，游程的均值 $E(r)$ 和方差 $D(r)$ 分别为：

$$E(r) = \frac{2N_1N_2}{N} + 1 \tag{5-1}$$

$$D(r) = \frac{2N_1N_2(2N_1N_2 - N)}{N^2(N-1)} \tag{5-2}$$

当 N_1 和 N_2 大于 15（大样本）时，计算统计量 Z：

$$Z = \frac{r - E(r)}{\sqrt{D(r)}} : N(0,1) \tag{5-3}$$

因此，计算出所检测序列 r 或 Z 的值，在给定显著水平 α 下，若 $r_{\mathrm{L}} < r < r_{\mathrm{U}}$（$r_{\mathrm{L}}, r_{\mathrm{U}}$ 分别为 r 的下限和上限）或者 $|Z| < 1.96$，则认为该序列是平稳序列，否则是

非平稳序列。

（2）模型识别。在得到平稳序列后，进行模型的初步识别和定阶。初步识别需要计算样本自相关函数（Auto-Correlation Function，ACF）和偏自相关函数（Partial Auto-Correlation Function，PACF），根据样本 ACF 和 PACF 的拖尾或截尾性质，确定采用的时间序列模型及其阶数。如果样本自相关系数和偏自相关系数最初的值明显大于时间序列 X_t 两倍标准差，而后几乎 95%的系数都落在时间序列 X_t 两倍标准差的范围内，且非零系数衰减为小值波动的过程非常突然，通常视为 k 阶截尾；如果有超过 5%的样本自相关系数和偏自相关系数大于时间序列 X_t 两倍标准差，或非零系数衰减为小值波动的过程非常缓慢或连续，通常视为拖尾。在统计分析软件 SAS 中，可以通过 ACF 和 PACF 的图像来判断。平稳序列的函数选择如表 5-1 所示。若样本 ACF 和 PACF 均为截尾，则用 BIC 准则确定阶数。

表 5-1　平稳序列的函数选择

函数	AR(p)	MA(q)	ARMA(p, q)
ACF	拖尾	q 阶截尾	拖尾
PACF	p 阶截尾	拖尾	拖尾

（3）参数计算。通过模型识别可以确定时间序列的模型和阶数，为了得到模型的表达式，还需要计算模型的参数。通常选用参数估计法中的最小二乘估计，该方法充分利用了每一个观测值因而估计精度高。最小二乘估计值是使残差平方和最小的一组参数值。

（4）残差检验。通过参数计算可以确定时间序列的表达式，而为了检验模型的正确性，则还需要对模型的残差序列进行白噪声检验。如果残差序列是白噪声序列，则说明建立的模型是正确的，可利用模型表达式对时间序列进行预测，否则就需要对模型进行修改。

时间序列分析预测不研究事物的因果关系，不考虑事物发展变化的原因，只是从事物过去和现在的变化规律来推断事物的未来变化，其本质就是分析数据序列与时间因子的关系，生成主体随时间变化的动态模型。这种方法的优点是反映序列的自相关性，在预测时考虑时间序列的随机性和周期性等因素，适合短期预测。缺点则是计算量大、过程复杂，运行过程中需要较多的人工操作，对中长期预测的误差较大。

根据分析方法的不同，时间序列分析方法可分为以下几种。

简单序时平均数法，也称简单平均法。它是对过去已有的 t 期观测值通过简单平均来预测下一期的数值。设时间序列已有的 t 期观测值为 $Y_1, Y_2, \cdots, Y_t$，则 t+1 期的预测值为：

$$F_{t+1}=\frac{Y_1+Y_2+\cdots+Y_t}{t}=\sum_{i=1}^{t}\frac{Y_i}{t} \tag{5-4}$$

这种方法基于的假设为“过去这样，今后也将这样”，把近期和远期数据等同化和平均化，因此，只能适用于事物变化不大、较为平稳时间序列的趋势预测。如果事物呈现某种上升或下降的趋势，就不宜采用此方法。

加权序时平均数法就是把各个时期的历史数据按近期和远期的影响程度进行加权，求出平均值，作为下一期的预测值。

移动平均法是通过对时间序列逐期递移求得平均数作为预测值的一种预测方法，主要包括简单移动平均法和加权移动平均法。前者是将最近的 k 期数据加以平均，作为下一期的预测值。设移动间隔为 k，则 t 期的移动平均值即 $t+1$ 期的简单移动平均预测值为 $F_{t+1}=\frac{Y_{t-k+1}+Y_{t-k+2}+\cdots+Y_{t-1}+Y}{k}$；后者则是对简单移动平均法进行改进。在确定权重时，近期观测值的权重应该大些，远期观测值的权重应该小些。

以上几种方法比较简单，可以快速地求出预测值，但准确性较差。

指数平滑法是通过对过去的观测值加权平均进行预测的一种方法，最适用于简单时间序列分析，该方法使 $t+1$ 期的预测值等于 t 期的实际观测值与 t 期的预测值的加权平均，从而消除历史统计序列中的随机波动，找出其中的主要发展趋势。指数平滑法是加权平均的一种特殊形式，观测时间越远，其权重指数下降得越多。根据平滑次数的不同，指数平滑法有一次指数平滑、二次指数平滑、三次指数平滑等，其中二次指数平滑较为常用，越高次越不常用。二次指数平滑的过程如下所示。

（1）原始序列一次指数平滑计算：

$$x_1'=x_1 \tag{5-5}$$

$$x_t'=\alpha x_t+(1-\alpha)x_{t-1}，\ 2\leqslant t\leqslant n \tag{5-6}$$

（2）一次平滑序列进行二次指数平滑计算：

$$x_1''=x_1' \tag{5-7}$$

$$x_t''=\alpha x_t'+(1-\alpha)x_{t-1}'，\ 2\leqslant t\leqslant n \tag{5-8}$$

（3）计算系数：

$$a_n=2x_n'-x_n'' \tag{5-9}$$

$$b_n=\frac{\alpha}{1-\alpha}(x_n'-x_n'') \tag{5-10}$$

（4）预测：

$$x_{n+1} = a_n + b_n i, \qquad i \geqslant 1 \tag{5-11}$$

其中，x_t 为 t 时刻的观测值，x_t' 为 t 时刻的一次指数平滑值，x_t'' 为 t 时刻的二次指数平滑值，a_n 为截距，b_n 为斜率，α 为平滑系数，其取值区间为[0,1]。若预测序列波动不大，α 宜取较小值，即[0.1,0.3]，使各期观测值的权重由近及远缓慢变小，较多地反映历史趋势对未来的影响；若预测序列波动较大，宜取较大值，即[0.6,0.8]，加大近期观测值的权重，使各期观测值的权重由近及远较快地变小。

总的来说，二次指数平滑法强调近期数据对预测值的作用，因此，适用于预测变化不大，变动较为平滑的态势曲线。

5.3.2　灰色系统理论预测

因为网络安全事件具有极大的概率性、复杂性和突然性，而且已知、可利用的信息通常也较少，所以对网络安全态势进行预测相对较为困难。因此，可利用灰色系统理论来充分利用、挖掘已知的少量信息，从而推导出这些数据信息之间的规律并识别出它们之间的关系。

灰色系统理论诞生于 20 世纪 80 年代初期，是一门以“部分信息已知，部分信息未知”的“小样本”“贫信息”的不确定性系统为研究对象，主要通过对“部分”已知信息的生成、开发，提取有价值的信息，从而实现对系统运行规律的正确描述和有效控制的系统科学新学科。其在众多领域中得到了广泛的应用，解决了许多过去难以解决的实际问题。其中，信息不完全主要包含以下 4 种情况：系统因素不完全明确、因素关系不完全清楚、系统结构不完全知道、系统作用原理不完全明了。

如果一个系统具有层次结构关系的模糊性、动态变化和随机性、指标数据的不完备或不确定性，则称这些特征为灰色性，具有灰色性的系统称为灰色系统。一般来说，社会系统、经济系统、生态系统都是灰色系统。灰色系统理论认为对既含有已知信息又含有未知或非确定信息的系统进行预测，就是对在一定范围内变化的、与时间有关的灰色过程的预测。尽管过程中所显示的现象是随机的、杂乱无章的，但毕竟是有序的、有界的，因此，这一数据集合具备潜在的规律，灰色预测就是利用这种规律，通过对原始数据的生成处理和灰色模型（Grey Model，GM）的建立，挖掘、发现、掌握和寻求系统的发展规律。因为生成序列具有较强的规律性，可以用它来建立相应的微分方程，从而预测事物未来的发展趋势和未来状态，并对系统的未来状态做出科学的定量预测。

在灰色系统理论中，利用较少的或不确切的表示灰色系统行为特征的原始数据序列进行生成变换后，建立用以描述灰色系统内部事物连续变化过程的模型，称为灰色模型。灰色系统理论预测所建立的数学模型即 GM（1,1）模型，它是一个近似的差分微分方程，具有微分、差分、指数兼容的性质。它将系统看成一个随时间变化而变化的函数，在建模时，不需要大量数据的支持，也不需要数据服从典型的概率分布就能取得较好的预测效果，达到较高的拟合和预测精度。灰色系统理论预测根据其功能和特征的不同可分为时间序列预测、拓扑预测、区间预测、灾变预测、季节灾变预测、波形预测和系统预测等。

灰色系统理论认为，客观世界虽然复杂，表述其行为的数据也可能是杂乱无章的，但它必然是有序的，存在着某种内在规律，只不过这些规律被纷繁复杂的现象所掩盖，人们很难直接从原始数据中找出某种内在的规律。但是用适当的方式对原始数据进行处理（在灰色系统理论中称为生成）就能从杂乱无章的数据中得到随机性弱化和规律性强化的生成序列，从而发现其内在规律。在灰色系统理论中，生成是基本的概念和手段，生成函数是灰色建模、预测和分析的基础，常用的灰色系统生成方式有累加生成（AGO）、累减生成（IAGO）、均值生成、级比生成等。

累加生成即通过序列间各时刻数据的依次累加得到新的序列。累加前的序列称为原始序列，累加后的序列称为生成序列。累加生成是使灰色过程由灰变白的一种方法，它在灰色系统理论中占有极其重要的地位。通过累加生成可以看出灰量累积过程的发展态势，使离散的原始数据中蕴含的积分特性和规律加以显化。

记 X^0 为原始序列，$X^0=[x^0(1),x^0(2),\cdots,x^0(n)]$，记生成序列为 X^1，$X^1=[x^1(1),x^1(2),\cdots,x^1(n)]$，如果 X^0 与 X^1 之间满足 $x^1(k)=\sum_{i=1}^{k}x^0(i);\quad k=1,2,\cdots,n$，则称为一次累加生成，记为 1-AGO。$r$ 次累加生成有下述关系：

$$x^r(k)=\sum_{i=1}^{k}x^{r-1}(i) \tag{5-12}$$

由于一次累加生成用得较多，因此，通常称一次累加生成为累加生成。累加生成能使任意非负序列、摆动的与非摆动的序列转化为非减的、递增的序列。

累减生成即对序列求相邻两个数据的差，累减生成是累加生成的逆运算。累减生成可将累加生成还原成非生成序列，在建模过程中用以获取增量信息，其运算符为 a。令 x^r 为 r 次生成序列，对 x^r 作 i 次累减生成记为 a^i，其基本关系式为：

$$a^0[x^r(k)]=x^r(k) \tag{5-13}$$

$$a^1[x^r(k)]=a^0[x^r(k)]-a^0[x^r(k-1)] \tag{5-14}$$

$$a^2[x^r(k)]=a^1[x^r(k)]-a^1[x^r(k-1)] \tag{5-15}$$

$$\cdots$$

$$a^i[x^r(k)]=a^{i-1}[x^r(k)]-a^{i-1}[x^r(k-1)] \tag{5-16}$$

其中，$a^0\left[x^r(k)\right]$为 0 次累减，即无累减；$a^1\left[x^r(k)\right]$为 1 次累减，即 k−1 与 k 时刻两个 0 次累减量的差值；$a^i\left[x^r(k)\right]$为 i 次累减，即 k−1 与 k 时刻两个 i−1 次累减量的差值。对以上基本关系式进行化简可得：

$$\begin{aligned} a^1[x^r(k)] &= a^0[x^r(k)]-a^0[x^r(k-1)] \\ &= x^r(k)-x^r(k-1) \\ &= \sum_{i=1}^{k}x^{r-1}(i)-\sum_{i=1}^{k-1}x^{r-1}(i) \\ &= x^{r-1}(k) \end{aligned} \tag{5-17}$$

$$\begin{aligned} a^2[x^r(k)] &= a^1[x^r(k)]-a^1[x^r(k-1)] \\ &= x^{r-1}(k)-x^{r-1}(k-1) \\ &= \sum_{i=1}^{k}x^{r-2}(i)-\sum_{i=1}^{k-1}x^{r-2}(i) \\ &= x^{r-2}(k) \end{aligned} \tag{5-18}$$

$$\cdots$$

$$\begin{aligned} a^i[x^r(k)] &= x^{r-i}(k) \\ a^r[x^r(k)] &= x^0(k) \end{aligned} \tag{5-19}$$

对 r 次生成序列作 r 次累减，即还原为非生成序列。

灰色模型是利用较少的表示系统行为特征的原始数据序列进行生成变换后对生成数据序列建立微分方程。由于环境对系统的干扰，原始数据序列呈现离散状态，离散序列即为灰色序列，或称灰色过程，对灰色过程建立的模型称为灰色模型。灰色模型是揭示系统内部事物连续发展变化过程的模型，所以灰色模型一般用微分方程来描述。

灰色模型中最典型的是 GM(1,1)模型[7]，设原始数据序列 $X^0=[x^0(1), x^0(2),\cdots,x^0(n)]$，其中 $x^0(i)>0, i=1,2,\cdots,n$，利用该数据序列建立 GM(1,1)模型的一般步骤如下。

步骤 1　对原始数据序列 X^0 作一次累加生成（1-AGO），得到累加生成序列 $X^1=[x^1(1),x^1(2),\cdots,x^1(n)]$；

步骤 2　由一个累加生成序列 X^1 建立 GM(1,1)模型，得对应的白化微分方程形式为：

$$\frac{\mathrm{d}x^1(t)}{\mathrm{d}t}+ax^1(t)=b$$

其中，a 为发展系数，b 为灰色作用量。对应的灰微分方程形式为：

$$x^0(k)+az^1(k)=b,k=2,3,\cdots,n$$

其中，$z^1(k)=0.5[x^1(k)+x^1(k-1)],k=2,3,\cdots,n$，$Z^1=[z^1(2),z^1(3),\cdots,z^1(n)]$ 称为 X^1 的紧邻均值生成序列。

步骤 3 求参数 a,b。$\boldsymbol{\Phi}=[a,b]^{\mathrm{T}}$ 可由最小二乘法确定：

$$\boldsymbol{\Phi}=[\boldsymbol{B}^{\mathrm{T}}\boldsymbol{B}]^{-1}\boldsymbol{B}^{\mathrm{T}}\boldsymbol{Y}$$

其中，$\boldsymbol{B}=\begin{bmatrix}-z^1(2) & 1\\ -z^1(3) & 1\\ \vdots & \vdots\\ -z^1(n) & 1\end{bmatrix}$，$\boldsymbol{Y}=[x^0(2),x^0(3),\cdots,x^0(n)]^{\mathrm{T}}$。

步骤 4 求生成数据序列模型。在初始条件 $\hat{x}^1(1)=x^1(1)=x^0(1)$ 下，得到：

$$\hat{x}^1(k)=[x^0(1)-\frac{\hat{b}}{\hat{a}}]\mathrm{e}^{-\hat{a}(k-1)}+\frac{\hat{b}}{\hat{a}},k=2,3,\cdots,n \tag{5-20}$$

步骤 5 求原始数据序列模型。在初始条件 $\hat{x}^1(1)=x^1(1)=x^0(1)$ 下，得到：

$$\hat{x}^0(k)=\hat{x}^1(k)-\hat{x}^1(k-1),k=2,3,\cdots,n \tag{5-21}$$

即 $\hat{x}^0(1)=x^0(1),\hat{x}^0(k)=(1-\mathrm{e}^{\hat{a}})[x^0(1)-\frac{\hat{b}}{\hat{a}}]\mathrm{e}^{-\hat{a}(k-1)},k=2,3,\cdots,n$，将 $k=2,3,\cdots,n$ 代入式（5-21），便可得到初始数据的拟合值；当 $k>n$ 时，便可得到灰色模型对未来的预测值。

应该注意到，GM(1,1)模型的应用并不是任意的，发展系数 a 的大小限制了 GM(1,1)模型的应用预测范围。传统灰色模型只适用于对较强指数规律的数据序列进行预测。根据文献[4]，当 $a\in(-\infty,-2]\cup[2,\infty)$ 时，GM(1,1)模型失去意义。当 $|a|<2$ 时，GM(1,1)模型有实际的预测价值，根据 $-a$ 取值不同，预测适用性也不同，具体如下。

（1）当 $-a\leqslant 0.3$ 时，GM(1,1)模型适用于中长期预测；

（2）当 $0.3<-a\leqslant 0.5$ 时，GM(1,1)模型适用于短期预测，中长期预测应谨慎；

（3）当 $0.5<-a\leqslant 0.8$ 时，GM(1,1)模型适用于短期预测但预测误差比 $0.3<-a\leqslant 0.5$ 大；

（4）当$0.8 < -a \leqslant 1$时，须采用残差修正 GM(1,1)模型，之后方可使用；

（5）当$-a > 1$时，不宜采用 GM(1,1)模型，误差极大。

5.4　基于人工智能的网络安全态势预测方法

网络攻击具有很强的随机性和不确定性，基于此，网络安全态势变化是一个非常复杂的非线性过程，传统的典型预测方法，如时间序列分析及灰色系统理论等已逐渐不能满足预测需求。而基于人工智能的方法因对非线性时间序列数据具有很强的逼近和拟合能力，因此，一些典型的人工智能方法，如神经网络、支持向量机和遗传算法等越来越多地被应用于网络安全态势预测的研究中。这类方法的优点是具有自学习能力，中短期预测精度较高，需要较少的人为参与。但是也存在一定的局限性，如神经网络存在泛化能力弱、易陷入局部极小值等问题；支持向量机的算法性能易受惩罚参数、不敏感损失参数等关键参数的影响；而遗传算法的进化学习机制较为简单等。

5.4.1　神经网络预测

神经网络是一门涉及数学、计算机、生物、电子、物理、心理学等学科的迅速发展的交叉学科，发展至今已有七十多年的历史，并在模式识别、自动控制、信号处理、辅助决策及人工智能等领域取得广泛的成功。神经网络从信息处理的角度对大脑神经突触连结的结构进行抽象、简化和模拟，从而反映人脑的基本特征。神经网络是由大量处理单元（神经元）互连组成的非线性、自适应信息处理系统，可以很好地处理信息来源不完整、数据不真实、决策规则相互矛盾及一些非线性数据信息等问题，并给出合理的识别和决策。神经元模型如图 5-1 所示。

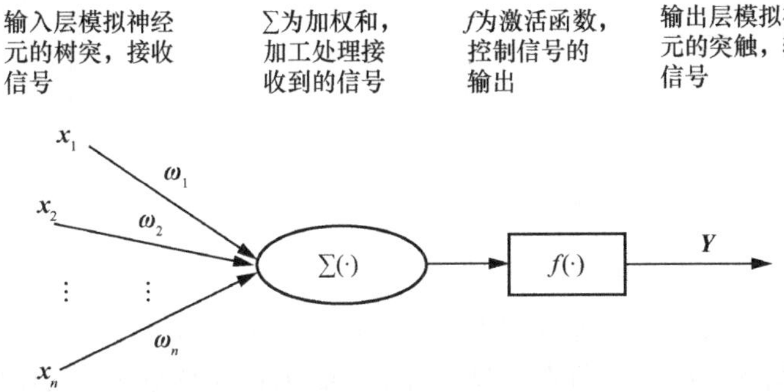

图 5-1　神经元模型

神经网络是一种机器学习工具，具有强大的非线性拟合能力、并行处理能力和对目标样本的自学习和自记忆功能，鲁棒性高，可以得到复杂非线性数据的特征模式。神经网络发展至今已有的模型已不下百种，其中典型的有反向传播（Back Propagation，BP）神经网络，Hopfield神经网络及径向基函数（Radial Basis Function，RBF）神经网络等。其中，RBF 神经网络因其结构简单、非线性逼近效果显著、收敛速度快而在网络安全态势预测中得到广泛应用。利用神经网络预测态势的原理为：以一些输入数据作为训练样本，通过网络的自学习能力调整权重，构建态势预测模型；然后运用模型，实现从输入状态到输出状态空间的非线性映射。

RBF 神经网络结构由输入层、隐藏层和输出层组成。而使其具有可以逼近任何非线性函数能力的关键是隐藏层。输入层由输入节点组成，负责传递输入信号到隐藏层；隐藏层作为网络中承上启下的关键层，它的核心是“基”函数，通过基函数对输入进行辐射状映射，该层的节点数和基函数则根据实际需求进行确定；输出层则是对输入的响应。

RBF 神经网络的主要思想是：将输入数据直接映射到隐藏层空间，用径向基函数作为神经元的“基”构成隐藏层的空间，在此空间对输入数据进行变换，将在低维空间中的非线性数据变换为高维空间内线性可分的数据。这种非线性的映射关系，通过径向基函数的中心点来确定。输出层则通过隐藏层神经元输出的线性加权和，也就是通过隐藏层的线性映射得到。RBF 神经网络结构如图 5-2 所示。

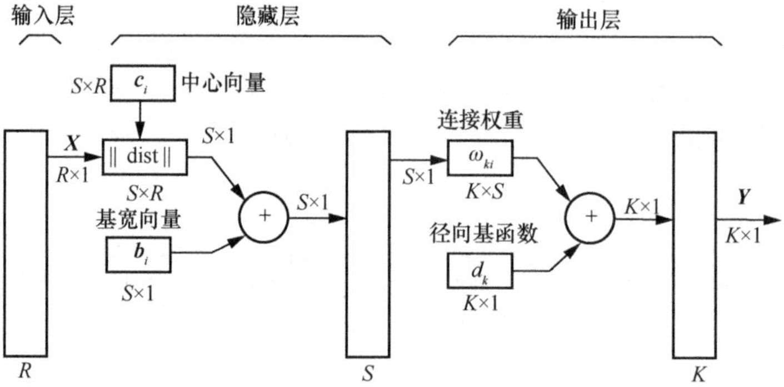

图 5-2　RBF 神经网络结构

其中，各层参数设置如下[8]。

输入层：输入层由 R 个输入节点组成，输入向量为 $\boldsymbol{X}$。

隐藏层：隐藏层由 S 个节点组成，激励函数为径向基函数，其作用是将每个输入向量 $\boldsymbol{X}$ 非线性映射到高维空间中，使低维线性不可分数据转换为高维线性可分数据。径向基函数（radbas）有多种形式，一般选择高斯函数作为径向基函数。函数映射下的第 i 个隐藏层的输出为：

$$q_i = \text{radbas}(\|\boldsymbol{c}_i - \boldsymbol{X}\|)\boldsymbol{b}_i$$

其中，$\boldsymbol{c}_i$ 和 $\boldsymbol{b}_i$ 分别为隐藏层神经元对应节点的中心向量和基宽向量。

输出层：输出层由 K 个节点组成。输出层第 K 个节点输出为：

$$y_k = \sum_i \omega_{ki} q_i - d_k$$

其中，ω_{ki} 为 $q_i \to y_k$ 的映射连接权重，通过 RBF 神经网络训练所得，d_k 为对应输出节点的阈值。

根据以上参数可知，向量 $\boldsymbol{X}$ 输入 RBF 神经网络后，通过非线性映射 $\boldsymbol{X} \to \boldsymbol{Q}$ 将输入映射到高维隐藏层空间，再通过线性映射 $\boldsymbol{Q} \to \boldsymbol{Y}$ 将隐藏层数据映射为输出结果。

RBF 神经网络结构的确定可通过对网络中 3 个参数进行调优，因而可将其学习过程分为以下两部分。

（1）根据隐藏层节点确定对应的 $\boldsymbol{c}_i$ 和 $\boldsymbol{b}_i$。

（2）确定隐藏层各节点与输出各节点之间的连接权重 ω_{ki}。$\boldsymbol{c}_i$ 和 $\boldsymbol{b}_i$ 可以通过外界的输入数据，即样本的分布选取，或是计算出隐藏层的中心，基宽可通过对应的中心计算得到；连接权重通过优化算法学习得到，其中用得比较多的是梯度下降法。

5.4.2 支持向量机预测

支持向量机（Support Vector Machine，SVM）是 20 世纪 90 年代中期发展起来的一种基于统计学习理论的机器学习方法。支持向量机以寻求结构风险最小化的方法来提高学习机的泛化能力，从而使在较小样本统计估计的情况下，也能通过训练得到良好的统计模型。支持向量机预测的基本原理是通过一个非线性映射将输入向量映射到一个高维空间，并在此空间上进行线性回归（回归就是估计出自变量和因变量之间的函数关系，然后根据这个函数，把待预测的样本输入进去就可以得到未来的预测值），从而将低维空间的非线性回归问题转换为高维空间的线性回归问题来解决。

支持向量机是以线性分类为基础发展起来的，其最优分类面示意如图 5-3 所示[9]。实心点和空心点代表两类样本，H 为它们之间的分类超平面，H_1、H_2 分别为过各类样本中离 H 最近的样本且平行于 H 的超平面，它们之间的距离 Δ 叫作分类间隔。

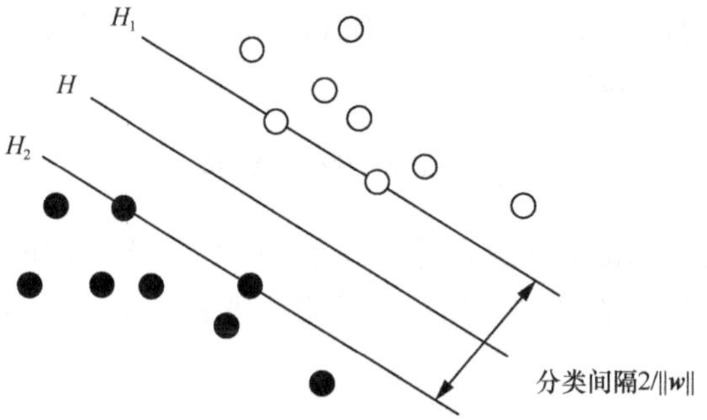

图 5-3 最优分类面示意

所谓最优分类面要求分类面不但能将两类样本正确分开，而且使分类间隔最大。将两类样本正确分开是为了保证训练错误率为 0，也就是经验风险最小（为 0）。使分类间隔最大实际上就是使推广性界中的置信范围最小，从而使真实风险最小。推广到高维空间，最优分类线就成为最优分类面。

设线性可分样本集为 $(\boldsymbol{x}_i, y), i=1,\cdots,n, \boldsymbol{x}\in R^d, y\in\{+1,-1\}$ 是类别符号。d 维空间中线性判别函数的一般形式为 $g(\boldsymbol{x})=\boldsymbol{w}\cdot\boldsymbol{x}+b$，分类线方程为 $\boldsymbol{w}\cdot\boldsymbol{x}+b=0$。将判别函数进行归一化，使两类样本都满足 $|g(\boldsymbol{x})|=1$，也就是使离分类面最近的样本的 $|g(\boldsymbol{x})|=1$，此时分类间隔为 $2/\|\boldsymbol{w}\|$，因此，使分类间隔最大等价于使 $\|\boldsymbol{w}\|$（或 $\|\boldsymbol{w}\|^2$）最小。要求分类线对所有样本正确分类，就是要求它满足 $y_i[(\boldsymbol{w}\cdot\boldsymbol{x})+b]-1\geqslant 0$，$i=1,2,\cdots,n$。

满足上述条件并且使 $\|\boldsymbol{w}\|^2$ 最小的分类面就叫作最优分类面，通过两类样本中离分类面最近的点且平行于 H 的超平面 H_1、H_2 上的训练样本点就称为支持向量，因为这些训练样本点“支持”了最优分类面。利用拉格朗日乘数法可以把上述最优分类面问题转化为如下这种较简单的对偶问题，即在约束条件 $\sum_{i=1}^{n} y_i\alpha_i=0$，$\alpha_i\geqslant 0, i=1,2,\cdots,n$ 下，对 α_i 求解下列函数的最大值：

$$Q(\alpha)=\sum_{i=1}^{n}\alpha_i-\frac{1}{2}\sum_{i,j=1}^{n}\alpha_i\alpha_j y_i y_j(\boldsymbol{x}_i\cdot\boldsymbol{x}_j) \qquad (5\text{-}22)$$

若 α^* 为最优解，则 $\boldsymbol{w}^*=\sum_{i=1}^{n}\alpha^* y\alpha_i$，即最优分类面的权重向量是训练样本向量的线性组合。这是一个不等式约束下的二次函数极值问题，存在唯一解。根据库恩–塔克条件（Kuhn-Tucker Conditions），这些解中只有一部分（通常是很少一部分）α_i 不为 0，这些不为 0 的解所对应的样本就是支持向量。求解上述问题得到的最优分类函数为：

$$f(\boldsymbol{x})=\operatorname{sgn}\{(\boldsymbol{w}^*\cdot\boldsymbol{x})+b^*\}=\operatorname{sgn}\left\{\sum_{i=1}^{n}\alpha_i^* y_i(\boldsymbol{x}_i\cdot\boldsymbol{x})+b^*\right\} \tag{5-23}$$

根据上述分析，非支持向量对应的 α_i 均为 0，因此，式（5-23）中的求和实际上只对支持向量进行。b^* 是分类阈值，可以由任意一个支持向量通过 $y_i[(\boldsymbol{w}\cdot\boldsymbol{x})+b]-1=0, i=1,2,\cdots,n$ 求得，只有支持向量才满足其中的等号条件，或通过待分类的两类样本中任意一对支持向量取中值求得。

最优分类面是在线性可分的前提下讨论的，在线性不可分的情况下，就是某些训练样本不能满足 $y_i[(\boldsymbol{w}\cdot\boldsymbol{x})+b]-1\geqslant 0, i=1,2,\cdots,n$ 的条件，因此，可以在条件中增加一个松弛项参数 $\varepsilon_i\geqslant 0$，变成 $y_i[(\boldsymbol{w}\cdot\boldsymbol{x}_i)+b]-1+\varepsilon_i\geqslant 0, i=1,2,\cdots,n$。对于足够小的 $\varepsilon>0$，只要使 $F_\sigma(\varepsilon)=\sum_{i=1}^{n}\varepsilon_i^\sigma$ 最小就可以使错误分类的样本数最小。对应线性可分情况下的使分类间隔最大，在线性不可分情况下可引入约束：$\|\boldsymbol{w}\|^2\leqslant c_k$，其中 c_k 为惩罚因子，在这些约束条件下对 $F_\sigma(\varepsilon)=\sum_{i=1}^{n}\varepsilon_i^\sigma$ 求极小，就得到了线性不可分情况下的最优分类面，称作广义最优分类面。

对于非线性问题，可以通过非线性变换转化为某个高维空间中的线性问题，在变换空间求最优分类超平面。这种变换可能比较复杂，因此，这种思路在一般情况下不易实现。但是我们可以看到，在上面的对偶问题中，无论是寻优目标函数还是分类函数都只涉及训练样本之间的内积运算 $(\boldsymbol{x}_i\cdot\boldsymbol{x})$。设有非线性映射 $\varPhi: R^d\rightarrow H$ 将输入空间的样本映射到高维（可能是无穷维）的空间 H 中，当在空间 H 中构造最优分类超平面时，训练算法仅使用空间中的点积，即 $\varphi(\boldsymbol{x}_i)\cdot\varphi(\boldsymbol{x}_j)$，而没有单独的 $\varphi(\boldsymbol{x}_i)$ 出现。因此，如果能够找到一个函数 K 使 $K(\boldsymbol{x}_i,\boldsymbol{x}_j)=\varphi(\boldsymbol{x}_i)\cdot\varphi(\boldsymbol{x}_j)$，这样在高维空间中实际只需要进行内积运算，而这种内积运算是可以用原空间中的函数实现的，我们甚至没有必要知道变换中的形式。根据泛函的有关理论，只要一种函数 $K(\boldsymbol{x}_i,\boldsymbol{x}_j)$ 满足 Mercer 条件，它就对应某一变换空间中的内积。因此，在最优分类超平面中采用适当的函数 $K(\boldsymbol{x}_i,\boldsymbol{x}_j)$ 就可以实现某一非线性变换后的线性分类，而计算复杂度却没有增加。此时，目标函数变为：

$$Q(\alpha)=\sum_{i=1}^{n}\alpha_i-\frac{1}{2}\sum_{i,j=1}^{n}\alpha_i\alpha_j y_i y_j K(\boldsymbol{x}_i,\boldsymbol{x}_j) \tag{5-24}$$

而相应的分类函数也变为：

$$f(x)=\operatorname{sgn}\left\{\sum_{i=1}^{n}\alpha_i^* y_i K(\boldsymbol{x}_i,\boldsymbol{x}_j)+b^*\right\} \tag{5-25}$$

概括地说，SVM 就是通过某种事先选择的非线性映射将输入向量映射到一个高维空间，然后在这个空间中构造最优分类超平面。在形式上，SVM 分类函数类似于一个神经网络，输出是中间节点的线性组合，每个中间节点对应一个支持向量，如图 5-4 所示[10]。

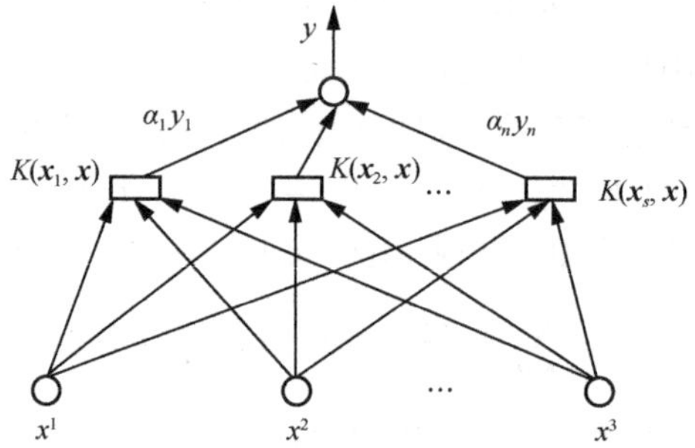

图 5-4　SVM 示意

输出（决策规则）为 $y=\operatorname{sgn}\left\{\sum_{i=1}^{n}\alpha_i y_i K(\boldsymbol{x}_i,\boldsymbol{x})+b\right\}$，权重为 $w_i=\alpha_i y_i$，$K(\boldsymbol{x}_i\cdot\boldsymbol{x})$ 为基于 $\boldsymbol{x}_1,\boldsymbol{x}_2,\cdots,\boldsymbol{x}_s$ 的非线性变换（内积），$\boldsymbol{x}=(x^1,x^2,\cdots,x^d)$ 为输入。

选择满足 Mercer 条件的不同函数就构造了不同的 SVM，该函数也被称为核函数，其中最常用的是多项式核函数和径向基核函数，分别如下。

（1）多项式核函数可表示为 $K(\boldsymbol{x},\boldsymbol{x}_i)=[(\boldsymbol{x}\cdot\boldsymbol{x}_i)+1]^q$，其中 q 是多项式的阶次，所得到的是 q 阶多项式分类器。

（2）径向基函数可表示为 $K(\boldsymbol{x},\boldsymbol{x}_i)=\exp\left\{-\frac{|\boldsymbol{x}-\boldsymbol{x}_i|^2}{\sigma^2}\right\}$，其中 σ 为标准差，所得的 SVM 是一种径向基分类器。

虽然作为统计学习的代表方法，支持向量机和神经网络都源自感知机，且在形式上 SVM 分类函数也类似于一个神经网络，但两者从原理到实现都有很多区别，主要区别如下。

（1）神经网络以经验风险最小化原则为基础，存在许多无法解决的问题，如局部极小点（即无法从理论上找到确保网络收敛到全局最优点）、过学习（即在有限样本的情况下，如果网络或算法设计得不合理，就会出现推广能力下降的现象）、欠学习、维数灾难以及模型选择等。而支持向量机以结构风险最小化原则为基础，克服了神经网络存在的以上问题，保证支持向量机具有更好的泛化能力。

（2）神经网络十分依赖学习样本，即模型性能的优劣很大程度上依赖于模型训练过程中的样本数据，而多数情况下，样本数据是有限的。而且许多实际问题中的输入空间是高维的，样本数据仅是输入空间中的稀疏分布，即使能得到高质量的训练数据，数据量必然很大，而样本过多又会导致训练时间过长。但支持向量机是以统计学习理论为基础的，与传统统计学习理论不同，支持向量机主要针对小样本的情况，且最优解是基于有限的样本信息，而不是样本数趋于无穷大时的最优解。

（3）神经网络容易陷入局部最优解，甚至是无最优解。支持向量机通过将原始问题转换为凸优化问题，因而可保证算法的全局最优性，避免了神经网络无法解决的局部最小值问题。

（4）神经网络缺乏充分的理论基础，目前尚无一种理论能定量分析神经网络训练过程的收敛速度及收敛速度的决定条件，并对其控制。支持向量机是建立在统计学习理论基础上的，有着坚实的理论基础，避免了神经网络实现中的经验成分。

（5）支持向量机通过引入核函数将输入空间中的非线性问题映射到高维空间中，在高维空间中构造线性函数判别，其思路是增加空间的维数，而神经网络是通过特征选择和特征提取减少空间的维数。

综上，支持向量机是一种比神经网络更优的小样本机器学习方法。但神经网络在设计过程中如果有效利用设计者的经验知识和先验知识，也有可能取得比较理想的网络结构，从而达到较好的使用效果。

5.5　面向典型攻击行为的网络安全态势预测

DDoS 借由操控大量的傀儡机对目标网络进行拒绝服务攻击，通过大量合法的请求占用大量网络资源，从而瘫痪目标网络。其攻击破坏性大、危害广，发生的频率不断增加且攻击手段复杂，因而成为了当今互联网的主要威胁之一。

常见的 DDoS 攻击主要有各种类型的泛洪（Flooding）攻击、IP 分片攻击和 PUSH 攻击等。其中，泛洪攻击是当下最普遍的 DDoS 攻击，主要分为 TCP SYN Flooding、UDP Flooding、ICMP Flooding、Smurf Flooding 以及分布式反弹拒绝服务（Distributed Reflection DoS, DRDoS）攻击等。一个高效的 DDoS 攻击检测方法可以较早地对攻击做出预警，为后续有针对性地进行防御争取充足时间，因此，成功的抵御 DDoS 攻击要求能够较早地对 DDoS 攻击进行检测识别。与一些传统 DDoS 攻击检测方法相比，时间序列分析的实时性好，能够尽早发出 DDoS 攻击警报。因此，可结合时间序列分析的优良特性对 DDoS 攻击进行检测和预警。

基于时间序列分析的 DDoS 攻击检测，其前提是获得能够表征网络流状态特征的时间序列，然后对该时间序列进行平稳性和白噪声检验，并根据检验结果确定模型参数以建立预测模型，最后利用建立好的预测模型对待测网络流进行预测并根据设定好的阈值对 DDoS 攻击进行检测并预警。研究者从不同的角度建立了各种能够表征 DDoS 攻击特征的时间序列，例如，文献[11]假设某段时间内的网络流为：

$$<(t_1,S_1,O_1,\mathrm{OP}_1),(t_2,S_2,O_2,\mathrm{OP}_2),\cdots,(t_m,S_m,O_m,\mathrm{OP}_m)>$$

其中，$i=1,2,\cdots,m$，t_i 表示第 i 个数据包的时间点，S_i 表示第 i 个数据包的源 IP 地址，O_i 表示第 i 个数据包的目的 IP 地址，OP_i 表示第 i 个数据包的目的端口号。将 m 个数据包根据源 IP 地址和目的 IP 地址是否相同进行分组，$\mathrm{SO}(A_i,A_j)$ 表示源 IP 地址和目的 IP 地址分别为 A_i,A_j 的所有数据包所构成的分组，SOD_i 表示目的 IP 地址一样的数据包分组。

定义时间序列特征网络流（TSNF）为：

$$\mathrm{TSNF}=\frac{1}{n}\left(\sum_{i=1}^{n}W(\mathrm{SOD}_i)-n\right)$$

其中，$W(\mathrm{SOD}_i)=\mathrm{Num}(\mathrm{SOD}_i)+\theta_1\sum_{j=1}^{\mathrm{Num}(\mathrm{SOD}_i)}\mathrm{Over}A(\mathrm{Packet}(A_j))+(1-\theta_1)\mathrm{Over}B(\mathrm{Port}\cdot(\mathrm{SOD}_i)-1)$，$0\leqslant\theta_1\leqslant1$，$\mathrm{Num}(\mathrm{SOD}_i)$ 表示在 SOD_i 中源 IP 地址不相同的数据包数量，$\mathrm{Packet}(A_j)$ 表示 SOD_i 中源 IP 地址的数据包数量，$\mathrm{Port}(\mathrm{SOD}_i)$ 表示 SOD_i 中目的端口的数量。

然后对该时间序列进行平稳性检验和参数估计以确定预测模型，进而进行预测。阈值的选择对异常检测的判断有非常重要的意义，阈值过小或过大都会影响对 DDoS 攻击的正确检测和预警，因此，需实现异常流判断阈值的自适应变化。假设阈值为 V，时刻 t 的预测值为 ψ'，e_t 为预测误差，那么 $|\psi'-e_t|>V$ 时，则表明网络流发生了异常，即遭受 DDoS 攻击。

参考文献

[1] 向城成, 吴春江, 刘启和, 等. 网络安全态势预测技术研究综述[J]. 计算机应用与软件, 2023, 40(5): 19-28, 36.

[2] 陈若宇. 基于 SSA-LSTM-LightGBM 的金融产品沪深 300 预测模型研究[D]. 南宁: 广西民族大学, 2023.

[3] 李欣涛. 基于机器学习的网络安全态势感知系统设计与实现[D]. 北京: 北京邮电大学, 2020.

[4] MAN D P, WANG Y, YANG W, et al. A combined prediction method for network security situation[C]//Proceedings of the 2010 International Conference on Computational Intelligence

and Software Engineering. Piscataway: IEEE Press, 2010: 1-4.

[5] 苏小玉, 董兆伟, 孙立辉, 等. 基于强化 LSTM 的网络安全态势预测方法[J]. 计算机技术与发展, 2021, 31(7): 127-133.

[6] 文志诚, 陈志刚, 唐军. 基于时间序列分析的网络安全态势预测[J]. 华南理工大学学报(自然科学版), 2016, 44(5): 137-143, 150.

[7] 邓勇杰. 基于改进灰色理论的网络安全态势预测方法研究[D]. 株洲: 湖南工业大学, 2015.

[8] 尤贶, 马骏, 王赛, 等. 基于 RBF 神经网络的电力网络安全态势预测研究[J]. 信息与电脑(理论版), 2023, 35(15): 202-204.

[9] 王文思. 基于贝叶斯网络和支持向量机的网络安全态势评估和预测方法研究[D]. 南京: 南京邮电大学, 2020.

[10] 张青松. 基于支持向量机的网络安全态势预测[D]. 大连: 大连海事大学, 2015.

[11] 程杰仁, 周静荷, 唐湘滟, 等. 基于时间序列预测模型的分布式拒绝服务攻击检测方法[J]. 网络安全技术与应用, 2016(10): 69-71, 73.

第 6 章
网络安全态势可视化技术

面对复杂严峻的网络安全形势，必须寻求新的方法，以帮助安全分析人员更快速、有效地识别网络中的攻击和异常事件。目前已知最有效的认知方式就是通过视觉感知，利用人们的视觉功能来处理这些庞大的数据信息，因此，数据可视化技术被引入网络安全领域，称为网络安全态势可视化技术。

网络安全态势可视化利用人类视觉对模型和结构的获取能力，将抽象的网络和系统数据以图形图像的方式展现出来，帮助安全分析人员分析网络状态，识别网络异常和入侵事件，预测网络安全事件发展趋势。网络安全态势可视化不仅能有效解决传统分析方法在处理海量信息时面临的认知负担过重、缺乏对网络安全全局的认识、交互性不强、不能对网络安全事件提前预测和防御等一系列问题，而且通过图像传达的信息，人们能够观察到网络安全数据中所隐含的模式，为揭示事件发展规律和发现潜在安全威胁提供有力的支持。

6.1 数据可视化基本理论

网络安全态势感知整个过程的任意部分几乎都可以进行可视化，这是由大数据技术推动的。但是如何快速、准确、完整、有效地将态势传达给安全决策者是非常具有挑战性的问题。相对于地理空间和物理实体的可视化，态势感知可视化的挑战主要在于对抽象概念要素的处理，即数据的可视化。下面介绍数据可视化的基本概念、分类、设计流程、设计理念与设计原则等关键问题。

6.1.1 数据可视化的基本概念

在计算机科学中，利用人眼的感知能力对数据交互的可视表达来增强认知的技术，称为可视化。可视化将不可见或难以直接显示的数据转化成为可感知的图形、符号、颜色、纹理等，增强数据识别效率，传递有效信息。数据可视化和信息可视化都是可视化的一种方式。数据可视化将每一个数据项作为单个图元元素表示，大量的数据集构成数据图像，同时将数据的各个属性值以多维数据的形式表示，可以从不同的维度观察数据，从而对数据进行更深入的观察和分析。信息可视化旨在把数据资料以视觉化的方式表现出来。信息可视化是一种将复杂的数据、信息或知识以图形、图像、图表等形式直观呈现的技术，目的是帮助人们更好地理解和分析信息。

在过去，很多人对数据可视化并没有直接的观感，因为其打交道的数据应用模式无非就是 Excel 或固定的数据模型和工具。但是随着大数据时代的到来，数据量和数据复杂度增加，模型的复杂度也随之增加。此时对于用户来说，内部业务系统之间的数据流通和分析结果的可视化对企业来说是非常关键的工作，同时也是一个挑战。

数据可视化技术存在的意义在于，可以将复杂的分析结果以丰富的图表信息的方式呈现给用户。但这一切必须建立在分析人员对目标业务活动有深刻的了解的基础上。就如爱德华·塔夫特所说："图形表现数据，实际上比传统的统计分析法更加精确和有启发性。"不同的目标用户需要从不同维度、不同层面、不同粒度进行数据处理统计，图表和信息图的方式能够为用户（只获得信息）、阅读者（消费信息）及管理者（利用信息进行管理和决策）呈现不同于表格式的分析结果。同时，数据可视化技术综合运用计算机图形学、图像处理、人机交互等，将采集、清洗、转换、处理过的符合标准和规范的数据映射为可识别的图形、图像、动画甚至视频，提供用户与数据进行交互的方法。而任何形式的数据可视化由丰富的内容、引人注意的视觉效果、精细的制作 3 个要素组成，概括起来就是新颖而有趣、充实而高效、美感且悦目 3 个特征。

数据可视化技术对于网络安全态势的作用主要体现在以下几个方面。

（1）传播和理解速度更快。人脑对视觉信息的处理要比书面信息更快，数据可视化技术能够用一些简洁的图形体现复杂信息，提高解决问题和规划的效率。

（2）数据显示的多维性。在数据可视化技术的分析下，通过将每一维的值分类、排序、组合和显示，这样就可以看到表示对象或事件的数据的多个属性或变量。

（3）让不懂安全的人看懂安全。安全的本质就是风险控制体系，让各个层面的人都可以理解、执行安全，让每个使用网络的人有"安全感"。网络安全态势可视化并非只是把界面做好，最主要的是要整合各个层面的需求，实现动态的安全管理。网络安全态势可视化就是综合安全域、安全策略、合规基线等一系列与安全相关的因素，整合各个不同视角的安全可视化平台。这个平台能够根据安全的视角叠加网络探针、网络回溯、业务质量分析等功能，以满足不同的人从不同的角度理解安全的需求，从而对安全状况有感知，动态做出快速响应，防止危害进一步扩大，并迅速弥补漏洞。

6.1.2 数据可视化的分类

对于数据可视化的分类并没有绝对的学术定义，往往需要根据数据、行业、应用场景等多方面进行分类，以让展示端的可视化结果最大化地匹配相应需求。

1. 按数据类型分类

从数据本身的角度，数据可视化可以分为统计数据可视化、关系数据可视化、地理空间数据可视化、时间序列数据可视化及文本数据可视化[1]，具体如下。

（1）统计数据可视化。统计数据可视化是指对统计数据进行分析展现，统计数据一般都以表的形式存储在数据库中，分析统计数据也就是分析数据库表格。

（2）关系数据可视化。主要表现为流程图或漏斗图，数据之间存在一定的关系，类似点和线之间的关系。

（3）地理空间数据可视化。这一类的数据中往往包含省份、城市、经纬度等信息，可以结合中国地图或世界地图来展示。

（4）时间序列数据可视化。大多数的数据记录以时间为单位，分析结果有关时间趋势变动，就可以归为时间序列数据可视化。

（5）文本数据可视化。文本数据可视化针对的是数据中大部分的文本内容。例如，电商的评价内容分析，通过关键词的出现频率判断用户的喜好，就属于文本数据可视化。

2. 按绘图阶段分类

在选取和制作可视化图表的时候，往往需要首先考虑区分相同类型的图形的宽度、高度或面积，以清楚地表达对应不同指示符的索引值之间的对比度。这种方法能够使用户一目了然地查看可视化后的比较、趋势等结果。另外，在制作此类数据可视化图形时，用数学公式可以表示出精确的比例。

（1）颜色可视化。通过颜色的深度来表示索引值的强度和大小。用户可以非常直观地看到指标数据值的突出部分和强调部分。

（2）图表可视化。在设计指标和数据时，使用具有相应实际意义的图表组合演示能够更加生动，使用户更容易理解图表所表达的主题。图表可视化示例如图 6-1 所示，利用男性和女性的图形表示两部分数据的比例情况，比柱状图或饼图对于信息的传递更加直观、生动。

（3）区域空间可视化。当指标数据的主题与区域相关时，通常使用地图作为背景。这样，用户可以直观地了解整体数据情况，还可以根据地理位置快速定位某个区域，查看详细数据。

（4）概念可视化。通过将抽象指标数据转换为直观的、易于理解的数据，使用户更容易理解图形的含义。将一些抽象的指标，如安全防护效果转化为安全威胁检测率、安全防护成功率等指标的可视化，可以帮助用户理解。

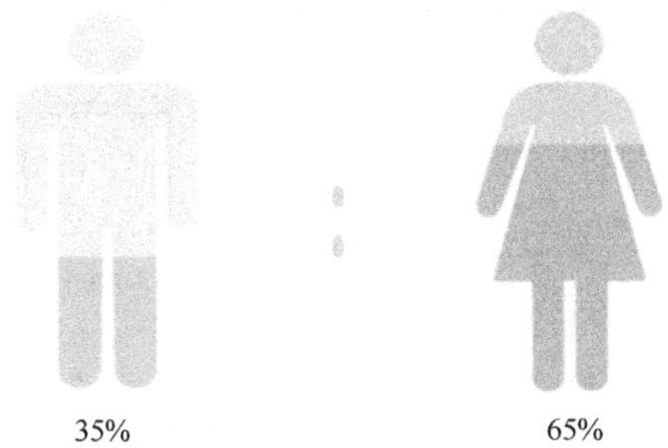

图 6-1　图表可视化示例

3. 按图形应用场景分类

在数据可视化方面，运用恰当的图表实现数据可视化非常重要。每个图形都有其合适的应用场景，以及表现不同的突出重点[2]。

（1）柱状图

柱状图的核心思想是对比，一般来说，柱状图需要通过排序使其高度单调变化来突出数据特点。柱状图又可以进一步细分为基础柱状图、堆积柱状图和瀑布图。

基础柱状图主要运用于多个分类的数据变化或同类别各变量之间进行对比分析的场景，如图 6-2 所示。但要适当控制类别对象，分类过多则无法展示数据特点。

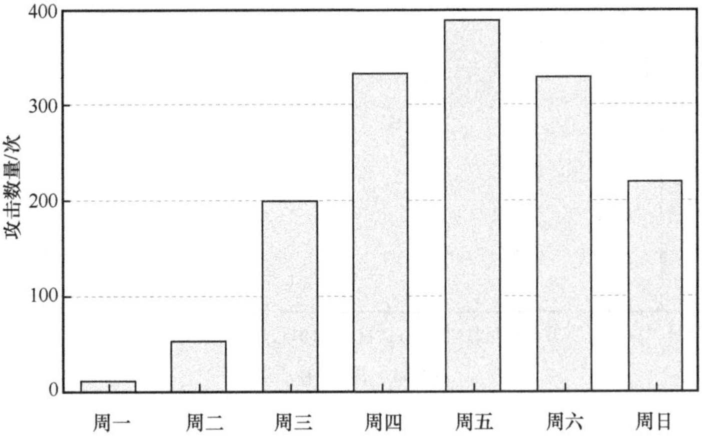

图 6-2　基础柱状图示例

堆积柱状图主要用于比较同类别各变量与不同类别变量总和差异或同类别的每个变量的比例，如图 6-3 所示。

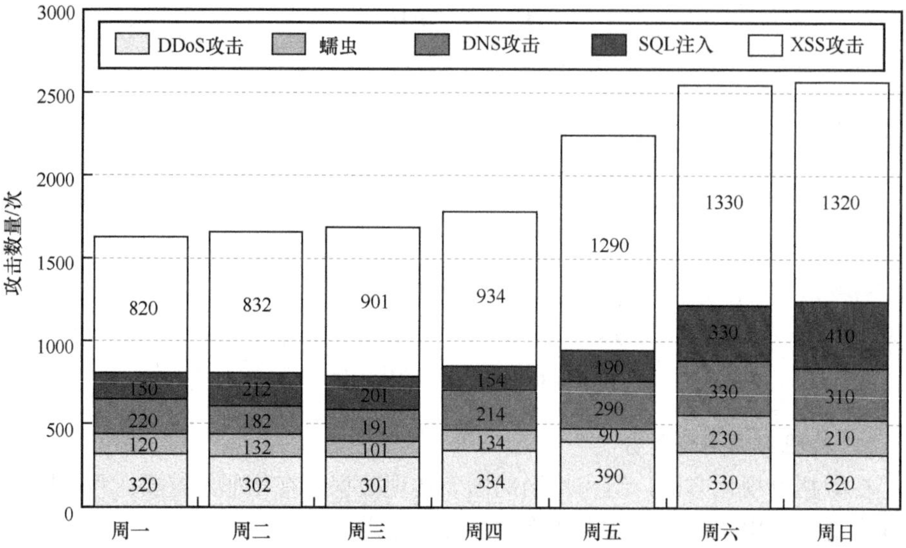

图 6-3　堆积柱状图示例

瀑布图展示数据的累计变化过程，既反映了每一个时刻的涨跌情况，也反映了数值指标在每一个时刻的值，如图 6-4 所示。

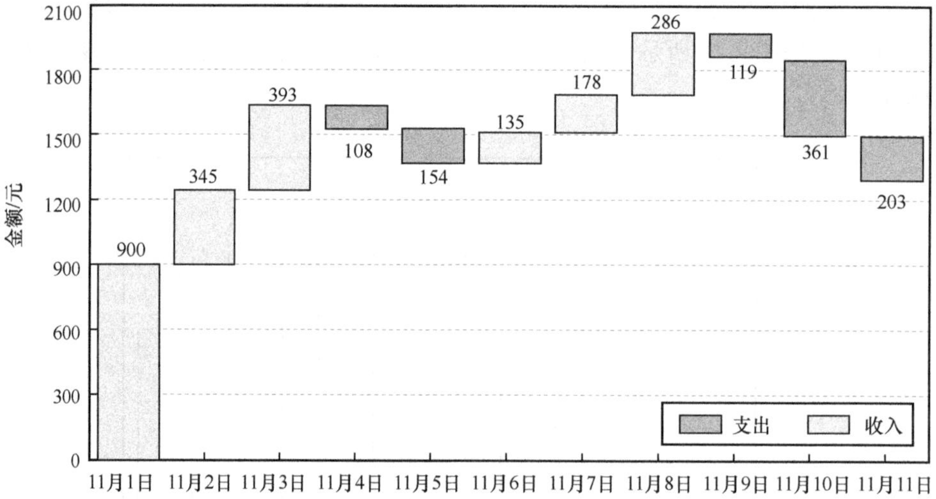

图 6-4　瀑布图示例

（2）折线图

折线图的核心思想是趋势变化，适合表现整体数据而非单个数据的变化趋势及增长幅度。折线图可以细分为基础折线图、面积图和组合图。

基础折线图展示数据随时间或有序类别的波动情况，如图 6-5 所示。

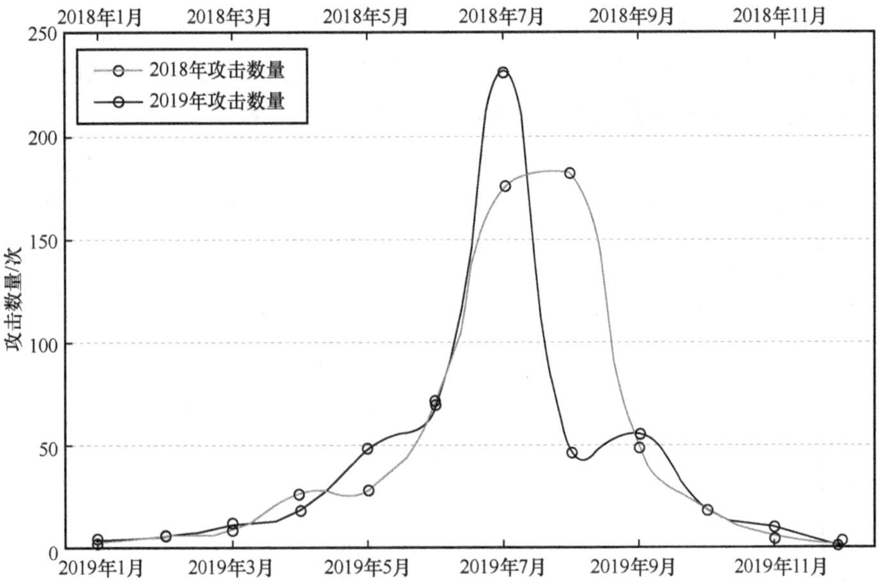

图 6-5　基础折线图示例

面积图是基于折线图的一种可视化形式，通过将折线图的折线下方区域填充颜色或纹理来展示数据的大小和变化趋势，如图 6-6 所示。

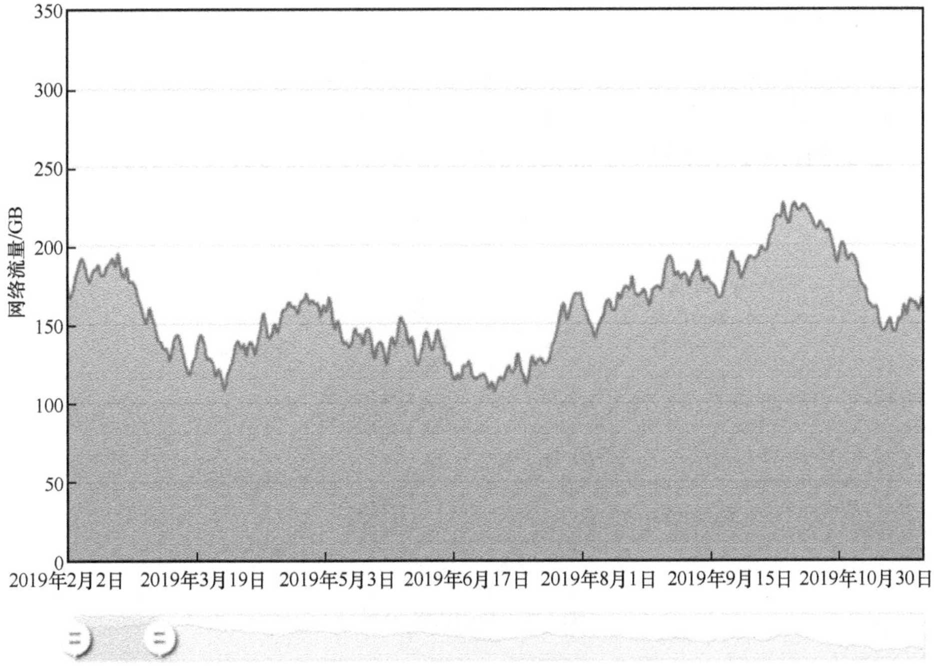

图 6-6　面积图示例

组合图可以表现两个层次的信息，使用双坐标轴，表意清晰。如图 6-7 所示，将降水量、蒸发量和平均温度 3 个有关联的信息通过组合的方式在一张图中展示，信息量相对于单独的 3 张图更加直观，同时能够表明三者之间的关系。

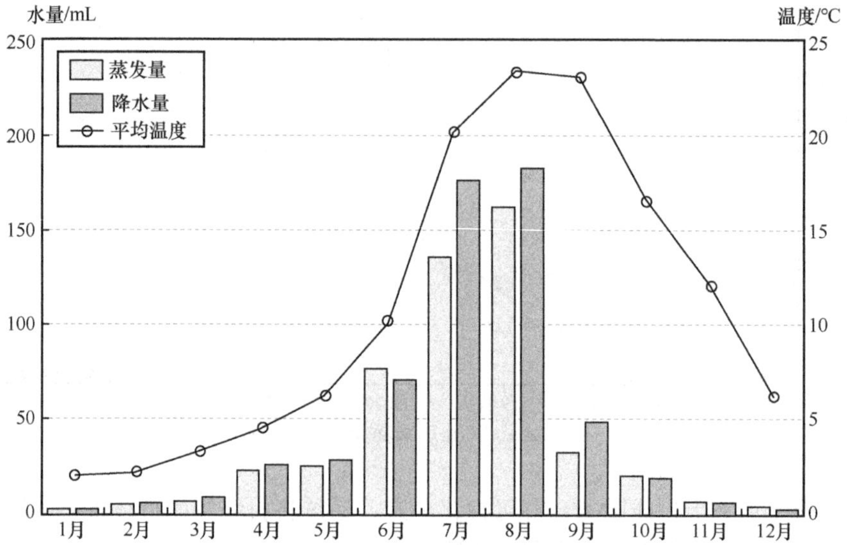

图 6-7　组合图示例

（3）饼图

饼图的核心思想是分解，用来展示各类别的占比，一般饼图细分类别不宜过多。饼图可以进一步细分为基础饼图、玫瑰图和旭日图。

基础饼图展示数据的分布情况，用角度来映射大小，如图 6-8 所示。

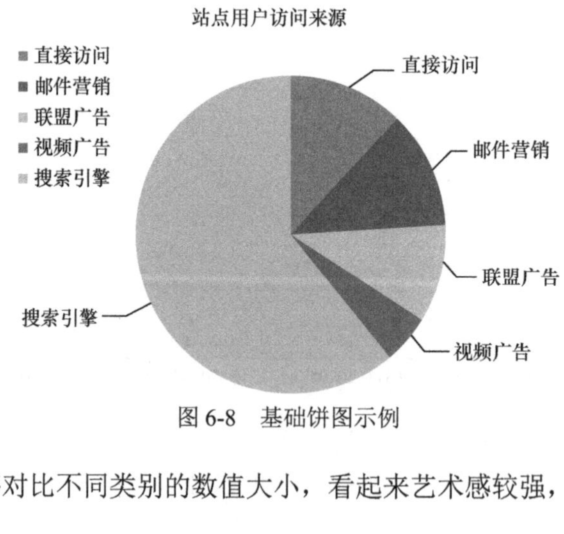

图 6-8　基础饼图示例

玫瑰图能够对比不同类别的数值大小，看起来艺术感较强，如图 6-9 所示。

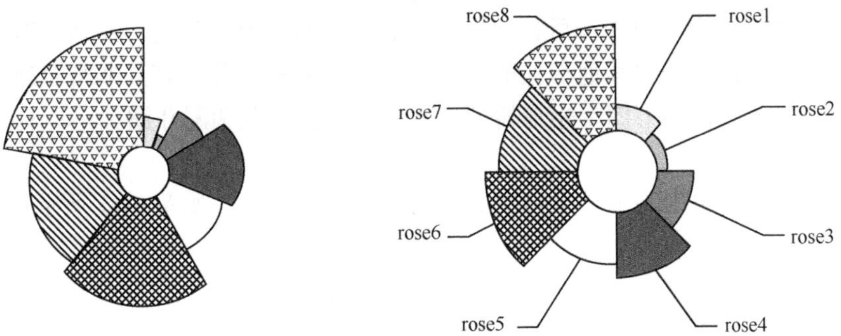

图 6-9　玫瑰图示例

旭日图相较于基础饼图可表达更多层次的分解关系，展示父子层级不同类别数据的占比，如图 6-10 所示。

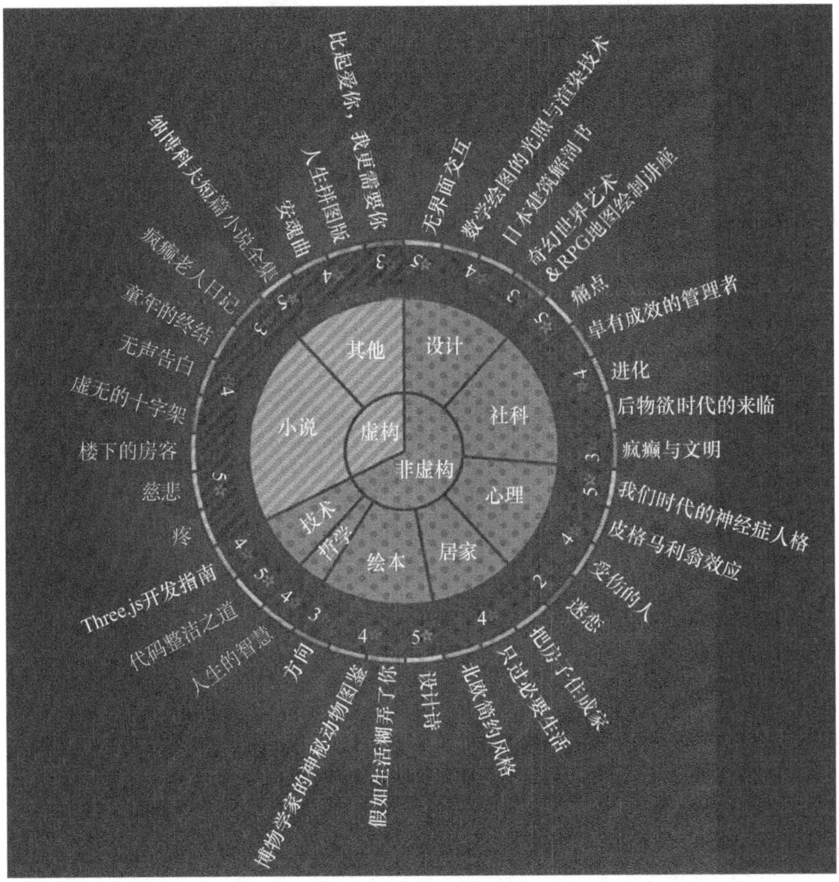

图 6-10　旭日图示例

上述是较为常用的 3 种可视化图形分类。随着大数据时代的发展，对于数据可视化的展现也让一些其他形式的数据图形崭露头角，并且有其非常合适的应用场景，如仪表盘、热力图、矩形树图、词云图、雷达图和漏斗图。

（4）仪表盘

仪表盘主要用来显示一个维度数据的累计完成情况，如图 6-11 所示。

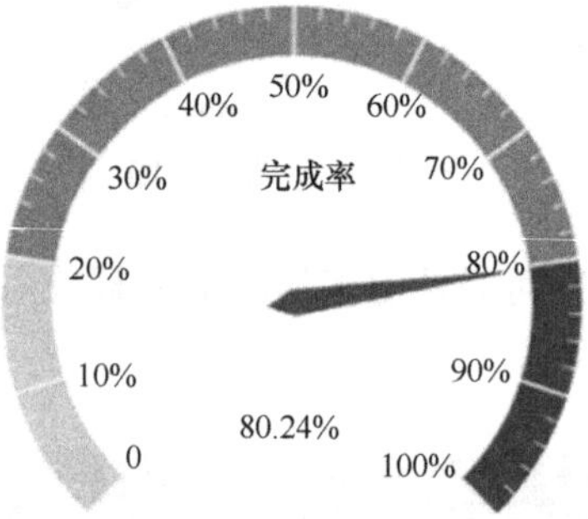

图 6-11 仪表盘示例

（5）热力图

热力图主要通过颜色来反映数据密度，但需要数据连续分布，不适用于数值字段是汇总值的场景，如图 6-12 所示。

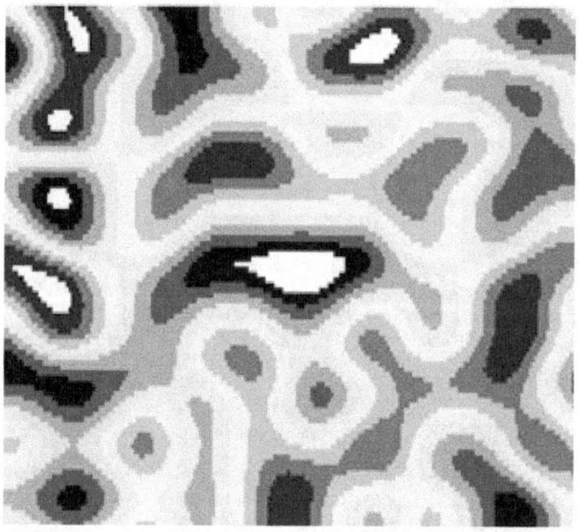

图 6-12 热力图示例

（6）矩形树图

矩形树图一般用来展示父子层级的占比情况，用矩形面积表示占比大小。矩形树图存在的问题是，当数值相近时，人眼难以辨别。矩形树图示例如图 6-13 所示，反映了磁盘中各类文件所占空间的大小。

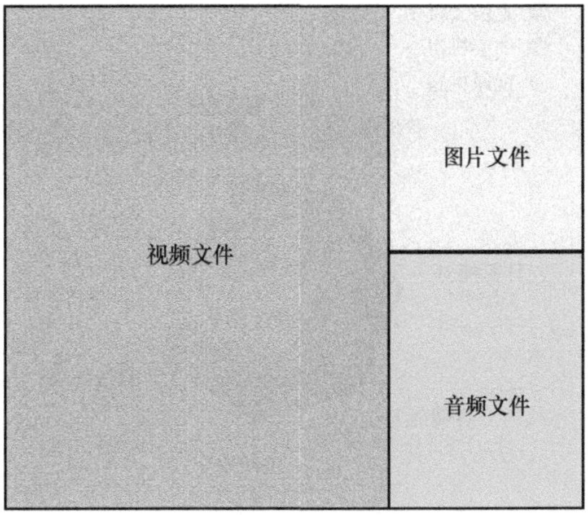

图 6-13　矩形树图示例

（7）词云图

词云图一般用来展示文本信息，通过对出现频率较高的“关键词”予以视觉上的突出，从而反映信息的描述重点。词云图示例如图 6-14 所示，可以看出，在使用 ECharts 进行可视化的过程中，对于 Series 的搜索最多，反映了该工具使用的难点。

图 6-14　词云图示例

（8）雷达图

雷达图一般用来对比某项目不同的属性。雷达图示例如图 6-15 所示，对 3 个机房从管理规范、容灾能力、运维人员、机房环境、消防安全、存储能力和计算能力 7 个层面进行了对比分析，从而实现了对于机房的运维态势的分析和展示。

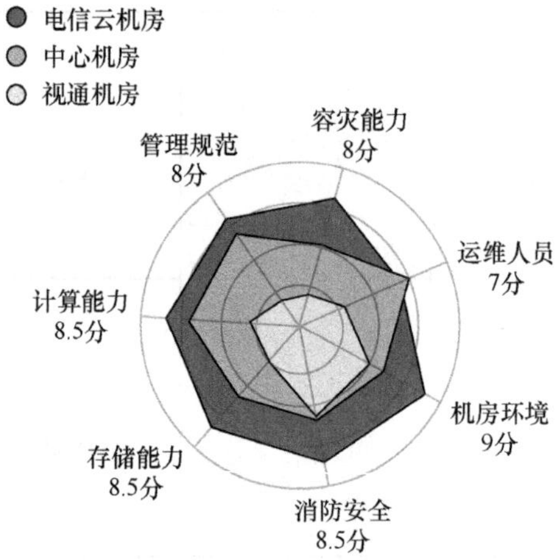

图 6-15　雷达图示例

（9）漏斗图

漏斗图适用于有固定流程且环节较多的分析，可以直观地显示转化率和流失率。漏斗图示例如图 6-16 所示，显示了攻击检测系统对攻击的检测、防御、解除和恢复的转化率，从而反映网络防御体系的防御效果。

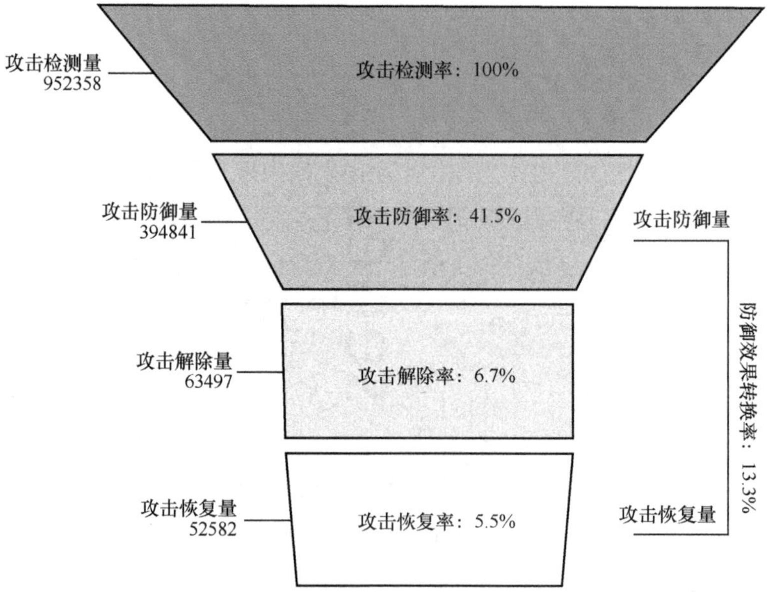

图 6-16　漏斗图示例

6.1.3　数据可视化的设计流程

数据可视化不是简单的视觉映射，而是一个以数据流向为主线的完整流程，如图 6-17 所示，主要包括数据采集、数据处理和变换、可视化映射及人机交互、用户感知。一个完整的数据可视化流程，可以看成数据流经过一系列处理模块进行转化的过程，用户通过人机交互从可视化映射后的结果中感知，从而获取知识和灵感。数据可视化主流程的各模块之间，并不仅是单纯的线性连接，而是任意两个模块之间都存在联系。例如，数据采集、数据处理和变换、可视化映射及人机交互方式的不同，都会产生新的可视化结果，用户通过对新的可视化结果进行感知，从而又会有新的知识和灵感产生。

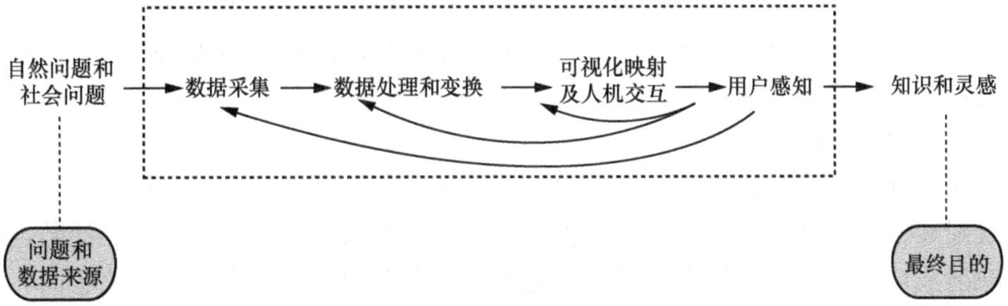

图 6-17　数据可视化流程

1. 数据采集

数据采集是数据可视化的第一步，数据采集的方法和质量很大程度上决定了数据可视化的最终效果。数据采集的方法有很多，从数据的来源来看，可以分为内部数据采集和外部数据采集。内部数据采集指的是采集系统内的各类数据，通常数据来源于业务数据库。如果要分析用户的行为数据，还需要一部分行为日志数据；外部数据采集指的是通过一些方法获取系统外部的宿主设备、网络设备、安防设备等运行环境的数据，通常采用的方法有网络爬虫、安装数据采集代理（探针）等。

2. 数据处理和变换

数据处理和数据变换是进行数据可视化的前提条件，包括数据预处理和数据挖掘两个过程。一方面，通过前期数据采集得到的数据，不可避免地含有噪声和误差，数据质量较低；另一方面，数据的特征、模式往往隐藏在海量的数据中，需要进一步的数据挖掘才能提取出来。

常见的数据质量问题包括以下 5 个方面。

（1）数据收集错误，遗漏了数据对象，或者包含了本不应包含的其他数据对象。

（2）数据中存在离群点，即不同于数据集中其他大部分数据对象特征的数据对象。

（3）存在遗漏值，数据对象的一个或多个属性值缺失，导致数据收集不全。

（4）数据不一致，收集到的数据明显不合常理，或者多个属性值之间互相矛盾。例如，体重是负数，或者所填的邮政编码和城市之间并没有对应关系。

（5）存在重复值，数据集中包含完全重复或几乎重复的数据。

正是因为有以上问题的存在，直接用采集到的原始数据进行分析或可视化，得出的结论往往会误导用户做出错误的决策。因此，对采集到的原始数据进行数据清洗和规范化，是数据可视化流程中不可缺少的一环。

数据可视化的显示空间通常是二维的，如计算机屏幕、大屏显示器等。但是在大数据时代，我们所采集到的数据通常具有 4V 特性，即 Volume（大量）、Variety（多样）、Velocity（高速）、Value（价值）。如何从高维、海量、多样化的数据中，挖掘有价值的信息来支持决策，除了需要对数据进行清洗、去除噪声，还需要依据业务目的对数据进行二次处理。常用的方法包括降维、数据聚类和切分、抽样等统计学及机器学习的方法。

3. 可视化映射

对数据进行清洗、去噪，并按照业务目的进行数据处理之后，接下来是可视化映射环节。可视化映射是整个数据可视化流程的核心，是指将处理后的数据信息映射成可视化元素的过程。可视化元素由 3 部分组成，分别是可视化空间、标记和视觉通道。

（1）可视化空间

数据可视化的显示空间，通常是二维的。三维物体的可视化，通过图形绘制技术，解决了在二维平面显示的问题。3D 曲面图示例如图 6-18 所示。

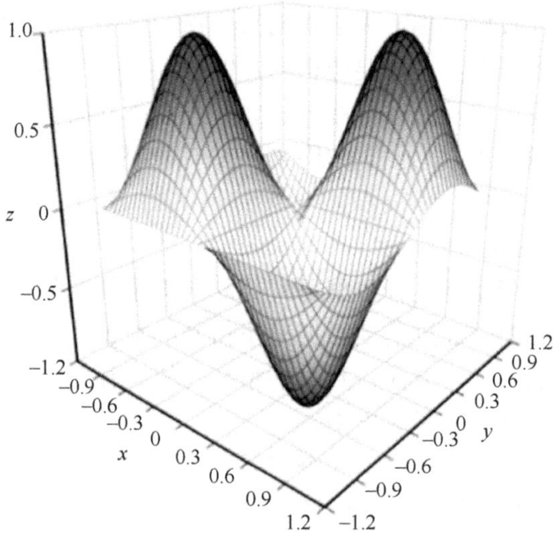

图 6-18　3D 曲面图示例

（2）标记

标记是数据属性到可视化几何图形元素的映射，用来代表数据属性的归类。

根据空间自由度的差别，标记可以分为点、线、面、体，分别具有零自由度，一维、二维、三维自由度。如散点图、折线图、矩形树图、三维柱状图，分别采用了点、线、面、体这 4 种不同类型的标记。

（3）视觉通道

数据属性的值到标记的视觉呈现参数的映射，叫作视觉通道，通常用于展示数据属性的定量信息。常用的视觉通道包括标记的位置、大小（长度、面积、体积）、形状（三角形、圆、立方体）、方向、颜色（色调、饱和度、亮度、透明度）等。

标记和视觉通道是可视化编码元素的两个方面，两者的结合可以完整地将数据信息进行可视化表达，从而完成可视化映射。

4. 人机交互

可视化的目的是反映数据的数值、特征和模式，以更加直观、易于理解的方式，将数据背后的信息呈现给目标用户，辅助其作出正确的决策。但是，通常我们面对的数据是复杂的，数据所蕴含的信息是丰富的。如果在可视化图形中，将所有的信息不经过组织和筛选，全部呈现出来，不仅会让整个页面显得特别臃肿和混乱，缺乏美感，而且模糊了重点，容易分散用户的注意力，降低用户单位时间内获取信息的能力。常见的人机交互方式包括以下 4 个。

（1）滚动和缩放：当数据在当前分辨率的设备上无法完整展示时，滚动和缩放是一种非常有效的交互方式，如地图、折线图的信息细节等。但是，滚动和缩放的具体效果，除了与页面布局有关，还与具体的显示设备有关。

（2）颜色映射的控制：一些可视化的开源工具会提供调色板，如 D3。用户可以根据自己的喜好，进行可视化图形颜色的配置。

（3）数据映射方式的控制：数据映射方式的控制是指用户对数据可视化映射元素的选择。一般一个数据集具有多组特征，可以提供灵活的数据映射方式给用户，方便用户按照自己感兴趣的维度去探索数据背后的信息。这个在常用的可视化分析工具中都有提供，如 Tableau、Power BI 等。

（4）数据细节层次控制：如隐藏数据细节，悬停或单击才会出现。

5. 用户感知

可视化的结果，只有被用户感知之后，才可以转化为知识和灵感。用户在感知过程中，除了被动接受可视化的图形，还可以通过与可视化各模块之间的交互，主动获取信息。如何让用户更好地感知可视化的结果，将结果转化为有价值的信息用来指导决策，这中间涉及心理学、统计学、人机交互等多个学科的知识。

6.1.4 数据可视化的设计理念

数据可视化可以通过展示数据背后的故事，将情感融入其中，进一步引导用户认知与体验，激发用户联想并产生情感共鸣。情感化设计的 3 种水平分别为本能水平、行为水平、反思水平[3]，如图 6-19 所示。本能水平的设计关注的是美感，讲究即刻的情感效果；行为水平的设计讲究的是效用，如功能、易懂性、可用性等；反思水平的设计对应的是对产品的整体印象，即用户满意度。

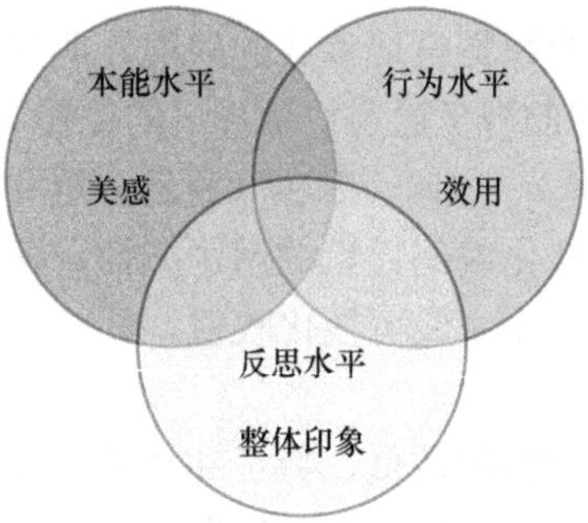

图 6-19　情感化设计的 3 种水平

本能水平、行为水平、反思水平的设计在情感化设计实践中相互交织、相辅相成。好的本能水平的设计使用户产生愉悦的情绪，增强用户对行为水平设计的期待；好的行为水平的设计可以降低用户认知门槛，也能提升用户对产品的初步感受；好的本能与行为水平的设计可以提升用户对产品的印象和满意度，也就是反思水平。

1. 清晰和酷炫（本能水平）

在情感化设计本能水平阶段，基本物理特性（视觉、触觉、听觉）处于主导地位。此阶段关注的是美感，用户初步接触产品是否具有吸引力。此阶段的设计理念是清晰和酷炫。

（1）可视化设计首先要清晰，清晰是针对于数据可视化表意的维度，有层次、有规律的信息展示会提升用户在本能层面的视觉感受，使用户首先获得赏心悦目的观感。

（2）数据可视化设计在表意清晰的基础上，整体效果还需要酷炫。高端、酷炫的可视化表现效果，可以吸引用户的注意。

2. 内涵（行为水平）

在情感化设计行为水平阶段，主要关注用户与产品之间的互动，此阶段讲究的是效用。唐纳德·诺曼在《设计心理学》中提到，定义优秀的行为水平的设计主要关注 4 个方面，即功能、易懂性、可用性、物理感觉。此阶段的设计理念是内涵。

数据可视化并不仅仅是展示各种酷炫的效果，更是要通过数据分析与挖掘，分析数据背后隐藏的故事，并用可视化的形式实现数据展示，表达出数据所需要传达的故事。可视化设计通过具象的视觉通道展示数据，所传达出的概念模型要符合用户的心理模型，让感知与认知无缝衔接，使可视化讲故事的效率更高、表述方式更加易懂。同时，可视化设计需要根据故事线的发展而展示相应内容，能够与之互动，让可视化叙述的故事衔接得顺畅自然，用户获得置身其中的切实感受。

3. 共情（反思水平）

情感化设计反思水平阶段对应的是用户对产品的整体印象。此阶段的设计理念是共情。

可视化设计无论是在感知层面的展示形式，还是在认知层面的故事内涵，都需要紧扣用户的关注点。这样用户在与可视化信息交流的过程中，才会获得很强的场景代入感，对可视化设计留下深刻的印象，进而获得情感上的满足。可视化设计在心理体验顺畅的基础上，可以增加自然、恰当的可视化隐喻，在细节方面可以增加趣味性元素及情感化的微交互动画效果，增强可视化设计与用户的情感沟通。

6.1.5 数据可视化的设计原则

数据可视化的设计原则如图 6-20 所示。

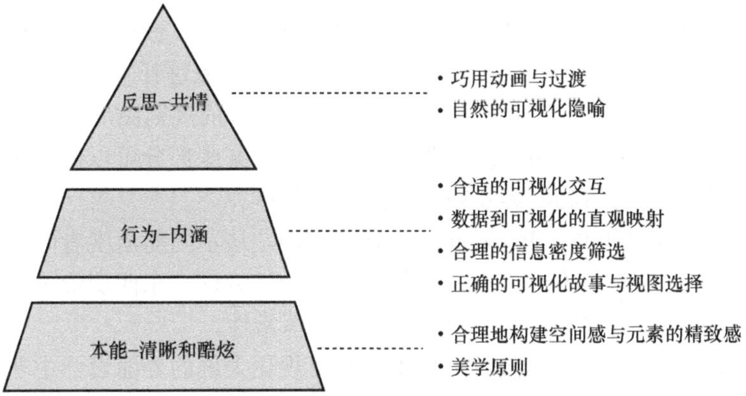

图 6-20 数据可视化的设计原则

1. 美学原则

视觉是获取信息最重要的通道，超过 50%的人脑功能用于视觉的感知，人脑对美的感知没有绝对统一的标准，但是有一定的规律可循。要遵循美学原则，可以从构图、布局与色彩等角度探索。

（1）稳定的构图

与心理需求相似，视觉也有“向往稳定”的需求，稳定的画面感可以使人们获得安定和舒适感。可视化设计承载在高分辨率的大屏上，对画面平衡感的要求更加苛刻。对画面的合理组织和安排，以及设计元素自身平衡的物理属性共同构成平衡的画面感。具体来说，画面的构图形状、视点的选择、构图的平衡感、色彩的平衡感都会影响整个可视化画面的稳定感。

（2）合理的信息布局

格式塔心理学认为知觉不能被分解为小的组成部分，知觉的基本单位就是知觉本身，其信条就是：整体不同于部分之和。格式塔心理学强调结构的整体作用和产生知觉的组成成分之间的联系。格式塔心理学有 8 条组织原则，具体如下。

① 图形与背景关系原则（Figure-Ground）。当我们观察的时候，会认为有些物体或图形比背景更加突出。

② 接近或邻近原则（Proximity）。接近或邻近的物体会被认为一个整体。

③ 相似原则（Similarity）。刺激物的形状、大小、颜色、强度等物理属性比较相似时，这些刺激物就容易被组织起来而构成一个整体。

④ 封闭原则（Closure），有时也称闭合原则。有些图形是一个没有闭合的残缺的图形，但主体有一种使其闭合的倾向，即主体能自行填补缺口而把其知觉作为一个整体。

⑤ 共方向原则（Common Fate），也称共同命运原则。如果一个对象中的一部分都向共同的方向运动，那这些共同移动的部分就易被感知为一个整体。

⑥ 熟悉性原则（Familiarity）。人们对一个复杂对象进行感知时，只要没有特定的要求，就常常倾向于把对象看作有组织的、简单的规则图形。

⑦ 连续性原则（Continuity）。如果一个图形的某些部分可以被看作连接在一起的，那么这些部分就相对容易被感知为一个整体。

⑧ 知觉恒常性原则（Perceptual Constancy）。从不同的角度看同一个东西，落在视网膜上的影响是不一样的，但是我们不会认为这个东西变形了，具体包括明度恒常性、颜色恒常性、大小恒常性和形状恒常性。

上述组织原则在用户体验设计，特别是可视化大屏的界面设计中非常关键。利用格式塔组织原则指导信息布局，可以帮助用户一眼就找到他们想要的内容，并快速了解所看到的内容。

（3）适宜的色彩情感

在数据可视化设计中，色彩是最重要的元素之一。合理利用色彩的情感可以增强可视化设计的感知效果，调动用户的情绪。色彩情感是指不同波长色彩的光信息作用于人的视觉器官，通过视觉神经传入大脑后，经过思维与以往的记忆及经验产生联想，从而形成一系列的色彩心理反应。

不同的色彩给人不同的心理感受，例如，红色代表喜庆、热情、欢乐、爱情、活力等。但是，很多时候红色也与灾难、战争、愤怒等消极情绪联系在一起；蓝色给人带来友好、和谐、信任、宁静、希望等积极的情感体验，也会给人以冷酷、无情的心理感受。

不同的色彩搭配可以表现不同的情感，用来表达相匹配的可视化设计主题风格，调动用户的情感。例如，要体现科技/科幻感、未来感、前卫感可以选用紫色、蓝色等；要体现青春、活力，可以选用红、黄、绿等色；要体现高端感、质感，可以选用黑色、灰色+渐变/光照等。在色彩搭配上可以选择“同色系”配色，画面显得更丰富，也可以选择“非同色系”配色，画面会更加多彩。

2. 合理地构建空间感与元素的精致感

传统的数据可视化以各种通用图表组件为主，不能达到酷炫、震撼人心的视觉效果。优秀的数据可视化设计需要有酷炫的视觉效果，让可视化设计随时随地脱颖而出，如图 6-21 所示。酷炫的数据可视化具有共同的视觉特征如下。

图 6-21　风场效果示意

高级感、符合可视化主题的颜色搭配；很强的空间感且信息承载性强；高精度模型搭配贴近现实的光影；丰富的粒子流动、光圈闪烁等动画效果。

3. 正确的可视化故事与视图选择

策划是数据可视化的关键。对可视化故事的提炼、视图的精心规划是数据可视化的首要任务。与功能型产品以用户的使用场景为出发点略微不同，数据可视化设计还需要重点关注数据。通过分析、挖掘数据，提炼数据中所隐藏的可视化故事，然后根据叙述故事的要求，确定合适的视图。简单的可视化故事用一个基本的可视化视图可以展现，复杂的可视化故事可以规划多个视图，多个视图有层次、有顺序地展示数据包含的重要信息。

4. 合理的信息密度筛选

一个好的可视化视图应当展示合适的信息，而不是越多越好。合理的信息展示，有利于向用户清晰地叙述可视化故事。合理的信息展示需要筛选信息密度，使信息展示量恰到好处，同时区分信息主次，使信息显示主次分明。

失败的可视化案例可能存在两种极端情况：过多或过少的数据信息展示。可视化设计传递的信息量过多，增加可视化视觉负担的同时，还会使用户难以理解，重要信息被淹没在众多的次要信息之中。可视化设计高度精简，易使用户形成认知障碍，用户无法衔接相关数据，片段化的信息无法串联形成可视化的故事。

5. 数据到可视化的直观映射

可视化的核心作用是使用户在最短的时间内获取数据所表达的信息。直接观察抽象的数据显然无法快速获取数据想表达的信息，因此，选择合适的数据到可视化元素的映射，可以提高可视化设计的可用性和功能性。数据到可视化元素的映射需要充分利用固有经验。

6. 合适的可视化交互

在数据可视化叙事过程中，可以用信息轮播、动画等效果自动切换数据信息，推进可视化故事的叙述。但此种取代用户主动操作的方式不宜使用过多，以免产生混乱，对信息的读取造成干扰。数据可视化设计在需要用户交互操作时，要保证操作的引导性与预见性，做到交互之前有引导，交互之后有反馈，使整个可视化故事自然、连贯。此外，还要保证交互操作的直观性、易理解性和易记忆性，降低用户的使用门槛。

7. 自然的可视化隐喻

自然的可视化隐喻是将陌生的数据信息与用户所熟悉的事物进行比较，有助于增强可视化用户对故事的理解。在情感上也更容易让用户产生共鸣，体现出可视化设计的人本思想。本体与喻体之间存在某种关联或相似性，这样的可视化隐喻显得自然而不突兀，具象的模型可以降低可视化用户的理解门槛，加深对产品的印象。

8. 巧用动画与过渡

动画与过渡效果可以增加可视化结果视图的丰富性与可理解性，增加用户交互的反馈效果，可以使操作自然、连贯，还可以增强重点信息或整体画面的表现力，吸引用户的关注，增加印象。但是，动画与过渡效果使用不当则会带来适得其反的效果。如何巧用动画与过渡，需要遵循以下原则。

（1）适量原则

动画不宜使用过多，尤其是自动播放的动画，避免陷入过度设计的危机中。

（2）统一原则

统一动画语义，相同行为与动画保持一致，保持一致的用户体验。

（3）易理解原则

简单的形变、适量的时长，易判断、易捕捉，避免增加用户的认知负担。

为达到事半功倍的效果，动画与过渡常用于以下 3 种场景。

（1）辅助不同视图/不同可视化视觉通道的变换

如果可视化的信息筛选后，密度仍然较大，那么可以设计多个视图用于展示各种数据表达的信息，不同视图之间的切换可以使用动画或过渡效果，有助于用户跟踪不同视图的元素变换。

可视化视觉通道（数据量、表现形式/状态）发生变化时，为了减轻视图变化给用户带来的"冲击"，避免用户在变化中迷失，可以使用动画的形式过渡。

（2）交互反馈效果

实时的反馈效果有助于用户获得此次操作的确认，避免用户盲目重复操作。当鼠标指针移动到特定可视化区域，出现光晕或微动画效果发生相应变化，以指引用户进行操作。

（3）微交互动画效果，引起用户的注意

微交互动画效果的视觉通道经常有运动、闪烁、虚拟物体的动作等，这种微交互动画效果很容易引起用户的注意。有重要信息需要用户进行快速捕捉时，可以选择微交互动画效果吸引用户的注意。此外，微交互也经常用于增加设计的趣味性，提高用户的兴趣，使用户产生情感上的共鸣。

6.2 数据可视化工具

数据可视化能否达到预期的效果，除了要加强设计，还需要依靠可视化工具。目前，能够实现数据可视化的工具有很多，各自的侧重点和优势也各不相同。下面从支持可视化的编程语言和基于 JavaScript 的在线可视化工具两个层面介绍常用的数据可视化工具，并以 ECharts 为代表介绍其使用方法。

6.2.1 数据可视化编程语言

1. R 语言

严格来说，R 是一种数据分析语言，与 MATLAB、GNU Octave 并列。然而 ggplot2 的出现让 R 成功跻身于可视化工具的行列，作为 R 中强大的作图软件包，ggplot2 将数据、数据相关绘图、数据无关绘图分离，并采用图层式的开发逻辑且不拘泥于规则，使各种图形要素可以自由组合。

ggplot2 是 RStudio 首席科学家哈德利•威克汉姆开发的用于绘图的 R 扩展包，ggplot2 背后有一套完整的图形语法支持，其可视化效果如图 6-22 所示。在 ggplot2 的语法下，一个统计图形就是从数据到几何对象的美学属性，包括颜色、形状、大小等的一个映射[4]。

（1）几何对象：点、线、条形、多边形等图形元素。

（2）统计变换：对数据的某种汇总。

（3）标度：将数据的取值映射到图形空间，包括颜色、大小、形状等。

（4）坐标系：数据映射为图形需要借助坐标系。常见的坐标系有笛卡儿坐标系和极坐标系，笛卡儿坐标系下的柱状图对应极坐标系下的饼图，柱状图的高对应饼图的角度，通过 ggplot2 的图形语法可以很简单地进行转换。

（5）分面：将数据分解为不同子集，并对子集进行图形化展示。

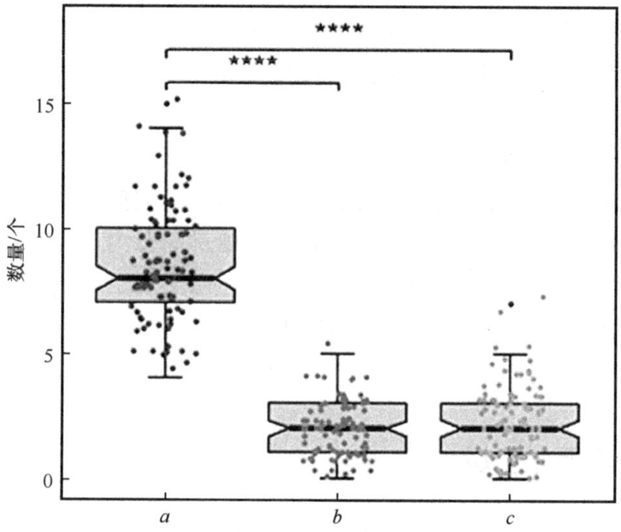

图 6-22　ggplot2 的可视化效果

2. Scala/Java

Scala 和 Java 都是在 JVM 上运行的语言，由于 HDFS 是由 Java 语言编写的，Storm、Kafka 和 Spark 都可以在 JVM 上运行，这就意味着这两种语言在大数据环境下具有天然的优势，有利于将数据的存储、分析和可视化在统一的平台架构下进行整合。

Breeze-Viz 是 GitHub 开源项目 ScalaNLP/Breeze 的一部分，它能在 Java/Scala 语言环境下绘制 *x*-*y* 点线图、统计图、二维矩阵图。Breeze 项目现在用途很广泛，Spark MLlib 的很多机器学习算法都建立在 Breeze 之上。Breeze 中最主要的是 Breeze 库，包括向量、矩阵等基本数据结构，以及各种数学函数等。Breeze-Viz 能够绘制的图形主要包括以下 3 种。

（1）点线图

在 Breeze-Viz 中用 2 个 Breeze Vector 分别表示横坐标点和纵坐标点，并分别在 *x* 轴和 *y* 轴上绘制出点，用以对比不同纵坐标数据，如图 6-23 所示。

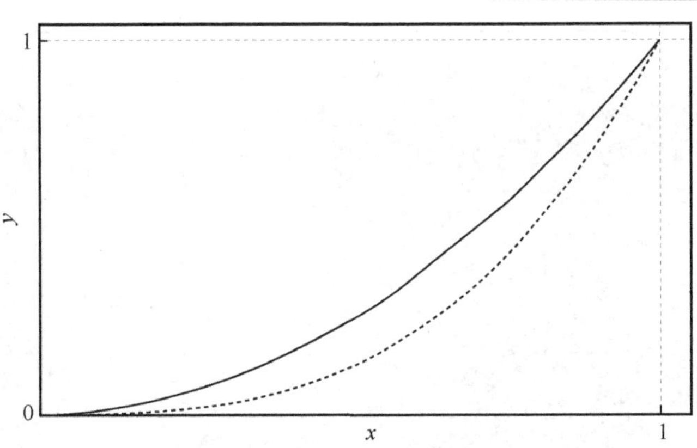

图 6-23　Breeze-Viz 点线图示例

（2）统计图

在 Breeze-Viz 中可以将离散数据集中的数据分布在每个区间里的个数统计出来，表示一种区间统计信息，如图 6-24 所示。

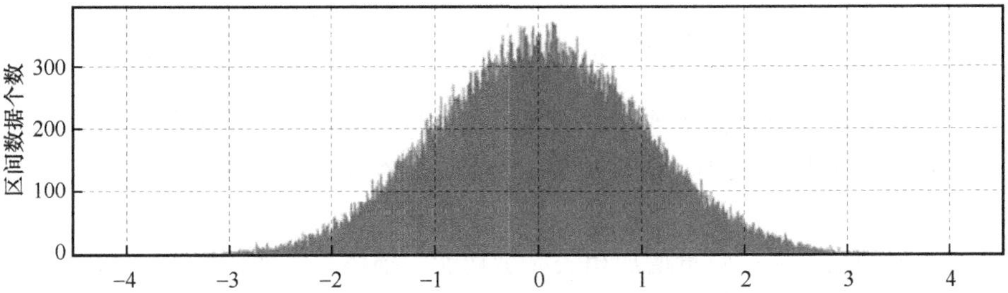

图 6-24　Breeze-Viz 统计图示例

（3）二维矩阵图

在 Breeze-Viz 中能将矩阵中的数据按值的相对大小以灰度形式显示，如图 6-25 所示，即为元素随机赋值的坐标矩阵的显示效果。

3. Python

数据分析是 Python 的主要应用场景之一，Python 提供了丰富的数据分析、数据展示库来支持数据的可视化分析。Python 的主流数据可视化包是 Matplotlib。

Matplotlib 是受 MATLAB 的启发构建的。MATLAB 是数据绘图领域广泛使用的语言和工具。MATLAB 语言是面向过程的，通过函数的调用，在 MATLAB 中可以轻松地利用一行命令来绘制直线，然后再用一系列的函数调整结果。Matplotlib 有一套完全仿照 MATLAB 的函数形式的绘图接口，这套接口能够帮助 MATLAB 用户快速掌握 Matplotlib 的使用方式[5]。

Matplotlib 整体包含 3 层结构，具体如下。

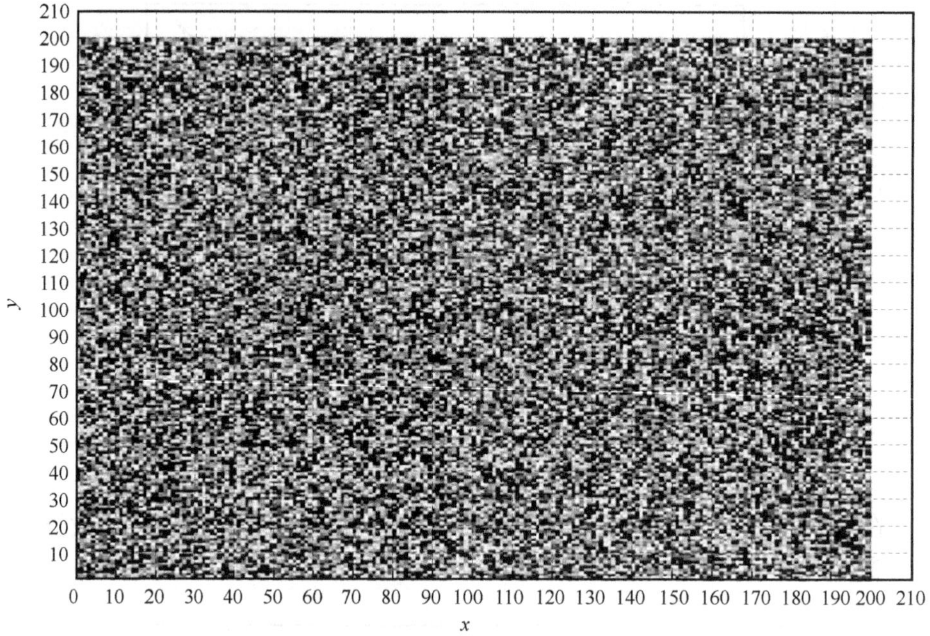

图 6-25　Breeze-Viz 二维矩阵图示例

（1）容器层：负责创建画布，定义相关属性，具体包括画板层；画布层，该层可指定画布属性、大小、清晰度等；绘图区/坐标系，可指定多区域、坐标系显示。

（2）辅助显示层：负责增加相关显示功能、描述。例如，修改 x、y 轴刻度、添加描述信息、添加网格等。

（3）图像层：负责设置具体描绘的图像风格、种类等，支持的图形种类有折线图、散点图、柱状图、直方图和饼图等。

6.2.2　在线数据可视化工具

1. Google Charts

Google Charts 是一个免费的开源 JavaScript 库，使用起来非常简单，只需要将 JavaScript 中的 src 标签指向 Google Charts 的源文件即可开始绘制。Google Charts 支持 HTML5/SVG，可以跨平台部署，并为兼容旧版本的 IE 采用了矢量标记语言（VML）。

2. Flot Chart

Flot Chart 是一个线形图和条形图创建工具，可以应用于支持 Canvas 的所有浏览器。Flot Chart 基于 jQuery 库，如果读者已经熟悉 jQuery，就可以容易地对图像进行回调、风格设定和行为操作。

3. D3

D3 是支持 SVG 渲染的另一种 JavaScript 库[6]。D3 能够提供大量线形图和条形图之外的复杂图表样式，如 Voronoi 图、圆形集群和词云图等。D3 是数据驱动文件 Data-Driven Documents 的缩写，D3 通过使用 HTML+CSS 和 SVG 来渲染图表。D3 可以在所有主流浏览器上运行，可以将视觉效果很棒的组件和数据驱动方法结合在一起，提高开发效率。

4. ECharts

ECharts 是一个纯 JavaScript 库，可以流畅地运行在台式计算机和移动设备上，兼容当前绝大部分浏览器，提供直观、生动、可交互、可高度个性化定制的数据可视化图表。ECharts 提供了常规的折线图、柱状图、散点图、饼图及用于统计的箱形图，用于地理数据可视化的热力图，用于关系数据可视化的树图、旭日图，还有用于 BI 的漏斗图、仪表盘，并且支持图与图之间的混搭[7]。在 5.0 版本中更是加入了丰富的交互功能和更多的可视化效果，并且对移动端进行了深度的优化。如图 6-26 所示，“表·达”是 Apache ECharts 5.0 的核心，通过五大模块、十五项特性的全面升级，围绕可视化作品的叙事表达能力，让图“表”更能传“达”数据背后的故事，帮助开发者更轻松地创造满足各种场景需求的可视化作品。第 6.2.3 节将详细介绍 ECharts 的快速入门方法。

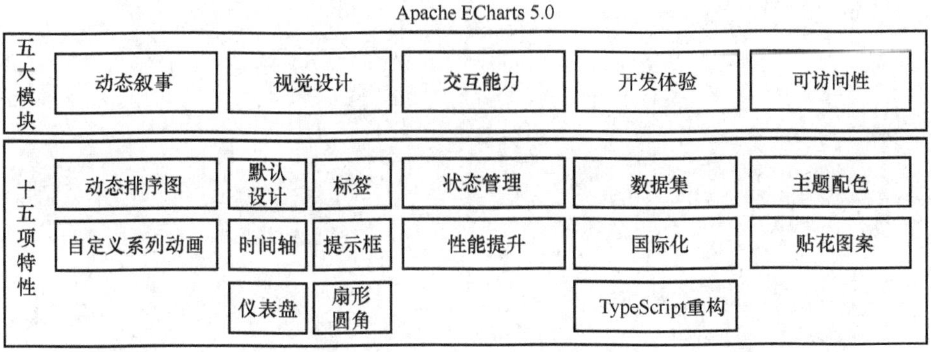

图 6-26　Apache ECharts 5.0 设计核心

5. HighCharts

在 ECharts 出现之初，功能还不是那么完善，可视化工作者往往会选择 HighCharts。HighCharts 系列软件包含 HighCharts JS、HighStock JS、HighMaps JS，均为纯 JavaScript 编写的 HTML5 图表库。Highcharts JS 能够简单、便捷地在 Web 网站或 Web 应用程序中添加交互性的图表；基于 HighStock JS 可以开发股票走势或大数据量的时间轴图表；HighMaps JS 是一款基于 HTML5 的地图组件。

6. DataV

DataV 是阿里云提供的一款在线数据可视化工具。通过拖曳式的操作，使用数据连接、可视化组件库、行业设计模板库、多终端适配与发布运维等功能，让非专业人员也可以快速地将数据的价值通过视觉进行传达。DataV 的功能特征如下。

（1）多种场景模板：数据可视化的设计难点并不在于图表类型的多样化，而在于如何能在简单的一页之内让用户读懂数据之间的层次与关联，这就关系到色彩、布局、图表的综合运用。DataV 提供指挥中心、地理分析、实时监控、汇报展示等多种场景模板。

（2）丰富的图表库：能够绘制包括海量数据的地理轨迹、地理飞线、热力分布、地域区块、3D 地图、3D 地球，以及地理数据的多层叠加，还接入了 ECharts、AntV-G2 等第三方开源图表库，如图 6-27 所示。

图 6-27　DataV 图表库

（3）支持多种数据源：能够接入包括 AnalyticDB、RDS for MySQL、本地 CSV 文件上传和在线 API 接入，还支持动态请求，可实现各类大数据实时计算、监控的需求，充分发挥大数据计算的能力，如图 6-28 所示。

（4）图形化的搭建工具：无须专业编程人员即可快速实现，提供多种业务模块级别而非图表组件的工具，采用所见即所得的配置方式，无须编程能力，只需要通过拖曳，即可创造出专业的可视化应用，如图 6-29 所示。

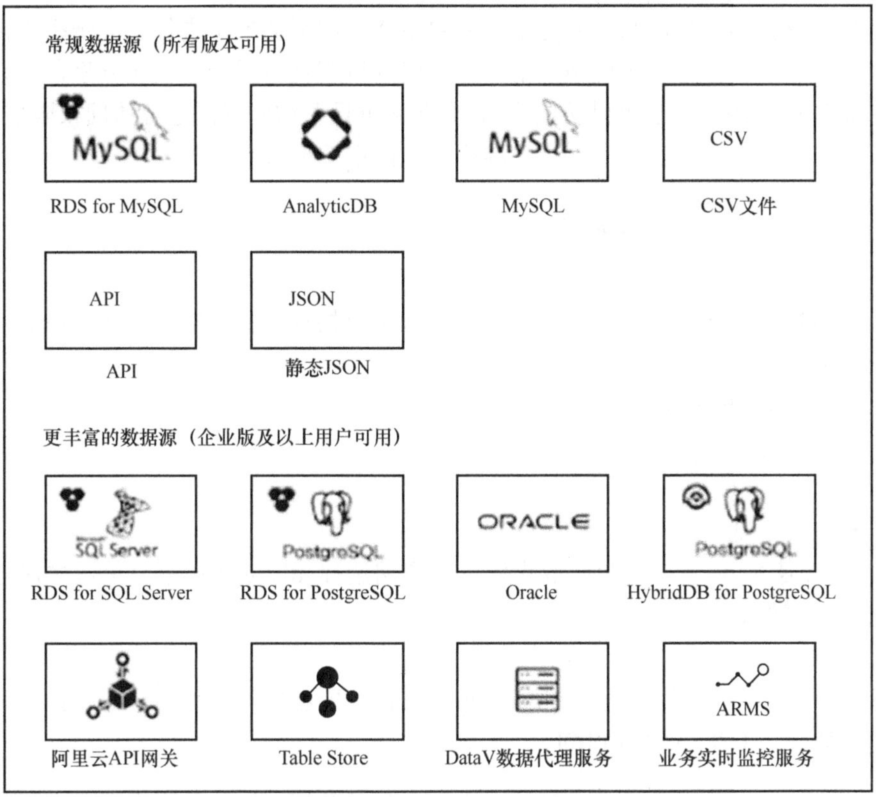

图 6-28　DataV 支持的数据源

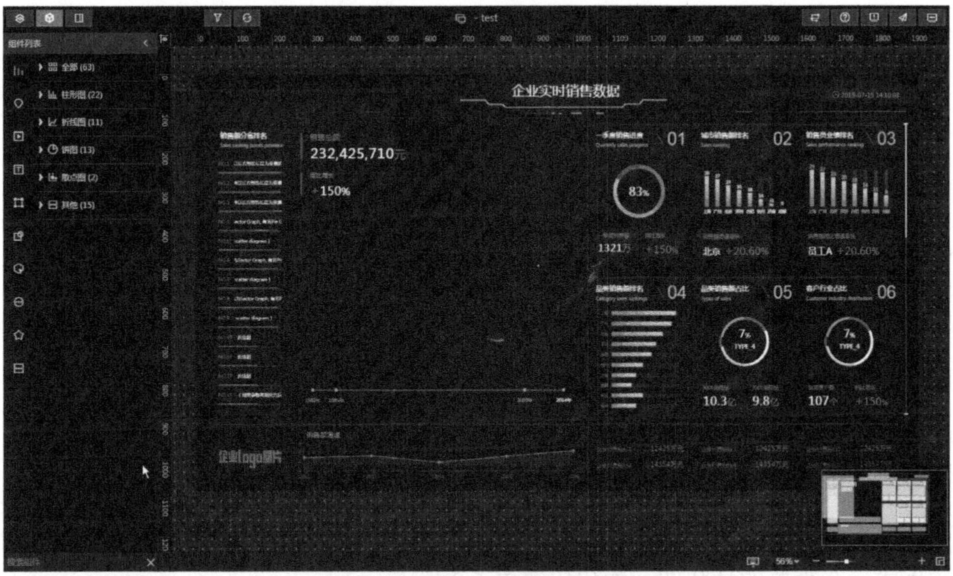

图 6-29　DataV 的图形化搭建工具

（5）支持多种适配与发布方式：针对拼接大屏端的展示进行了分辨率优化，具备对非常规拼接分辨率的适配能力。创建的可视化应用能够发布分享，没有购买 DataV 产品的用户也可以访问应用，企业版可设置访问密码进行访问权限控制。

（6）支持本地化运行部署、大屏拼接中控系统和二次开发。

6.2.3 ECharts 快速入门

1. 获取 ECharts

Apache ECharts 提供了多种安装方式，可以根据项目的实际情况选择以下任意一种方式安装。

- 从 GitHub 获取。
- 从 npm 获取。
- 从 CDN 获取。
- 在线定制。

以从 jsDelivr CDN 上获取为例，在官网选择 dist/echarts.js，单击并保存为 echarts.js 文件。

2. 引入 ECharts

在 echarts.js 目录新建一个 index.html 文件，内容如代码清单 6-1 所示。

代码清单 6-1 index.html

```
<!DOCTYPE html>
<html>
  <head>
    <meta charset = "utf-8" />
    <!-- 引入刚刚下载的 ECharts 文件 -->
    <script src = "echarts.js"></script>
  </head>
</html>
```

3. 绘制一个简单的图表

在绘图前需要为 ECharts 准备一个定义了宽和高的 DOM 容器。在代码清单 6-1</head>之后，添加代码，如代码清单 6-2 所示。

代码清单 6-2 定义 div

```
<body>
  <!-- 为 ECharts 准备一个定义了宽和高的 DOM 容器 -->
  <div id = "main" style = "width: 600px;height:400px;"></div>
</body>
```

然后就可以通过 echarts.init 方法初始化一个 ECharts 实例并通过 setOption 方法生成一个简单的柱状图，如代码清单 6-3 所示。

代码清单 6-3　进行 ECharts 初始化及渲染

```
<script type = "text/javascript">
        //基于准备好的 DOM 容器，初始化 ECharts 实例
        var myChart = echarts.init(document.getElementById('main'));
        //指定图表的配置项和数据
        var option = {
          title: {
            text: 'ECharts 入门示例'
          },
          tooltip: {},
          legend: {
            data: ['销量']
          },
          xAxis: {
            data: ['衬衫', '羊毛衫', '雪纺衫', '裤子', '高跟鞋', '袜子']
          },
          yAxis: {},
          series: [
            {
              name: '销量',
              type: 'bar',
              data: [5, 20, 36, 10, 10, 20]
            }
          ]
        };
        //使用刚指定的配置项和数据显示图表
        myChart.setOption(option);
</script>
```

上述代码的显示效果如图 6-30 所示。

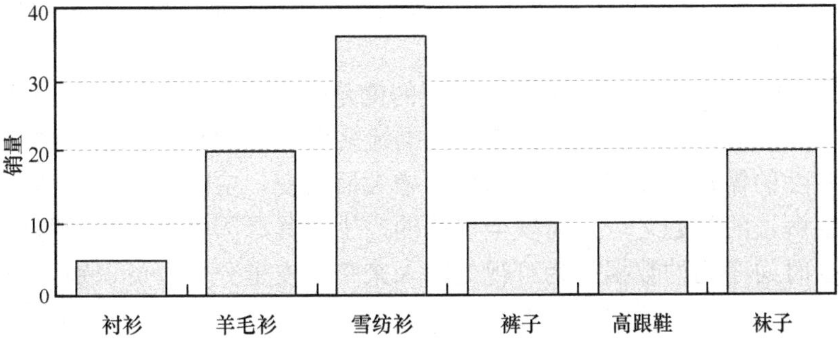

图 6-30　ECharts 入门示例

6.3 网络安全态势可视化

网络安全态势可视化，虽然具有数据可视化的一般特性，但由于其面向的数据对象和要实现的可视化效果具有一定的行业特点，所以有必要结合其特点，介绍其与一般数据可视化的区别和典型应用。

6.3.1 大数据与网络安全态势可视化

大数据带来更高数据价值的同时，面临的是信息泄露和破坏等安全方面的问题。随着有用的信息越来越多地被破坏，极大地增加了信息技术基础设施的脆弱性，导致它们非常容易被攻击。网络安全态势可视化能够利用人类视觉对模型和结构的获取能力，将抽象的网络和系统数据以图形图像的方式展现出来，帮助人们分析网络状况，识别网络异常或网络入侵行为，预测网络安全事件发展趋势。

数据是所有可视化的基础，没有数据，就没有可视化。在信息安全领域，不同的数据源会产生不同类型的安全数据，如数据包、网络流量、边界网关协议（BGP）信息、时间序列数据、各种日志文件等，它们所包含的信息是非常丰富的。将不同数据源的数据整合到一起，相互搭配进行可视化展示能够从多个角度来全面准确地监测分析网络事件，并且很好地体现当前网络及设备的数据传输、网络流量来源及流动方向、受到的攻击类型等安全情况[8]。

大数据有 5V 特征，V 不仅体现在时间上的 Velocity，同样也体现在空间上的 Vast，形成信息安全数据的 5V 特征，正好映射到网络安全可视化中 5 种类型的数据集，具体如下。

（1）Volume：代表数据规模，典型的案例为网络流量数据。虽然小型信息系统产生的数据量达不到大数据所谓的 TB 级或 PB 级，但是，在城市级甚至国家级的网络监控及网络安全态势感知过程中，数据库审计、各类防火墙、入侵检测系统及 Web 服务器等在网络链路上产生的网络流量数据积累起来不可小觑。利用这些网络流量数据能够帮助安全分析人员快速发现端口扫描、蠕虫扩散及拒绝服务攻击等安全事件。

（2）Velocity：代表时间范畴，典型的就是带有时间属性的时间序列数据。这一特征可理解为网络安全中快速的数据流转和动态的数据体系。网络安全检测对实时性的需求并没有随着数据量的增大而改变，实时性一直是网络安全可视化需要解决的问题之一。而安全事件的产生及其原因是具有时间跨度的，因此，需要时间序列的数据作为可视化输入来帮助安全分析人员识别可疑的事件及行为。

（3）Vast：代表空间范畴，典型的就是 BGP 路由信息。网络安全事件的产生不仅涉及时间的延续，也涉及空间位置的变化。BGP 路由器会与周围的一个或多个路由器相连接，建立连接关系之后，BGP 路由器之间将会相互交换路由信息。对 BGP 路由信息的可视化能够帮助安全分析人员从空间上了解路由的路径变化以识别网络中的异常行为。

（4）Variety：代表数据的种类，典型的就是各类网络日志数据。随着各类安全设备的使用，会产生防火墙、入侵检测、主机安全及垃圾邮件等各种类型的日志数据。而网络安全事件产生的痕迹将会以各类日志的形式记录在不同的安全设备上，仅根据一两类的日志数据完整地描述安全事件是比较困难的，所以对多种日志数据的关联融合分析及可视化能够帮助安全分析人员分析出事件之间的关联，快速识别网络异常并发现不同的网络攻击模式。

（5）Value：代表数据的价值，典型的就是数据包信息及漏洞信息等。随着安全事件的多样化、复杂化，除了上述数据信息，还有很多其他类型的具有较高分析与可视化价值的安全数据，在这些海量安全数据中找到有价值的信息进行可视化分析能够帮助安全分析人员发现网络中更多未知的威胁，更好地维护网络及基础设施的安全。

基于 5V 特征，不同数据源的安全数据如表 6-1 所示。

表 6-1　不同数据源的安全数据

安全数据	对应的 5V 特征	数据源	支持的安全事件
网络流量数据	Volume	网络流量记录、主机、交换机、路由器、服务器、虚拟专用网、杀毒软件等	端口扫描、拒绝服务攻击、蠕虫
时间序列数据	Velocity	网络协议数据、主机、交换机、路由器、服务器等	跟踪溯源
BGP 路由信息	Vast	网络协议数据、主机、交换机、路由器、服务器、虚拟专用网等	拓扑发现、跟踪溯源
日志数据	Variety	防火墙、入侵检测系统、主机、交换机、路由器、服务器、应用程序数据库、安全管理平台等	分布式拒绝服务攻击、蠕虫、复杂网络攻击
其他（如漏洞信息、数据包等）	Value	漏洞扫描软件、数据包、主机、交换机等	漏洞扫描、跟踪溯源

6.3.2　网络安全态势可视化分类

1. 基于网络流量数据的可视化技术

由于端口扫描、蠕虫及拒绝服务攻击等安全事件在流量方面具有明显的一对一、一对多或多对一的特征，因此，往往在流量方面表现出明显的异常，显示网络流量可以帮助安全分析人员快速发现网络攻击，更好地防范和抵御网络入侵事件。基于网络流量数据可以监测主机活性、扫描网络拓扑、监控大型 IP 地址空间、检测不同类型的网络异常等[8]。针对此类数据的可视化通常利用点阵图、网格图、饼图、折线图、节点连接图、散点图等对固定时间段内不同端口通过的流量及总体流量变化趋势进行显示，找到有相似行为的设备，快速确定攻击模式、攻击来源，以及受到网络攻击的设备与波及范围。

2. 基于时间序列数据的可视化技术

网络监控需要从成千上万的计算机系统和网络设备中收集大量的时间序列数据[9]。因此，对时间序列数据的可视化也十分重要。针对此类数据可以基于层次关系的树图进行不同数据维度的展示。

此外，通过对网络结构进行分级，并且使用圆形树图布局，能够直观地看到从网络通信或系统监控应用程序中检索出来的分层时间序列数据，包括与基础设施相关的信息及路由信息和网络攻击信息，同时利用语义缩放的方式可以在概述图与详细时间序列图之间进行切换。使用圆形树图的方式进行可视化，相对矩形树图来说虽然有空间的浪费，但是它能够很好地体现跨层次的数据结构，因此，对时间序列数据来说是很好的，只是该类图形用颜色代表数据值，并不能够较准确地展示出数值的大小。

3. 基于 BGP 路由信息的可视化技术

BGP 在自治系统之间分发路由信息，是互联网路由基础设施的重要组成部分。BGP 故障可能会导致全球范围内的链接损失，而通过对 BGP 路由信息的可视化可以帮助安全管理人员及时进行网络异常行为检测、分类，提早防御网络攻击[10]。针对此类数据的可视化多采用地图、节点连接图及平行坐标系、饼图分别对发生异常的设备进行地理位置定位，通过不同的属性及所占比例对异常事件进行分类，并追踪其路径。

4. 基于日志数据的可视化技术

维护网络安全会用到大量安全设备，如防火墙、入侵检测系统、漏洞扫描仪等，它们所产生的日志文件能够从很多方面来进行安全事件的分析，从日志文件中可以找到非常多有用的信息，如时间、优先级、协议、源 IP 地址、源端口、目的 IP 地址、目的端口等，这些信息对安全分析人员来说是非常有意义的。针对不同日志文件的可视化技术不尽相同，对安全分析人员的帮助也体现在不同方面。由于日志数据量非常庞大，通常采用堆叠图、折线图、直方图等，显示一定时间内，日志数据中不同活动的统计数据及变化趋势；采用散点图、平行坐标系、地图等对日志文件中的 IP 地址进行定位，了解数据包的转发路径和流量的传输路径；采用树图展示被防火墙拒绝或允许访问的端口或 IP 地址；以漏洞为基础，通过树图找出攻击者能够对网络进行攻击的所有路径，对网络的安全性进行评估。通过环形图、雷达图、径向图对复杂网络攻击所产生的一系列有关联的安全事件的类型、位置和时间进行显示，帮助用户快速识别异常、发现攻击模式及分析事件的关联性[11]。

6.3.3　典型应用——以数字冰雹为例

数字冰雹“网络安全态势感知大屏可视化决策系统”，面向网络指挥监控中心大屏环境，具备优秀的大数据显示性能及多机协同管理机制，可支持大屏、多屏、超大分辨率等显示情景。系统支持整合各信息系统数据资源，凭借先进的人机交互方式，实现对网络攻击、网络舆情、网络设备运维数据等信息的可视化监测分析，辅助用户快速识别网络异常情况，全方位感知网络安全态势。系统重点实现了以下几个功能。

1. 网络威胁态势可视化

该系统支持基于地理信息系统，对全网主机及关键节点的综合安全态势进行可视化监测，可根据网络攻击事件的来源和目标信息，对攻击来源、攻击目的、攻击路径进行可视化溯源分析，帮助用户深度分析挖掘网络威胁特征，提升对潜在威胁、未知威胁的预判和主动防御能力。

2. 网络威胁事件监测

该系统支持集成各类网络检测系统数据，对漏洞攻击、DDoS 攻击、APT 攻击等各类网络威胁事件进行实时可视化监测，并支持对各类网络异常事件进行分级告警，帮助用户快速发现网络安全隐患，更好地防范和抵御网络威胁事件。

3. 网络舆情可视化

该系统支持与主流舆情信息采集系统的集成，对来自境内外各个宣传渠道的敏感信息进行实时监测告警和可视化分析，支持舆情发展态势可视化分析、舆情事件可视化溯源分析、传播路径可视化分析等，帮助管理者及时掌握舆情发展态势，以提升管理者对网络舆情的监测力度和响应效率，如图 6-31 所示。

图 6-31　网络舆情可视化

4. 建筑环境可视化

该系统支持通过三维建模，对网络中心的外部环境，如楼宇外观，以及机房内部结构，如管线，进行三维仿真展示，真实完整地展现整个网络中心全景，并可进行查询、视点调整及场景切换，如图 6-32 所示。

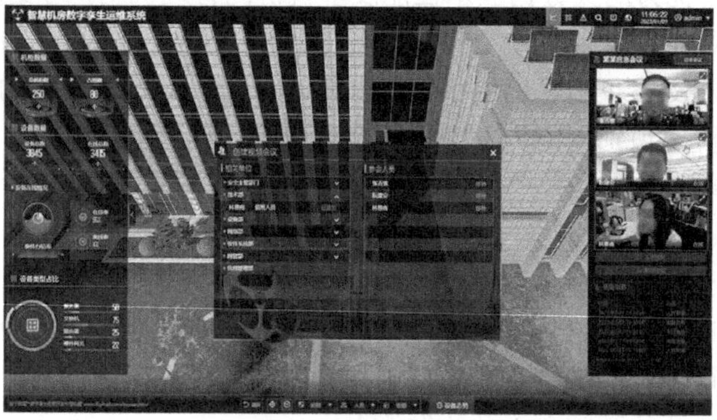

图 6-32　建筑环境可视化

5. 网络设备可视化

该系统支持对机房内部结构进行三维仿真展示，真实反映现有设备的数量、类型及分布情况，并支持与网络监控、主机监控、存储监控等系统集成，对网络设备运行状态进行实时可视化监测，并可提供查询、视点调整等多种交互方式，可下载、查看具体服务器的属性信息，帮助用户更加直观地掌握设备运行状态，如图 6-33 所示。

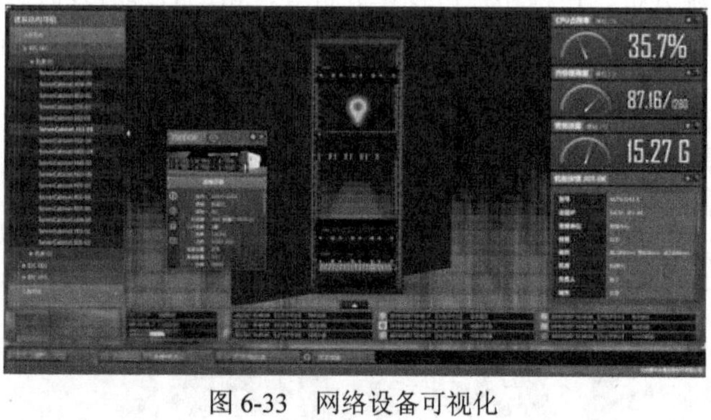

图 6-33　网络设备可视化

6. 运维数据可视化

该系统支持与安防、消防等监控系统集成，为机房运维提供统一的可视化监测平台，对网络中心机房温度、湿度、电力系统运行状态、机房能耗等运维数据进行实时监测分析，帮助管理者清晰直观地掌握网络中心运维状态，以提高运维效率，如图 6-34 所示。

图 6-34　运维数据可视化

7. 信息资产可视化

该系统支持与各类 IT 资产配置管理数据库集成，对用户网络运行范围内信息资产的安全状态进行实时可视化监测，并结合 IDS、病毒检测系统（VDS）、防火墙、主机监控等系统运行数据，帮助用户快速发现信息资产安全隐患，加强管理者对信息资产安全态势的监测与感知。

8. 拓扑层级结构可视化

该系统支持从地理空间分布维度和逻辑层级结构维度，通过多种可视化网络拓扑分析方式，对各网络节点的地域分布、运行状态、业务流量状态等信息进行可视化监测、分析、告警，帮助用户综合掌控跨地域、大范围的网络安全态势，如图 6-35 所示。

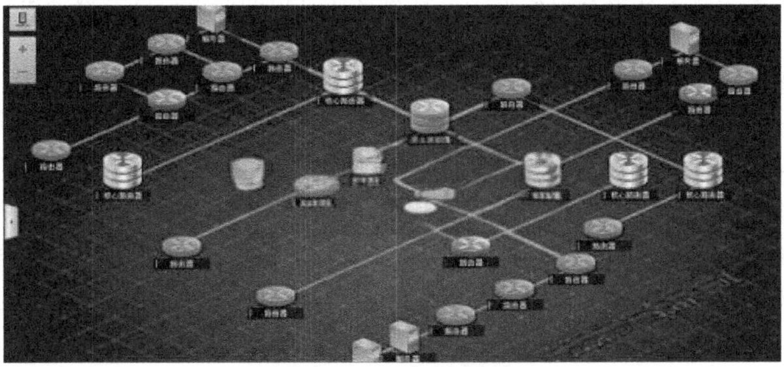

图 6-35　网络拓扑可视化

6.4　数据可视化未来的发展方向

数据可视化产业虽然起步较晚，但是目前围绕不同行业的数据可视化解决方案和企业发展态势良好。随着借助大数据赋能工业制造、社会治理、医疗卫生、网络安全的需求不断发展，未来无论在数据可视化技术还是可视化工具方面都将面临很大的挑战。

6.4.1 数据可视化技术的发展趋势

1. 数据地图

数据地图，即“地理空间分析”，专门用来展示和分析与地图有关的大数据。这对分析业务在地理空间上的分布情况具有相当的价值，尤其是对如今在地域上分布越来越广泛的行业来说，可以精确地定位问题所在的国家、城市，甚至某一营业点。不仅比单纯的表格要直观形象，而且具有更高的信息沟通有效性。从类型上讲，数据地图可以分为区域地图、组合地图、标记点地图、单层地图、自定义图片地图、流向地图、热力地图等。

2. 基于搜索的智能探索方式

大部分可视化数据分析产品都采用拖曳式的探索方式，这种探索方式简单而快捷，但有一定的局限性。在分析维度较多的时候，拖曳式操作反而会给用户带来多种不便，并且要求用户对数据结构有深刻的理解才能形成理想的可视化结果。而类似于搜索引擎的探索方式不仅包含了拖曳式简单快捷的优点，更进一步将分析人员从必须理解数据结构的前提下解脱出来，直接将业务问题输入分析平台，形成可视化结果。

其中的关键就是自然语言处理。自然语言生成功能和搜索引擎的探索方式相结合，完美契合了业务人员对数据进行可视化分析的需求，成为数据可视化的未来愿景，使平台能够理解用户使用自然语言描述的业务逻辑上的查询需求，准确转化为程序能够执行的查询语句，再生成可视化结果反馈给用户[12]。

3. 协作

为了更好地得到对用户行为模式的深刻观察，需要寻找自身拥有的数据之外的各类资源，其中既有开放数据，也有私有数据。未来的数据分析平台将越来越多地被组织的多个部门甚至是跨组织使用。平台不仅用于共享数据，还支持洞察力、可视化和算法的跨组织边界共享，从而显著提升数据分析的深度和广度。

这中间涉及的一个关键问题就是多源数据的融合。未来的数据分析平台要允许多个用户通过 API 或数据虚拟化的方式来发布数据源。另一个关键问题就是自动化。在协作模式下，人工收集数据的方式在效率上肯定无法满足平台的要求，所以工作流自动化将会成为一种趋势，从而实现数据的自动化收集、处理和跟踪，同时将工作流自动化和可视化组件结合，可以简化工作，提高分析的质量。

4. 实时交互

未来数据可视化需要做到的就是实时，互联网永远在线的特性让我们来到一个即时满足的世界。因此，数据收集和分析的批处理方法将被随需应变的数据更新所取代。但给平台的计算带来了压力，因为需要实时处理不断增加的数据，并确保数据的可用性和时效性，以便使用最新的数据源进行分析。

6.4.2 数据可视化工具的发展趋势

现在市场上存在的大量的数据可视化工具可以满足大部分用户的需求，但还有很多不足之处。例如，在操作上还不够便利，功能也不够丰富；数据存储、管理和处理能力不足；对于多系统集成的支持还不够，对于移动端的适配还不够完善；在保障企业数据安全方面还需要进一步提升。

未来，数据可视化工具拥有的洞察力和判断力能够更好地帮助用户进行数据信息技术决策，具体来说，大数据可视化工具的发展将呈现以下三大趋势。

1. 提高功能丰富度，支持多维数据分析

可视化分析工具需要有强大的数据处理平台，支持嵌入式部署，如主流应用服务器，并支持跨平台权限集成和页面集成。通过专业的数据分析方法，提高数据挖掘能力、数据处理能力和数据管理能力。

同时，大数据可视化工具产品功能不断丰富，有助于用户从不同角度对数据进行分析、提高数据检索的准确性，提高可视化图形的多样性和多视图的综合性。通过持续改进分析功能和可操作性，定制前端布局并让用户可以按需布置，给不同用户展示符合他们需求的视觉体验。

2. 增强数据视图交互联动，推动用户决策

数据分析的结果可以通过人工智能技术输出到多种可视化图表中。除了常见的饼图、柱状图和地理信息图等基本显示方式外，还可以利用图像的颜色、亮度、大小、形状等多种可视化手段，对数据进行更深入的分析。通过综合运用这些图形元素，用户能够通过数据交互挖掘出不同数据之间的关系，从而识别趋势，发现数据背后的知识和规律。

3. 提升大屏展示及数据分享功能

大数据可视化工具应支持多屏幕联动和自动适配，可实现数万分辨率的超高分辨率输出，具备优异的显示加速性能。同一主题下的多种数据形式可在单个或多个高分辨率界面上综合显示，支持触摸交互，实现数据的同步跟踪和切换。此外，还应提供大屏幕触摸屏作为中央控制台，支持通过触摸操作进行数据展示、查询、缩放和切换，并支持为不同用户建立分析页面，便于共享和促进用户间的互动交流。

参考文献

[1] 陈为, 沈则潜, 陶煜波, 等. 数据可视化: 纪念版（第 3 版）[M]. 北京: 电子工业出版社, 2023.

[2] 蓝星宇. 数据可视化设计指南: 从数据到新知[M]. 北京: 电子工业出版社, 2023.

[3] 朱晓峰, 吴志祥. 数据可视化导论[M]. 北京: 机械工业出版社, 2021.

[4] 温斯顿•常. R 数据可视化手册[M]. 王佳, 林枫, 王祎帆, 等译. 北京: 人民邮电出版社, 2021.

[5] 张杰. Python 数据可视化之美: 专业图表绘制指南[M]. 北京: 电子工业出版社, 2020.

[6] 林昊，李松峰. 数据可视化实战 使用 D3 设计交互式图表（第 2 版）[M]. 北京: 人民邮电出版社, 2020.

[7] 朱晓峰，吴志祥. ECharts 数据可视化: 入门、实战与进阶[M]. 北京: 机械工业出版社, 2020.

[8] 张胜, 赵珏. 网络安全监测数据可视化分析关键技术与应用[M]. 北京: 电子工业出版社, 2018.

[9] 赵颖, 樊晓平, 周芳芳, 等. 网络安全数据可视化综述[J]. 计算机辅助设计与图形学学报, 2014, 26(5): 687-697.

[10] 孙秋年, 饶元. 基于关联分析的网络数据可视化技术研究综述[J]. 计算机科学, 2015, 42(S1): 484-488.

[11] 张胜, 施荣华, 赵颖. 基于多元异构网络安全数据可视化融合分析方法[J]. 计算机应用, 2015, 35(5): 1379-1384, 1416.

[12] CHAICHANA T. Maritime computing transportation, environment, and development: trends of data visualization and computational methodologies[J]. Advances in Technology Innovation, 2023, 8(1): 38-58.

第7章 网络安全态势感知新技术

网络安全态势感知从经典的 Endsley 模型开始，经过多年的发展，已经越来越受到网络安全从业人员的青睐，但如何进一步丰富态势感知的数据来源，提高态势预测和评估的准确性，提升态势感知系统自身的安全防护能力，保护态势数据的安全，成为网络安全态势感知面临的持续性问题，这也催生了态势感知与其他技术相结合，产生新的技术增长点。

7.1 态势感知与威胁情报

网络安全态势感知的数据大多来自对生产环境采集的数据，该类数据对于态势感知的好处是提高了态势分析的针对性，但是缺点是容易受到生产环境中网络安防系统自身好坏的约束，安防系统较好则采集和识别的网络异常数据就多，态势分析结论的置信度就高，反之则会产生大量的漏报。所以如何丰富态势感知的数据来源，增加对网络攻击的检出率，减少漏报和误报，很大程度上影响了态势感知系统的效能和用户满意度。威胁情报作为对网络攻击及其相关事件的详细描述，是丰富态势感知数据来源的重要渠道。

7.1.1 威胁情报概述

威胁情报是一种基于证据的知识，包括情境、机制、指标、影响和操作建议。威胁情报描述现存的，或者是即将出现的针对资产的威胁，并可以用于通知主体针对相关威胁采取某种响应[1]。威胁情报利用公开的可用资源，预测潜在的威胁，帮助用户在网络防御方面做出更好的决策，威胁情报的利用可以带来以下好处。

（1）采取积极的而不是被动的措施，通过制定防御计划应对当前和未来的网络攻击。

（2）建立安全预警机制，能够在网络攻击发生前进行预警。

（3）提供更完善的安全事件响应预案。

（4）利用网络相关资源获取安全技术的最新动态，从而有效应对新出现的安全威胁。

（5）对相关的风险进行调查，拥有更好的风险投资和收益分析。

（6）构建恶意 IP 地址、恶意域名/网站、恶意软件哈希值等网络安全知识库。

以往，企业的防御和应对机制是根据经验制定防御策略、部署产品的，无法应对还未发生的攻击行为。但是经验无法完整地表达现在和未来的安全状况，而且攻击手段和工具变化多样，防御是在攻击发生之后才产生的，而这个时候就需要调整防御策略来提前预知攻击的发生，所以就有了威胁情报。通过对威胁情报的收集、处理，可以实现较为精准的动态防御，在攻击未发生之前就制定好防御策略。

威胁数据和威胁信息有很多，准确无误的才能称作威胁情报。数据是对客观事物的数量、属性、位置及其相互关系的抽象表示。信息是具有时效性的、有一定含义的、有逻辑的、有价值的数据集合。情报是运用相关知识对大量信息进行分析后得出的结果，可以用于判断发展现状与趋势，并进一步得出机遇和威胁，提供决策服务。威胁情报的特点主要体现在以下几个方面。

（1）多：威胁情报数据来源广，所以需要快速地进行数据处理。

（2）杂：威胁情报种类多、应用场景复杂，不同的情报可能处于攻击过程的不同阶段，不同的场景侧重应对的攻击也可能不同。

（3）快：网络化时代信息产生速度快，相对于威胁情报更新快，这就需要有自动化的数据处理模型。

所以，在利用威胁情报进行态势预测时，应注重以下几个特性。

（1）准确性（Accuracy）：威胁情报的作用是为安全团队提供相关信息并指导决策，如果情报不准确，不但没有产生价值，反而会对组织的安全决策会造成负面影响。

（2）相关性（Relevance）：威胁情报种类多，应用场景复杂，不是所有的信息都是适用的，相关性较弱的情报会导致分析人员任务繁重，并且会导致其他有效情报的时效性丧失。

（3）时效性（Timeliness）：威胁情报是信息的集合，凡是信息，都具有时效性。情报的有效时间往往很短，攻击者会为了隐藏自己的踪迹不断地更换一些特征信息，如 IP 地址、攻击手段等。

7.1.2 威胁情报的分类

对于威胁情报的分类，认可度最广的是 Gartner 所定义的，其按照使用场景对威胁情报进行分类，具体包括：以安全响应分析为目的的运营级情报、以自动化检测分析为主的战术级情报，以及指导整体安全投资策略的战略级情报[2]，如图 7-1 所示。

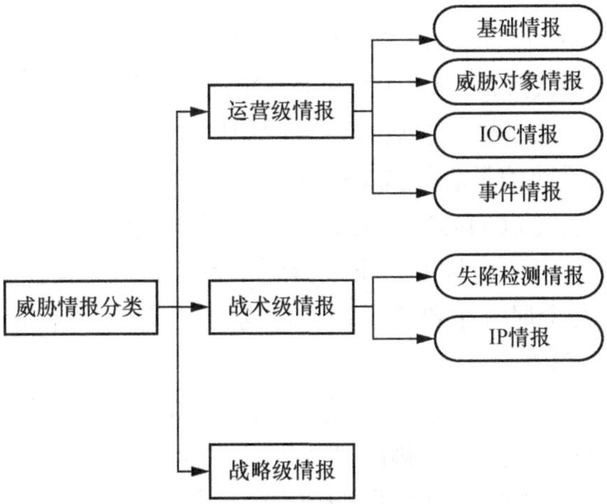

图 7-1　威胁情报的分类

1. 运营级情报

运营级情报是给安全分析人员或安全事件响应人员使用的，目的是对已知的重要安全事件进行分析，包括确认攻击影响范围、攻击链、攻击目的及技战术等，或者利用已知的攻击者技战术主动地查找攻击相关线索。在运营级情报中，包含以下 4 种最常用的情报。

（1）基础情报，用来描述网络对象（IP/Domain/email/SSL/文件）是什么、谁在使用它、开放端口/服务、地理位置信息等。

（2）威胁对象情报，是指提供和威胁相关的对象信息，如 IP 地址、域名等。

（3）威胁指示器（IOC）情报，通常指在检测或取证中，具有高置信度的威胁对象或特征信息。

（4）事件情报，是指综合各种信息，结合相关描述，告诉安全事件响应人员外部威胁概况和安全事件详情，进而使安全事件响应人员对当前安全事件进行针对性防护。

2. 战术级情报

战术级情报的作用主要是发现安全事件及对报警确认或优先级排序。常见的战术级情报包括失陷检测情报、IP 情报。战术级情报都是可机读的情报，可以直接被设备使用，自动化地完成上述的安全工作。

3. 战略级情报

战略级情报能够帮助决策者把握当前的安全态势，具体包括什么样的组织会进行攻击、攻击可能造成的危害有哪些、攻击者的战术能力和掌控的资源情况等，也会包括具体的攻击实例。

7.1.3 威胁情报的行业标准和规范

2018年10月10日，我国正式发布威胁情报的国家标准——《信息安全技术 网络安全威胁信息格式规范》（GB/T 36643-2018）。

国外的威胁信息共享标准发展成熟且应用广泛。其中，NIST SP800-53、NIST SP800-150、结构化威胁信息表达式（STIX）、指标信息的可信自动化交换（TAXII）以及网络可观察表达式（CybOX）等都为国际威胁情报的交流和分享提供了参考。而STIX和TAXII作为两大标准，不仅得到了包括科技公司、大型金融机构以及美国国防部、国家安全局等主要安全行业机构的支持，而且积累了大量实践经验。

1. 结构化威胁信息表达式

STIX是由MITRE公司提出的，最早发布于2012年，后来交由结构化信息标准促进组织（OASIS）的网络威胁情报（CTI）委员会负责，目前版本已经发展到2.1（2021年）。STIX被定义为用于自动化的威胁情报交换，以实现协同响应和自动化的威胁检测分析。STIX 2.1版本引入了新的对象（如Grouping、Infrastructure、Location等）、置信度评估机制及版本控制功能，支持多语言描述。此外，还优化了对象关系，增强了恶意软件分析和网络可观察数据的描述能力，提升了威胁情报共享和分析的灵活性与准确性。STIX定义的节点类型包括12种，从漏洞、恶意软件、工具、攻击模式、威胁角色、组织标识等方面覆盖了威胁的不同角度。

2. 指标信息的可信自动化交换

TAXII支持安全的传输和威胁情报信息的交换。TAXII不仅能传输TAXII格式的数据，还支持多种格式的数据传输。当前，通常的做法是用TAXII来传输数据，用STIX来进行情报描述。TAXII可以支持多种共享模型，包括hub-and-spoke、peer-to-peer、subscription。TAXII提供安全的传输，无须考虑拓扑结构、信任问题、授权管理等，而是将这些问题留给更高级别的协议实现。

3. 网络可观察表达式

CybOX定义了一个表征计算机可观察对象与网络动态和实体的方法。可观察对象包括文件、HTTP会话、X.509证书、系统配置项等。CybOX提供了一套标准且支持扩展的语法，用来描述所有可以从计算系统和操作上观察到的内容。在某些情况下，可观察的对象可以作为判断威胁的指标，如Windows的RegistryKey。这种可观察对象由于具有某个特定值，往往作为判断威胁存在与否的指标。

4. 《信息安全技术网络安全威胁信息格式规范》

该规范从可观测数据、攻击指标、安全事件、攻击活动、威胁主体、攻击目标、攻击方法、应对措施8个组件进行描述，并将这些组件划分为对象、方法和事件 3 个域，最终构建出一个完整的网络安全威胁信息表达模型。其中，威胁主体和攻击目标构成攻击者与受害者的关系，归为对象域；攻击活动、安全事件、攻击指标和可观测数据则构成了完整的攻击事件流程，归为事件域；在攻击事件中，攻击方所使用的战术、技术和过程构成攻击方法，而防御方所采取的防护、检测、响应、恢复等行动构成了应对措施，二者一起归为方法域。

5. IDMEF

入侵检测消息交换格式（Intrusion Detection Message Exchange Format，IDMEF）是最早定义于安全设备间进行数据交换的标准之一，由因特网工程任务组（IETF）的入侵检测工作组（Intrusion Detection Working Group，IDWG）定义。IDMEF 主要用于在不同的入侵检测系统之间交换警报信息，从而实现在商用、开源和在研等不同类型的入侵检测系统之间可以自动地交换数据。IDMEF 如图 7-2 所示，只包括警报和心跳两种信息。警报信息中除了常用的分析器、创建时间、检测时间、分析时间等信息，还定义了少量的附加数据、相关告警等字段来说明攻击的详细信息，可以被基于网络和基于主机的入侵检测系统使用。IDMEF 的定义时间较早，交换对象也仅限于入侵检测系统之间的警报信息，无法描述更丰富的不同类型的情报数据。

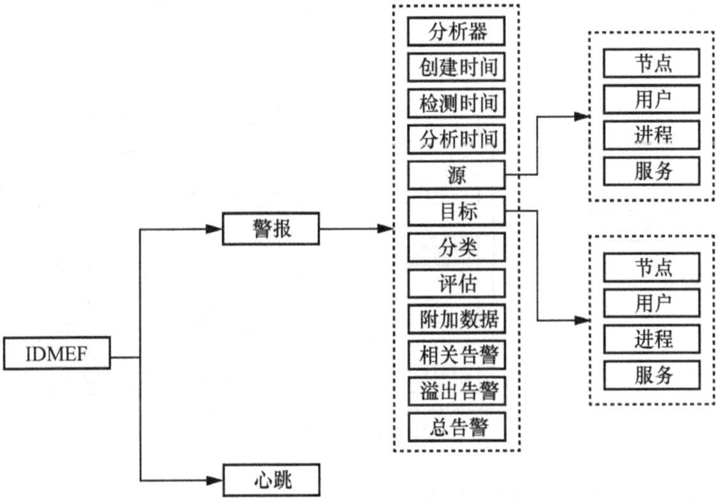

图 7-2　IDMEF

6. OpenIOC

随着 APT 攻击的出现，人们希望能快速地将情报信息用于安全响应，如将僵尸网络的控制器加入黑名单，将攻击软件的代码特征和网络特征配置进主机防御系统和网络入侵检测系统。这些情报信息被命名为威胁指标（IOC），描述了入侵过程的各种可被观测的信息。IOC 根据复杂度可以分为不同的种类，最简单的如 IP 地址、URL 信息、邮件主题信息等可以直接应用在检测中，文件哈希、报文负载的正则表达式特征则需要对原始数据进行处理以后才可以使用，为了防止误报，有时需要将多个简单或复杂的 IOC 组合以后才能唯一标记出具体入侵类型。大量的威胁情报网站（如 AlientVault 公司的 Open Threat Exchange）都定义了自己的 IOC 格式来发布不同类型的 IOC 信息，在应用这些信息时，用户需要开发不同的格式解析软件，因此，2013 年 Mandiant 公司（以研究 APT 攻击出名）定义了 OpenIOC，一种基于 XML 的 IOC 数据表示标准。

7. 事件对象描述交换格式

威胁情报交换不仅是设备间的交互，更重要的是不同组织之间的交互，事件对象描述交换格式（Incident Object Description Exchange Format，IODEF）用于在不同的安全响应组织之间进行安全信息的交换。IODEF 最初定义于 2007 年，目前由 IETF 的管理事件轻量级交换（Managed Incident Lightweight Exchange，MILE）工作组负责维护。早期的 IODEF 和 IDMEF 相似，能表达的信息内容有限，经过长期的发展，融合 IOC 等新出现的威胁情报数据类型，表达能力得到了很大的增强。IODEF 如图 7-3 所示。IODEF 以文件为所有数据的总入口，一个文件可以包含多个事件和附加数据，事件包含丰富的子属性来描述事件的产生时间、事件编号、目的、状态、告警编号等信息，同时也支持 IOC 数据的表示。

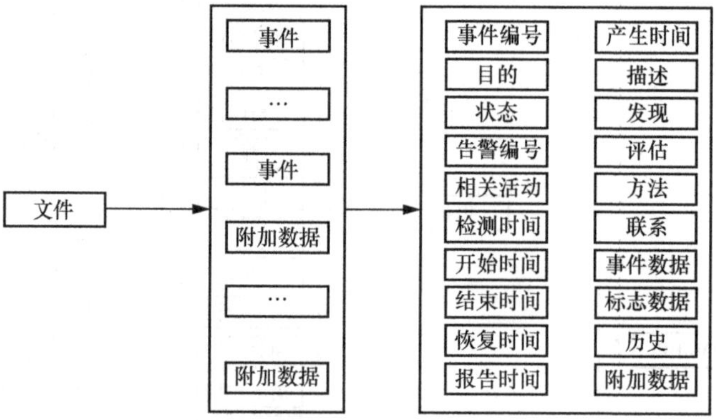

图 7-3　IODEF

7.1.4　威胁情报与态势感知的结合

1. 威胁情报落地需要解决的问题

（1）威胁情报的获取方式。不同机构有着不同的安全诉求，这种不同可以表现在攻击者针对不同的机构有不同的目的，不同的网络架构也会导致攻击策略的改变。另外，利用威胁情报的目的不同也会导致威胁情报的类型不同。所以最重要的是考虑好自身需求和使用威胁情报的目的。目前来看，威胁情报订购和威胁情报共享是比较常用的方式[3]。

（2）威胁情报的处理。威胁情报具有大量的安全事件信息，但不是所有的威胁情报都适用于目标网络环境。所以第二个要解决的就是选取针对性的威胁情报，从而减少数据干扰，提高数据精度[3]。

2. 威胁情报与态势感知系统的结合点

在态势感知系统中，可以利用威胁情报来进行态势预测，最大化地发挥威胁情报的信息价值。目前，多数态势感知系统以态势变化趋势代替预测结果，缺乏对潜在威胁的分析，威胁情报实现策略级的预测也是威胁情报给态势感知系统带来的新变化和改进。但是，威胁情报不适用于态势评估。因为态势评估必须要结合自身资产，脱离目标网络环境资产属性的态势感知和评估是毫无意义的。

在具体实现中，可以使用 STIX 格式的威胁情报。常见的威胁情报来源有两种，一种是订阅得到的外源威胁情报，另一种是系统内部的内源威胁情报，通过系统内部部署的检测设备得到，内源威胁情报与外源威胁情报可以统一成 STIX 格式。

对于外源威胁情报的筛选，可以将内源威胁情报对象在外源威胁情报中出现的频次作为主要的筛选依据，使用优属度算法将无关的威胁情报剔除在外。但是，剔除掉的威胁情报仅表明其不适用于当前网络环境。在网络安全态势变化，或者威胁发生变化后，需要重新对当前状态进行威胁情报筛选。威胁情报筛选后，利用关联分析、模式识别和机器学习的方法处理外源威胁情报得到样本库。然后对样本进行训练，训练的主要分析对象是威胁情报中要素之间关系，而不是单纯的要素匹配。训练的结果与经过数据处理模块处理后的数据一起用于安全事件的分类[4]。最后针对预测的结果进行输出和可视化。

7.2　态势感知与神经网络

态势感知系统采集的数据种类越多、要素越全，其分析和预测的准确性就越高。但是受生产环境各种因素的制约，很多情况下数据的完整性是有缺失的，如何在数据要素不全、训练样本不足的情况下利用人工智能技术进行态势的分析和预测，是需要解决的问题。神经网络借助其自组织、自学习的特点，能够在少量样本的条件下对态势进行有效的分析和预测。

7.2.1　神经网络概述

1. 神经网络的基本概念

神经网络是机器学习中的一种模型，神经网络依靠系统的复杂程度，通过调整内部大量节点（神经元）之间相互连接的关系，从而达到处理信息的目的[5]。

神经元示意如图 7-4 所示，有 n 个输入，每一个输入对应一个权重 w，神经元内会对输入与权重做乘法后求和，求和的结果与偏置做差，最终将结果放入激活函数中，由激活函数给出最后的输出，输出往往是二进制的，0 状态代表抑制，1 状态代表激活。

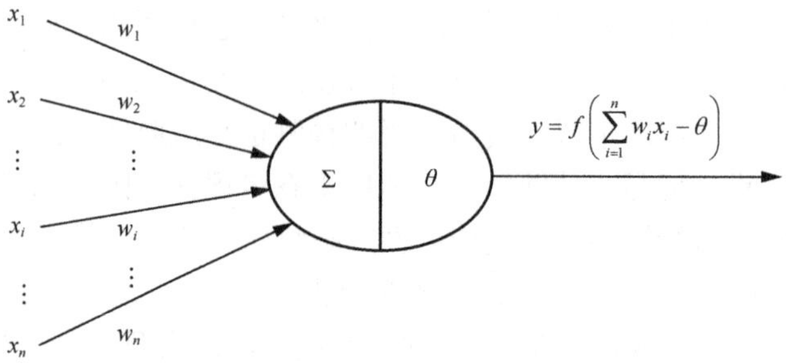

图 7-4　神经元示意

感知机可以被视作在 n 维空间中定义的一个决策超平面。对于该超平面一侧的样本，感知机输出 1；对于另一侧的样本，输出 0。这个决策超平面的方程为 $\boldsymbol{w}\cdot\boldsymbol{x}=0$。如果一个样本集合中的正样本和负样本能够被某个超平面完全分隔开，那么这个集合就被称为线性可分集合。线性可分问题可以通过如图 7-5 所示的单层感知机来表示。例如，与、或、非等逻辑问题都是线性可分的，仅需一个具有两个输入的感知机即可实现。然而，异或问题并不是线性可分的，需要借助多层感知机来解决。感知机的训练过程通常从随机初始化权重开始。然后，将感知机逐一应用于每个训练样本。如果遇到被错误分类的样本，则根据一定的规则调整感知机的权重。不断重复这一过程，直到感知机能够正确分类所有训练样本为止。

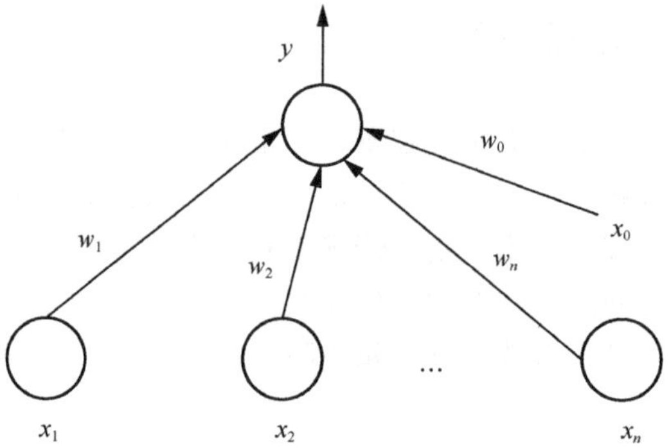

图 7-5　单层感知机示意

2. 常见的神经网络架构

（1）卷积神经网络（CNN）

卷积神经网络与普通神经网络的区别在于，卷积神经网络包含了一个由卷积层和子采样层构成的特征抽取器。在卷积层中，一个神经元只与部分相邻层的神经元连接。在一个卷积层中，通常包含若干个特征平面，每个特征平面由若干个神经元组成，同一个特征平面的神经元共享权重，共享的权重就是卷积核。卷积核一般以随机小数矩阵的形式初始化，在网络的训练过程中，卷积核将学习到合理的权重。卷积核带来的直接好处是减少网络各层之间的连接，同时又降低了过拟合的风险。子采样也叫作池化，通常有均值子采样和最大值子采样两种形式。子采样可以看作一种特殊的卷积过程。卷积和子采样大大降低了模型复杂度，减少了模型的参数。卷积神经网络由三部分构成。第一部分是输入层。第二部分由 n 个卷积层和子采样层组合而成。第三部分由一个全连接的多层感知机分类器构成。

（2）循环神经网络（RNN）

传统神经网络在处理许多问题时存在局限性，例如，预测句子中的下一个单词，由于句子中的单词并非相互独立，而是存在前后关联的，因此，需要利用前面的单词信息来准确预测后续内容。然而，传统神经网络难以有效捕捉这种序列依赖关系。循环神经网络正是为解决此类问题而设计的。RNN 的核心特点是引入了循环结构，使当前时刻的输出不仅依赖于当前输入，还与之前的输出密切相关。具体而言，RNN 通过记忆前面的信息，并将其应用于当前输出的计算，从而打破了传统神经网络隐藏层节点之间的无连接状态。在 RNN 中，隐藏层的输入既包括输入层的输出，也包括上一时刻隐藏层的输出。这种结构使 RNN 能够有效地处理序列数据，理论上可以处理任意长度的序列。

（3）深度信念网络（DBN）

深度信念网络的基本组成单元是受限玻尔兹曼机（RBM）。RBM 是对传统玻尔兹曼机的改进，将无向完全图的连接方式改为二分图结构，由一个可见层（输出层）和一个隐藏层组成。如图 7-6 所示，可见层用 v 表示，隐藏层用 h 表示。可见层与隐藏层的神经元之间是双向全连接的。在 RBM 中，任意两个相连的神经元之间都有一个权重 w，表示它们之间的连接强度。此外，每个神经元还具有自身的偏置系数。可见层神经元的偏置系数为 b，隐藏层神经元的偏置系数为 c，用于调节神经元的激活状态。

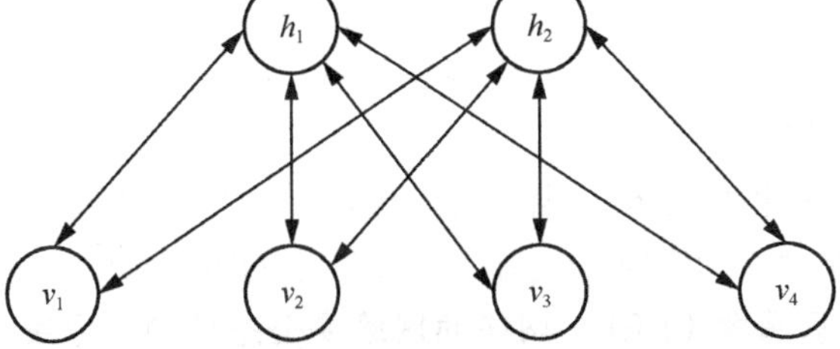

图 7-6　受限玻尔兹曼机示意

DBN 由多个 RBM 组成，该网络被“限制”为一个可见层和一个隐藏层，层间存在连接，但层内的神经元间不存在连接。隐藏层神经元被训练用于捕捉在可见层表现出来的高阶数据的相关性。DBN 本质上是一个概率生成模型，与传统的判别模型的神经网络相对，生成模型是建立一个观察数据和标签之间的联合分布，对 $P(\mathrm{Observation}|\mathrm{Label})$和 $P(\mathrm{Label}|\mathrm{Observation})$都做了评估，而判别模型仅评估了后者，也就是 $P(\mathrm{Label}|\mathrm{Observation})$。

（4）生成对抗网络（GAN）

生成对抗网络的核心目标是生成新的样本，而传统神经网络大多是判别模型，主要用于判断样本的真实性。与之不同的是，生成模型能够根据已有的样本分布，生成与之类似的全新样本。

GAN 由两个关键网络组成，分别是生成网络 G 和判别网络 D。G 的任务是捕捉真实数据的分布特征，并通过输入服从特定分布（如均匀分布或高斯分布）的噪声 z，生成尽可能接近真实数据的样本。其目标是生成的样本越逼真越好，难以与真实数据区分。D 则是一个二分类器，用于判断一个样本是否来自真实数据。如果样本是真实的，D 输出较高的概率；如果是生成的样本，则输出较低的概率。在训练过程中，GAN 采用交替迭代的方式：固定一方的网络参数，更新另一方的网络权重。G 努力生成更逼真的样本以欺骗判别网络，而 D 则努力区分真实样本和生成样本。这种竞争关系不断推动双方优化自身性能，直到达到动态平衡，即纳什均衡。此时，G 生成的样本与真实样本几乎无法区分，D 也难以再分辨两者的区别。

7.2.2 神经网络在态势预测中的应用

1. 可行性分析

（1）神经网络具有强大并行处理机制以及高度自适应、自组织能力，能以任意精度逼近函数关系，使感知系统的灵活性更强。

（2）在网络安全态势预测中，安全要素往往存在不确定性。神经网络凭借其强大的学习能力，能够从海量未知模式的数据中挖掘规律，并通过推理得出准确结论。相比传统的贝叶斯、证据理论等方法，神经网络在处理复杂不确定性问题时更具优势[6]。

（3）神经网络利用非线性的方式将复杂问题进行转换，而且学习速度快、建模过程简单、效率高。

（4）神经网络的网络结构和训练方法保证了对专家知识的利用更加全面和平衡，从而减少主观因素的影响，提升了预测结果的客观性[7]。

2. 基于径向基函数（RBF）网络的网络安全态势预测方法

态势值具有不确定性和非线性等特点，这使传统的预测模型失效。RBF 网络具有函数逼近及自适应能力强、学习速度快等优点，可以描述非线性的复杂系统，因此，比较适合于网络安全态势预测。如果将一系列安全态势值看作一种按时间先后顺序采集的数据，网络安全态势预测的实质可以看作 RBF 网络中输入空间到输出空间的非线性映射关系，基于 RBF 网络的网络安全态势预测模型如图 7-7 所示。其中，x_i^j 表示第 i 个样本的第 j 个特征值；N 表示输入层的节点数，对应特征的数量；Q 表示隐藏层的节点数，每个节点对应一个神经元；$a_j(x)$表示第 j 个隐藏层神经元的激活函数，通常是径向基函数，如高斯函数；y_k 表示输出层的节点，代表模型的预测输出。在网络安全态势预测中，这些输出可能表示不同的安全状态或攻击类型的概率；M 表示输出层的节点数，对应预测结果的类别数或输出变量的数量。

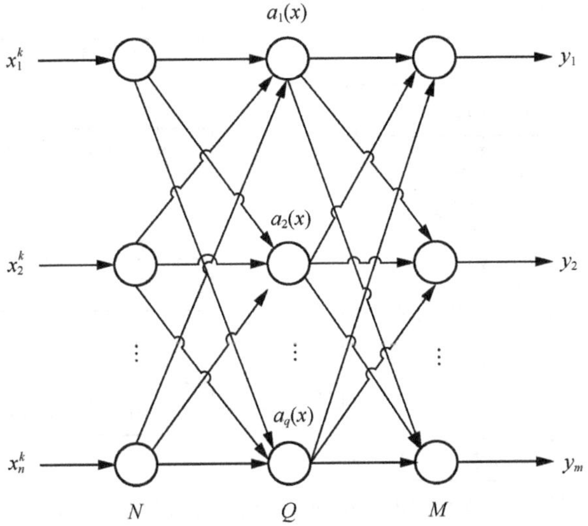

图 7-7　基于 RBF 网络的网络安全态势预测模型

基于 RBF 网络的网络安全态势预测模型的核心问题是确定隐藏层节点数、径向基中心和宽度及隐藏层与输出层之间的连接权重，以设计出满足预测误差尽可能小的网络。遗传算法具有较好的全局搜索性能，减小了陷入局部极值的可能性，因此，采用遗传算法实现 RBF 网络的参数调整和结构优化是比较好的方法，基本思想是首先初始化 RBF 网络和种群，然后将态势值样本数据输入网络，输出预测态势值，并计算与期望值的误差。根据误差计算适应度，评估种群适应度后，若未满足精度要求且未达到最大代数，则通过选择、交叉和变异操作生成新一代种群，解码得到网络参数并更新 RBF 网络模型。重复此过程直至满足精度要求或达到最大代数，最终输出优化后的 RBF 网络模型[8-9]。基于 RBF 网络的网络安全态势预测算法流程如图 7-8 所示。

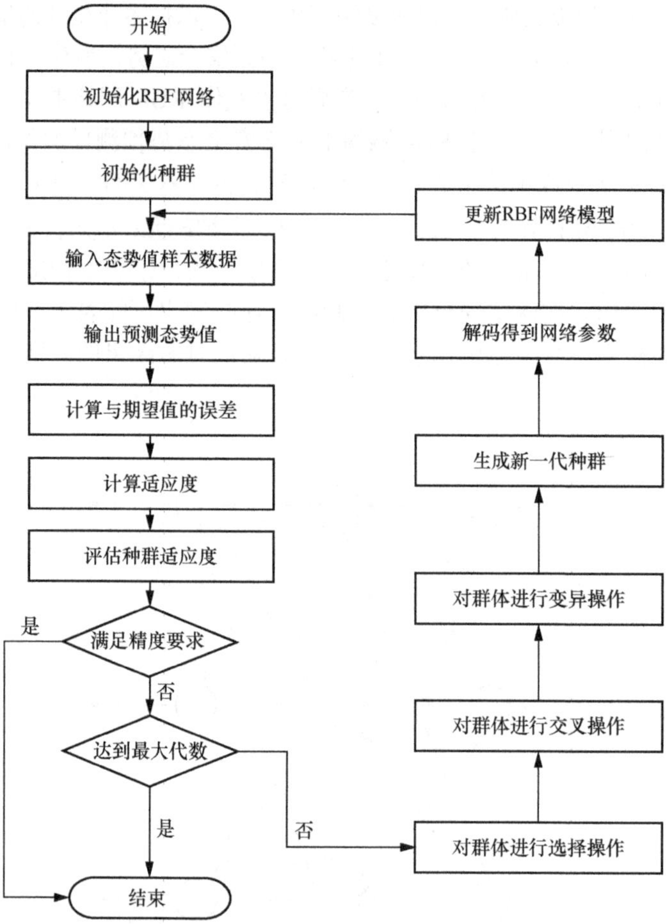

图 7-8　基于 RBF 网络的网络安全态势预测算法流程

7.3　态势感知与区块链

态势感知系统在采集、存储和分析态势数据的过程中，需要使用大量的敏感信息，如何保证态势数据的安全，增强态势感知系统本身的安全性，也是态势感知面临的又一关键问题和挑战。区块链技术借助其防篡改、防伪造、可追溯等特点，与态势感知结合后能够进一步保证态势感知的数据安全。

7.3.1　区块链技术概述

区块链是从比特币底层技术衍生出来的新型技术体系，最早的定义是在中本聪在 2009 年发表的论文中，之后区块链的内涵和外延发生了很多改变，目前仍然在不断演变。区块链技术在架构上通常被分为数据层、网络层、共识层、激励层、合约层和应用层。但是，随着区块链技术的快速发展，区块链的架构也在不断变化，很多传统的模块被弱化，甚至被取消，例如，在联盟链和私有链技术中已经不需要激励层。因此，根据区块链技术的本质特征和目前的发展趋势，可将区块链技术的架构分为网络层、交易层和应用层[10]。

1. *网络层*

网络层的核心任务是确保区块链节点之间可以通过 P2P 网络进行有效通信。主要内容包括区块链网络的组网方式和节点之间的通信机制。区块链网络采用 P2P 组网技术，具有去中心化、动态变化的特点。网络中的节点是地理位置分散但是关系平等的服务器，不存在中心节点，任何节点可以自由加入或者退出网络。

区块链节点之间的通信类型主要分为以下两种。

（1）为了维持节点与区块链网络之间的连接而进行的通信，通常包括索取其他节点的地址信息和广播自己的地址信息。节点新加入区块链网络时，首先读取硬编码在客户端程序中的种子地址并向这些种子节点索取其邻居节点地址，然后通过这些地址继续搜索更多的地址信息并建立连接，直到节点的邻居节点的数量达到稳定值。此后，节点会定期通过 ping 等方式验证邻居节点的可达性，并使用新的节点替代不可达节点。此外，为了保证新节点的信息被更多节点接收，节点将定期向自己的邻居节点广播自己的地址信息。

（2）为了完成上层业务而进行的通信，通常包括转发交易信息和同步区块信息。节点转发交易信息时采用中继转发的模式。始发节点首先将交易转发给邻居节点，邻居节点收到交易后再转发给自己的邻居节点，以此类推，逐渐传遍整个网络。同步区块信息采用请求响应的模式。节点首先向邻居节点发送自己的区块高度，如果小于邻居节点的高度则索取自己欠缺的区块，如果大于邻居节点的高度则邻居节点将反向索取区块信息。所有节点不断地和邻居节点交换区块信息，从而保证整个网络中所有节点的区块信息保持同步。

2. *交易层*

交易层实现区块链的核心业务，即在两个“地址”之间进行可靠的、具有公信力的数据传递。主要内容包括地址格式、交易格式、智能合约、全局账本、共识机制和激励机制。区块链中的“地址”，类似于银行卡账号，是用户参与区块链业务时使用的假名。通常是在用户的控制下利用公钥加密算法（如椭圆曲线加密）生成。其中，生成的公钥信息将用于交易的输入地址或者输出地址，私钥信息由用户自己保存，用于对交易进行签名。两种常见的区块链地址如下所示。

（1）比特币地址：“1DAY1DUpbBdGLkkFYj32J5g4h9X2zsxDv5”

（2）以太坊地址：“02B51B20185c04D1CbDA2996dFA02AF2D308EeEa”

区块链中的智能合约是一种自动执行、控制或记录法律事件和行动的计算机协议，其目的是以信息化的方式传播、验证或执行合同中的条款。智能合约的概念最早由密码学家尼克·萨博在1994年提出，其设计初衷是将传统的合约条款转化为可自动执行的代码。智能合约具有透明性、不可篡改、去中心化和可编程等特点。在实际应用中，智能合约可以用于各种场景，包括但不限于金融交易、供应链管理、物联网等。智能合约的出现极大地扩展了区块链技术的应用范围。

全局账本是区块链中的数据存储结构，用于存储所有的交易记录、合约以及相关的参数信息。全局账本通常由区块构成，每个区块存储一定数量的交易信息以及针对这些交易的哈希值、时间戳等参数。区块之间按照时间关系通过区块哈希连接。全局账本实际上是从初始区块到最新区块的数据链，这也是区块链名字的由来。全局账本由所有参与节点共同维护，每一个节点各自维护本地的全局账本，节点通过定期和邻居节点交换信息使全局账本保持同步。

区块链技术采用共识机制保证所有合法节点维持的全局账本是相同的。常见的共识机制包括工作量证明（PoW）机制、权益证明（PoS）机制、实用拜占庭容错（PBFT）机制等。PoW机制的核心思路是设置一个数学难题，让参与节点求解难题，在求解过程中付出最大工作量（算力）的节点将被选择为记账节点，即由此节点生成新的区块。其他节点通过接收并验证新的区块同步更新自己的区块链记录。通过选择一个特定用户记账，解决了多用户记账带来的数据不同步问题。但是此类共识机制将浪费大量的算力，同时导致记账权逐步被拥有大量算力的用户（如矿池）垄断，带来很多的安全问题。PoS机制通过使用币天（节点持有的数字货币和持有的天数）来选择记账节点，不需要消耗大量的计算资源，目前被作为PoW的替代机制被广泛应用。PBFT机制确保区块链节点在受到攻击者干扰的情况下也能达成共识。PBFT 机制指定系统中的一个节点为主节点（领导节点），其他节点为次节点（候补节点）。当主节点出现故障时，系统中所有的合法节点都有资格从次节点升级为主节点，遵循少数服从多数的原则确保诚实节点能达成共识。但是想要让 PBFT 正常运行，恶意节点数量必须小于网络中节点总数的1/3。

为了鼓励更多的用户参与共识，提高系统的安全性，最初的区块链技术中设置了激励机制奖励参与共识的用户。但是，随着区块链技术的发展，区块链的应用场景从公有链衍生到联盟链和私有链，在这些场景中节点是可控的，因此，不需要设置额外的激励机制。

3. 应用层

应用层提供针对各种应用场景的程序和接口，用户通过部署在应用层的各种应用程序进行交互，而不用考虑区块链底层技术细节。目前，典型的区块链应用包括数字货币应用、数据存证应用、能源应用等。

7.3.2　区块链技术在态势数据存储中的应用

存储系统作为网络安全态势数据存储的基础设施，面临更大容量、更安全可靠、更低访问时延等诸多挑战。传统的大规模存储系统存在着缺乏安全保障、可扩展性受限等问题，难以满足大数据应用的需求。区块链技术具有防篡改和去中心化的特性，在分布式存储系统中引入区块链技术，可以提高存储系统的安全性和可扩展性[11]。

1. 基于区块链的去中心化存储系统的特点

去中心化存储系统引入区块链技术后，不仅鼓励了用户更积极地提供存储空间，还提高了数据安全性。3 类存储系统对比如表 7-1 所示。

表 7-1　3 类存储系统对比

对比项	中心化存储系统	去中心化存储系统	基于区块链的去中心化存储系统
隐私保护能力	弱	中	强
数据安全性	弱	中	强
响应速度	慢	快	快
下载速度	慢	快	快
闲置存储资源利用率	低	高	高
存储激励能力	—	弱	强
存储空间开销	小	中	大

基于区块链的去中心化存储系统有如下特点。

（1）隐私保护能力强。经过分片、加密后存储的文件，在其他用户硬盘中显示为部分分片的密文数据，只有通过数据拥有者的密钥才可以查看完整数据，有效地防止了数据泄露。同时，通过区块链控制数据访问权限，增强了隐私保护能力。

（2）数据安全性强。去中心化存储系统架构缓解了中心化存储系统面临的单点故障等问题。此外，区块链技术的防篡改与可溯源特性，提高了数据安全性。

（3）响应速度快。由于去中心化的分布式架构，存储设备分散在不同地区，可以同时快速响应多地的设备请求，有利于提高系统的数据收集和处理能力，加快物联网应用和边缘计算的响应速度。

（4）下载速度快。文件分片被存储在不同节点，用户下载文件时能够以并行方式进行。

（5）闲置存储空间利用率高。通过激励机制促进用户提供闲置的存储空间，从而提高闲置存储空间的利用率。

（6）存储激励能力强。在构建去中心化存储系统时，设计一个有效的经济激励模型至关重要，以确保用户持续贡献存储空间。

（7）存储空间开销大。从用户设备的角度来看，中心化存储系统的存储空间开销小，去中心化存储系统需要保存其他用户的数据，引入区块链之后需要保存分布式账本，存储空间开销大。

2. 基于区块链的去中心化存储系统工作方式

以文件最常见的上传和下载过程分析基于区块链的去中心化存储系统的工作方式，文件上传流程如图 7-9 所示。引入区块链技术后，系统在安全性方面显著提升。具体来说，通过将文件分片并进行加密处理，确保了数据的不可篡改性和可追溯性。同时，系统利用区块链的激励机制，奖励那些贡献存储空间的用户，从而鼓励更多人参与到去中心化存储网络中来。这种结合了数据加密和激励机制的双重策略，不仅增强了数据的安全性，还促进了存储资源的共享和利用。

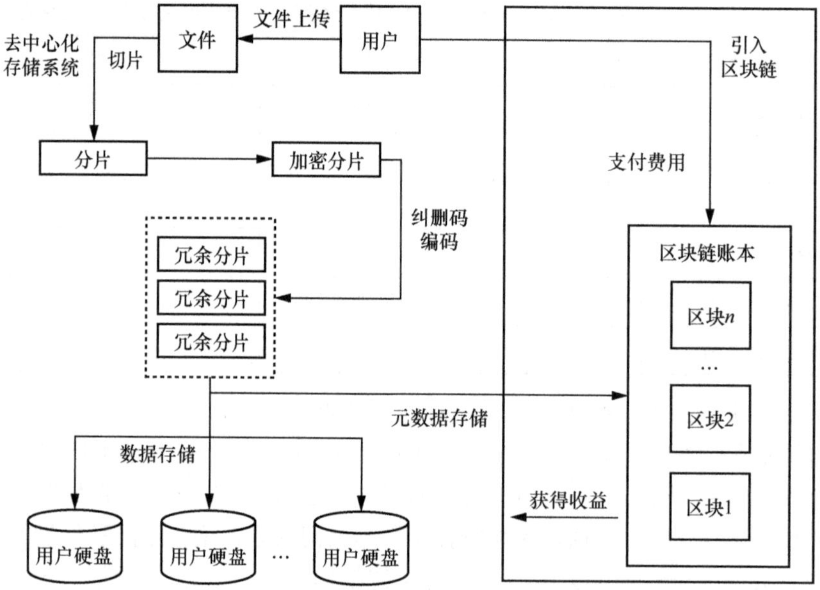

图 7-9　基于区块链的去中心化存储系统的文件上传流程

文件上传算法如代码清单 7-1 所示。

代码清单 7-1　文件上传算法

```
Chunks = Cut(file)//把文件切分成相同大小的分片;
For c in chunks:
c = Encrypt(c)//对文件分片进行加密;
cs = Replicate(c)//将加密分片通过纠删码编码成冗余分片;
m = Store(cs)//将冗余分片存储到分布式节点中;
hash = Hash(c)//生成加密分片的哈希值;
StoreLedger(hash, m)//将分片哈希值与元数据等信息存储到区块链。
```

基于区块链的去中心化存储系统的文件下载流程如图 7-10 所示。

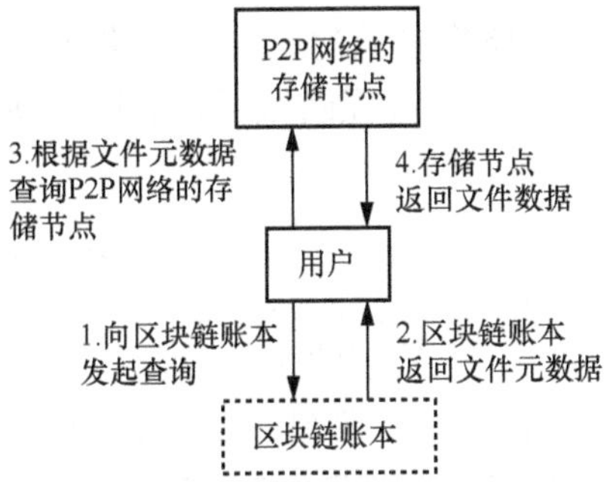

图 7-10　基于区块链的去中心化存储系统的文件下载流程

在该流程中，虚线框部分表示的是用于存储文件元数据的区块链账本。用户首先计算文件名的哈希值，并通过该哈希值向区块链账本发起查询。区块链账本随后返回与该哈希值关联的文件元数据。获取到元数据后，用户可以根据这些信息在 P2P 网络中定位存储节点，并从这些节点处检索所需的文件数据，存储节点随后将文件数据发送回用户。这一过程确保了文件检索的透明性和数据的完整性。

3. 区块链的存储优化

当前主流的区块链系统内主要分为全节点和轻节点，以匹配不同节点的存储容量。由于区块链上的数据不可被删除，设备需要存储的数据量将不断增长。将纠删码引入区块链系统，有助于减小全节点的负担。只存储编码区块的节点称为纠删码节点。一个完整区块被分成 K 块，采用纠删码编码成（$K+R$）个编码区块，任意 K 个编码区块都可以恢复出完整区块。纠删码节点只需要存储其中一个编码区块，即完整区块的 $1/K$，降低了存储负担。

区块链系统将纠删码的编码、解码过程嵌入区块链的打包与同步过程[12]。

（1）嵌入编码过程。在区块链系统中，负责“挖矿”的“矿工”节点会生成新的区块文件并将其广播至整个网络。在图 7-11 所示的过程中，纠删码节点在同步这些新的区块文件之前，必须先对区块文件进行编码，然后将编码后的区块文件存储起来。纠删码节点是去中心化存储系统中的一个关键组件，利用纠删码技术来增强数据的可靠性和系统的容错能力。通过引入纠删码节点，区块链系统可以在节点故障或数据丢失的情况下，更有效地恢复数据，从而提高整个系统的稳定性和可靠性。同时，纠删码技术还可以优化存储空间的使用，减少冗余数据的存储需求。

（2）嵌入解码过程。当新节点加入区块链系统时，它必须从邻居节点同步区块文件。考虑邻居节点可能仅存储了部分编码区块文件，而非完整的区块文件，新加入节点在进行同步前，需要先确定邻居节点所存储的数据类型，区分是编码区块文件还是完整区块文件。如果邻居节点提供的是编码区块文件，新加入节点必须首先执行解码操作以重建完整的区块文件，然后才能进行有效的数据同步，如图 7-12 所示。这一过程确保了新节点能够获取并维护区块链的完整和准确记录。

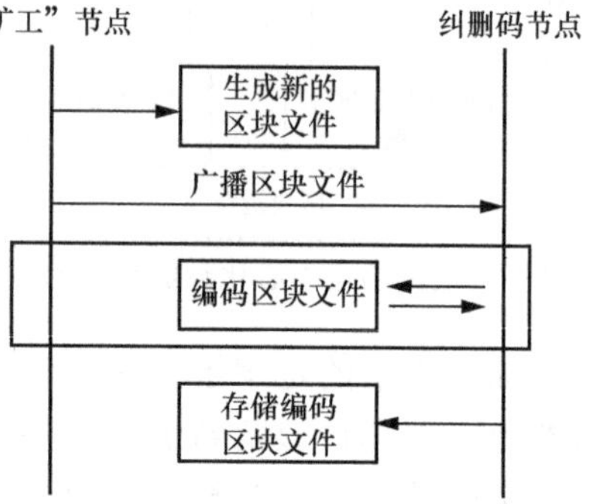

图 7-11　在区块链中嵌入纠删码编码过程

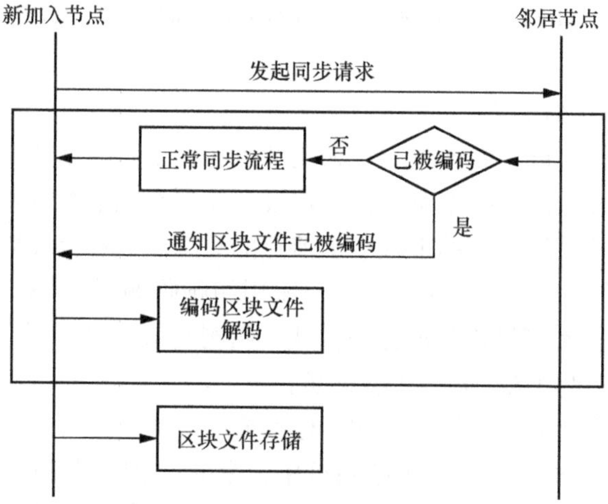

图 7-12　在区块链中嵌入纠删码解码过程

3 种区块链节点对比如表 7-2 所示。

表 7-2　3 种区块链节点对比

对比项	全节点	轻节点	纠删码节点
是否参与验证	参与	不参与	参与
对信任的依赖程度	低	高	低
存储内容	整个区块链	区块头部	部分编码区块和解码信息
存储空间需求	高	低	中
存储容量需求	高	低	低
是否参与区块的重构	参与	不参与	参与

由表 7-2 可以推出纠删码节点的主要优势，具体如下。

（1）存储容量需求低。纠删码技术不仅减少了节点对存储资源的需求，还显著提升了区块链系统的可扩展性。通过允许节点根据自身存储容量灵活选择存储的编码区块数量，即使是存储能力有限的小型设备也能加入区块链网络中。这种灵活性极大地促进了区块链技术在物联网等资源受限环境中的广泛应用。

（2）网络带宽开销小。通过纠删码降低对设备存储容量的需求，有助于增加物联网设备的数量，从而在初始化和同步节点时减少网络带宽开销。

（3）数据可用性高。降低节点所需的存储容量，有助于更多存储能力较低的节点加入区块的重构过程中。这增加了参与区块重构的节点数量，从而提升了区块链系统的整体可用性和鲁棒性。

（4）数据安全性高。引入纠删码后，若要篡改纠删码节点中存储的数据，需要保证篡改前后区块的哈希值一致，并且使该编码区块与其他任意编码区块组合的解码结果相同，这是难以实现的，有利于保障区块链的数据安全性。

4. 区块链的查询性能优化

区块链系统常用 LevelDB 存储数据，以日志结构合并树（The Log-Structured Merge-Tree，LSM-Tree）作为数据结构，该数据库的读速度慢，且一次查询可能需要额外执行多次内部查询，影响了区块链的查询性能。下面介绍两种提高查询性能的方法，分别是在区块链上构建外联数据库和建立内置索引。

外联数据库的思想来自 EtherQL，通过在区块链外部设置数据库，监听并同步区块链数据到数据库，通过数据库接口进行数据查询，外联数据架构如图 7-13 所示。

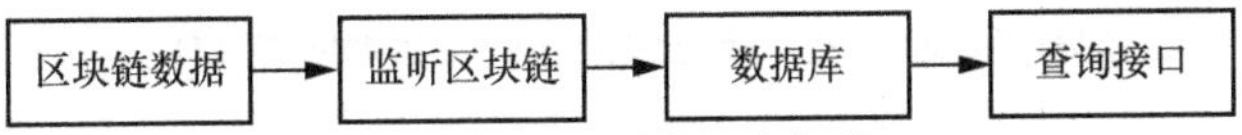

图 7-13　外联数据库架构

内置索引的方法是通过在区块链系统内部建立查询层为主键建立辅助索引，提高区块链系统的查询性能。在该方法中，主键指向的是数据的物理地址，而辅助索引指向的是数据对应的主键，内置索引架构如图 7-14 所示。

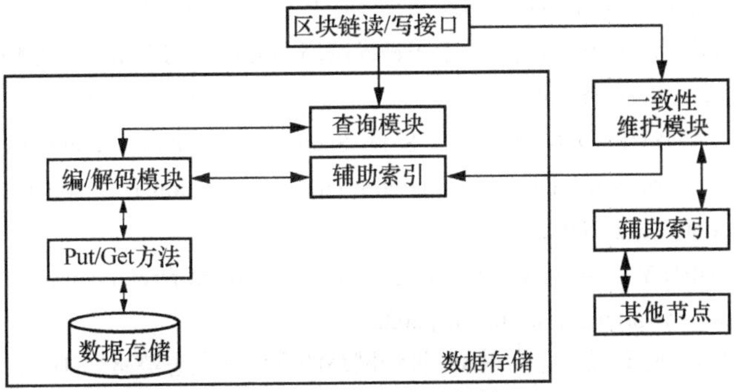

图 7-14　内置索引架构

外联数据库和内置索引对比如表 7-3 所示。

表 7-3 外联数据库和内置索引对比

对比项	外联数据库	内置索引
查询速度	快	慢
存储空间开销	大	小
性能影响	小	大
可扩展性	高	低

（1）查询速度。使用外联数据库和内置索引的方法都有助于提高区块链的数据查询速度。外联数据库比内置索引的查询速度更快。

（2）存储空间开销。外联数据库需要存储区块链的全部数据和索引，内置索引只需要增加索引信息，因此前者的存储空间开销较大。

（3）性能影响。外联数据库对数据的查找和更新不影响区块链，而内置索引方法需要同步索引信息，降低了系统的吞吐量。

（4）可扩展性。外联数据库的部署、扩展容易。内置索引需要修改系统内部代码，可扩展性较低。

参考文献

[1] 天际友盟. 网络威胁情报技术指南[M]. 济南: 山东大学出版社, 2021.

[2] 高坤, 李梓源, 徐雨晴. 移动 APT: 威胁情报分析与数据防护[M]. 北京: 人民邮电出版社, 2021.

[3] 吴沛颖, 王俊峰, 崔泽源, 等. 网络威胁情报处理方法综述[J]. 四川大学学报(自然科学版), 2023, 60(5): 7-24.

[4] ZHANG Y, CHEN J R, CHENG Z, et al. Edge propagation for link prediction in requirement-cyber threat intelligence knowledge graph[J]. Inf Sci, 2023(653): 119770.

[5] 马腾飞. 图神经网络基础与前沿[M]. 北京: 电子工业出版社, 2021.

[6] 常利伟, 刘秀娟, 钱宇华, 等. 基于卷积神经网络多源融合的网络安全态势感知模型[J]. 计算机科学, 2023, 50(5): 382-389.

[7] HAN W H, JAMSHEED N H M, LI S D. Security evaluation of situational awareness in cyberspace based on artificial neural network-back propagation[J]. Wireless Communications and Mobile Computing, 2022.

[8] DING C C, CHEN Y Q, ALGARNI A M, et al. Application of fractal neural network in network security situation awareness[J]. Fractals, 2022, 30(2).

[9] 程家根, 祁正华, 陈天赋. 基于 RBF 神经网络的网络安全态势感知[J]. 南京邮电大学学报(自然科学版), 2019, 39(4): 88-95.

[10] 魏翼飞. 区块链原理、架构与应用（第 2 版）[M]. 北京: 清华大学出版社, 2022.
[11] 王建明. 基于 Markov 微分博弈区块链模型的安全态势感知算法研究[D]. 哈尔滨: 哈尔滨理工大学, 2022.
[12] 曾子明, 江新林. 突发公共卫生事件中基于区块链的网络舆情溯源体系研究[J]. 现代情报, 2023, 43(6): 149-157.